中国石油大学(华东)学术著作出版基金重点资助

焊接残余应力的中子衍射测试技术、计算与调控

Neutron Diffraction Measurement, Computation and Control of Welding Residual Stress

蒋文春　涂善东　孙光爱　著

科学出版社

北京

内 容 简 介

本书基于中子衍射应力测试科学平台和有限元分析软件，介绍焊接残余应力的中子衍射测试技术与有限元模拟方法。全书主要内容包括中子衍射残余应力测试装置、理论与方法，焊接残余应力的计算方法、强化模型与取样尺寸对残余应力的影响、残余应力在疲劳和高温环境下的演变规律、低温马氏体相变、焊接残余应力的调控理论及模拟手段、厚板焊接残余应力的有限元简化算法等。

本书可供工程材料、机械、力学等专业相关研究人员、教师、学生及工程技术人员参考使用。

图书在版编目(CIP)数据

焊接残余应力的中子衍射测试技术、计算与调控 = Neutron Diffraction Measurement, Computation and Control of Welding Residual Stress / 蒋文春，涂善东，孙光爱著. —北京：科学出版社，2019.6

ISBN 978-7-03-061240-3

Ⅰ. ①焊… Ⅱ. ①蒋… ②涂… ③孙… Ⅲ. ①焊接结构－残余应力－中子衍射－研究 Ⅳ. ①TG404

中国版本图书馆CIP数据核字(2019)第092735号

责任编辑：万群霞 陈 琼 / 责任校对：王 瑞

责任印制：吴兆东 / 封面设计：蓝正设计

科学出版社 出版

北京东黄城根北街16号

邮政编码：100717

http://www.sciencep.com

北京厚诚则铭印刷科技有限公司 印刷

科学出版社发行 各地新华书店经销

*

2019年6月第 一 版 开本：720 × 1000 B5

2022年1月第三次印刷 印张：14 1/2

字数：287 000

定价：118.00 元

(如有印装质量问题，我社负责调换)

序

焊接是工业装备制造的关键技术，但焊接过程中不可避免会产生焊接残余应力，对应力腐蚀、疲劳、断裂、蠕变等失效模式产生重要影响。自20世纪70年代上田幸雄先生率先开发焊接残余应力热弹塑性有限元分析方法以来，焊接残余应力计算方法已得到快速发展。然而，工业装备大型化带来了大型复杂焊接结构的新挑战，传统的热弹塑性数值模拟难以完成高效率、高精度、超大规模焊接结构的分析，现有无损测试技术也无法获取结构内部焊接残余应力分布规律，导致大型装备焊接残余应力与变形调控缺乏科学理论指导，亟需发展精准的计算、测试和调控方法。

针对上述问题，在传统热弹塑性理论基础上，该书提出了温度-冶金-应力多场耦合的焊接残余应力计算方法，在焊接热源模型、强化模型、相变等方面提出了创新性的思路与方法；提出了面内集成与面外长度可变的焊接热源模型，实现了超大结构焊接应力变形高精度、高效率计算。在测试技术方面，该书系统介绍了焊接残余应力中子衍射无损测试理论与方法；在精确计算和测试基础上，提出焊接残余应力调控方法。

该书作者蒋文春教授和涂善东教授长期致力于焊接残余应力计算、测试与调控理论的研究，尤其在超大型装备高效精准计算方面形成特色，建立了基于残余应力调控的重大承压装备可靠性制造理论。孙光爱研究员参与研制了我国第一套中子衍射应力测试装置，参与制定了国家标准《GT/T 26140—2010：无损检测——残余应力测量的中子衍射方法》。三位学者长期合作研究，将中子衍射测试技术拓展应用到重大装备本质安全提升，解决了石油化工、核电厚板装备焊接残余应力的中子衍射测试难题。

该书不仅系统介绍了焊接残余应力与变形计算、测试理论方法，而且提供了焊接热源模型、组织相变、强化模型等理论计算的关键源程序，可为科学研究和工程设计人员提供参考。我相信该书的出版将有力推动焊接残余应力与变形计算及中子衍射应力测试技术在重大装备设计制造与安全保障领域的应用。

中国工程院院士陈学东

2019年5月

前　言

焊接过程中不可避免会产生残余应力，降低焊接构件的强度、刚度、断裂韧性、受压稳定性，以及疲劳、蠕变及腐蚀寿命等，直接影响焊接接头的安全性与可靠性，严重时会导致重大的安全事故。对焊接结构及其焊接接头性能的特殊要求，使焊接加工产生的应力分布规律极为复杂。因此，准确评估与预测焊接残余应力对提高焊接结构的制造质量和服役性能具有极为重要的作用，对焊接结构的优化设计、焊接工艺和质量的提升、优化制造工艺和防止结构过早失效均具有非常重要的意义。

中子衍射作为非常有效的体探针和研究手段，能够准确地探测材料内部(厘米量级)的残余应力分布。当前，焊接有限元模拟技术发挥了其独特的优势，通常以部分实验验证有限元在解决某一案例上的有效性，便可再利用验证后的有限元模型来进行后续的焊接工艺的评估与调控工作。因此，采用中子衍射测试与有限元模拟技术相结合的方法已经成为研究焊接残余应力的重要手段。

15 年来，笔者利用上述两种手段对焊接残余应力问题开展了持续研究。目前，国内关于中子衍射测试的书籍主要围绕中子物理学，而材料学、机械学、力学等领域研究人员对中子衍射测试尚不甚了解。本书深入浅出地阐述中子衍射残余应力测试技术的原理、实验测试方法、数据后处理方法等，以期促进中子衍射实验方法的工程应用，帮助相关研究人员迅速掌握该项技术。有限元分析是目前技术开发和科学研究的重要途径，能综合反映各物理场的演变规律，节省了应力分析的时间和成本，并且具有极大的可塑性，适用范围和计算准确度越来越高。而焊接过程涉及多种复杂的物理现象，因此有限元模拟方法仍存在较大难度与诸多问题。虽然已有大量学者利用有限元分析方法计算残余应力，但关于其影响因素、热源参数的确定、简化算法、相变及传统残余应力调控方法等方面尚未有著作进行详细系统的阐述，相关研究人员很难快速地针对所研究对象找到合适的研究方法。因此，本书对以上问题进行大量的研究和系统的归纳，重点分析几种重要工程结构焊接残余应力的分布特点，强调有限元分析方法的工程应用，希望有助于相关科研和工程技术人员快速、准确地进行焊接残余应力有限元计算分析。本书所介绍的有限元分析方法均经过实验的验证，准确性高、方法成熟，并附有实际案例，特别对难以通过实验手段进行评估的大型构件的残余应力等情况具有极为重要的意义，可以大幅度降低实验测试的工作量，为残余应力的调控提供参考。

借此契机，笔者将中子衍射测试技术的基本理论、关键测试技术进行总结，并将多年来残余应力计算调控方面的所有有限元方法、理论与应用的成果进行系统的整理归纳，同时融入其他学者的优秀成果，著成此书。全书共 10 章。第 1 章简述焊接残余应力有限元分析和中子衍射测试技术的发展过程与研究现状，进行不同残余应力实验测试手段的比较及残余应力调控方法的概述；第 2 章通过中子衍射测试技术的基本原理、测试装置、测试方法等全面介绍中子衍射测试技术；第 3 章为焊接残余应力有限元模拟基础，主要包括温度场与应力场计算的原理和方法，重点介绍温度场热源模型参数的确定，并详述焊接模拟顺次耦合的方法；第 4 章通过强化理论与案例分析总结三类强化模型对残余应力计算精度的影响；第 5 章总结焊接残余应力在疲劳和高温环境下的演化规律；第 6 章介绍低温马氏体相变对焊接残余应力的影响；第 7 章探讨取样尺寸对不同焊接结构的残余应力的影响；第 8 章简述多种厚板焊接残余应力的有限元简化算法；第 9 章主要围绕降低残余应力的传统方法，重点介绍水射流、超声冲击技术降低残余应力的实验装备、方法及有限元模拟技术；第 10 章结合若干工程案例，举例介绍如何利用中子衍射和有限元法进行残余应力分析，讨论焊接工艺、几何尺寸及拘束效应对残余应力的影响规律，以降低焊接残余应力为目标优化焊接工艺。

本书的撰写和出版得到多方面的鼎力支持。感谢中国工程物理研究院核物理与化学研究所的研究人员李建、黄娅琳、杨钊龙、王虹，韩国原子能院的 Woo Wanchuck 博士，中国原子能科学研究院的李峻宏博士、刘晓龙博士多年来提供中子衍射测试技术支持、理论指导，感谢万娱、罗云、解学方、邓扬光、楚晶宇、陈伟、张清华、彭伟、高腾等研究生在学期间完成了本书中大量的实验、模拟及图形文字处理工作。

希望本书能起到抛砖引玉的作用，在焊接残余应力的实验与模拟领域不断有更高水平的研究成果出现。由于作者水平有限，书中难免存在一定的疏漏和不足之处，切望读者批评指正。

蒋文春(中国石油大学(华东))

涂善东(华东理工大学)

孙光爱(中国工程物理研究院核物理与化学研究所)

2019 年 3 月

目　　录

第1章 绪　论

焊接结构中不可避免地存在残余应力，对结构的安全服役产生重要影响。因此，准确预测和评价焊接残余应力是焊接结构完整性分析的关键，对焊接结构的优化设计、焊接工艺、质量控制具有十分重要的理论意义和应用价值。中子衍射测试技术可以准确地测试焊接残余应力的分布，但由于相关实验耗时多、花费大，可采用有限元模拟方法较为快速、准确地模拟焊接过程，获得完整的焊接残余应力分布。

1.1 焊接残余应力的产生及影响

焊接残余应力是指没有外力或外力矩作用时，焊接结构中自相平衡的内应力，是焊接区域熔化、流动、扩散、凝固、热传递、组织相变、应力变形的热-力-冶金多因素行为交互的结果[1]。焊接加热阶段，焊缝金属受热急速膨胀，这种高温膨胀受焊缝两侧低温母材区的弹性制约。随着温度的进一步升高，材料的屈服强度急速下降，当温度超过材料的塑性温度时，焊缝金属呈全塑性状态，即屈服强度几乎为零，因此高温阶段材料的热膨胀应变将全部转化为压缩塑性变形。焊后冷却阶段，熔池开始凝固，高温熔池与部分热影响区(heat affected zone，HAZ)发生收缩变形，但是此种收缩受到焊缝两侧低温弹性区域的制约。当温度降至材料的弹性温度时，焊缝金属处于完全弹性状态，原高温膨胀区域将出现拉伸弹性变形并引起残余拉应力，而两侧的低温弹性区域受压。实际的焊接制造一般都需要多次熔敷操作，焊道将经历多重热循环的叠加作用，造成焊接接头处极为复杂的温度、残余应力/应变分布[2]。

根据残余应力相互影响的范围，可将焊接残余应力分为三类[3]：①第一类残余应力为宏观残余应力，是穿过大量晶粒的平均应力，由宏观尺度下的变形不协调导致，与工程目的密切相关；②第二类残余应力为微观残余应力，在晶粒或亚晶粒之间平衡(为 0.01～1mm)，是各个晶粒尺度内的平均应力；③第三类残余应力作用于晶粒内部原子的范围(为 10^{-6}～10^{-2}mm)。在工程结构中，上述三类残余应力通常共存，呈现如下特征。

(1)在不同尺度范围存在。例如，超精密切割加工尺寸已经达到亚微米级甚至纳米级，残余应力存在于数个原子层或者数百个原子层；对于钎焊结构，钎缝金属处于微米水平，而母材厚度和整体结构的几何尺寸为毫米以上尺度；在超厚板压力容器中，管板厚度达到400mm，焊道数量多，加上微观组织和位错运动的不均匀性，导致复杂的残余应力分布。

(2)以不同表现形式存在。例如，在金属基复合材料中，由于宏观温差和塑性变形，产生宏观残余应力[4]；由于基体和增强型颗粒力学性能的差异，产生微观残余应力(包括弹性不匹配应力、热失配应力及塑性不匹配应力)；基体和增强型颗粒发生化学反应，体积发生变化，产生相变残余应力。

(3)随时间和空间发生变化。例如，在高温环境下，残余应力随时间变化而释放。但对于多组元结构[5]，材料力学性能的不匹配和变形协调作用会导致局部位置产生随时间延长而增大的生长应力。

复杂的宏观残余应力分布能导致脆性断裂、氢鼓包、氢开裂、韧性破坏、疲劳破坏等不同的失效形式，会对疲劳、蠕变、应力腐蚀开裂和相应寿命，以及尺寸稳定性产生明显的影响[6-9]，直接影响焊接接头的力学性能、安全性与可靠性，对焊接结构的安全服役产生较大的威胁。在高温、高压、高腐蚀介质等服役环境下，材料的力学性能会严重下降，在叠加应力的作用下，特别是服役外载荷与焊接残余应力叠加而形成的结合力，是焊接结构局部或整体产生二次变形并引发结构刚度和尺寸精度下降的重要原因。因此准确评估与预测残余应力，对于焊接结构的质量控制及延长其服役寿命至关重要，对于优化制造工艺和防止结构过早失效具有极为关键的作用。

1.2　焊接残余应力的计算与测试

目前焊接残余应力的研究方法主要分为两类：数值模拟和实验研究。

在数值模拟方面，基于连续介质理论的热弹塑性有限元分析法已较成熟地应用于宏观残余应力计算。经过数十年的发展，目前有限元分析法已经实现了从单一到复杂、从二维到三维、从定性到定量的焊接残余应力分析[10]，能够综合考虑焊接过程中的复杂非线性问题，可以较准确地还原实际焊接过程中的各类边界条件，在焊接数值模拟领域的应用越来越广泛，尤其对厚大焊接结构的残余应力研究有明显的优势。热弹塑性有限元分析法跟踪整个焊接热力过程，因此它能够较为准确地预测焊接结构中的应力，工程人员可发挥有限元分析法的便捷性，以部分实验验证有限元分析法在解决某一案例上的有效性，其余大量的计算工作均可通过数值模拟手段来完成。尽管如此，热弹塑性有限元分析仍然具有一定的局限性，一方面是因为材料的高温热物理参数和力学参数缺乏；另一方面是因为热弹塑性有限元分析需要较长的计算时间和较大的存储空间。

在实验研究方面，目前的方法主要可分为两类：破坏性机械释放测量法(即有损法)[11-15]和非破坏性物理测量法(即无损法)[16-19]。有损法有钻孔法、切条法、环芯法等。无损法有压痕应变法、超声波法、磁测法、X 射线衍射法、中子衍射法等[20, 21]。下面简要介绍几种常用的方法。

(1)钻孔法(hole drilling method)，是目前有损法中应用最广泛的一类方法，其原理是首先在被测构件测点附近安装应变计，然后在测点上钻一个小孔使残余应力释放，再由应变计测得释放的应变量，根据弹性力学即可算出残余应力。在钻孔法中，盲孔法和浅盲孔法对构件的破坏最小，通常不会影响被测构件的正常使用[22]。

(2)压痕应变法(indentation-strain method)，是一种相对新型的方法，其原理是将球形压头压入被测构件表面，通过应变计测得压痕附近的弹性应变，再通过弹性力学算出构件表面残余应力。这类方法既有有损法的优点，所用设备简单且结果可靠；又有无损法的优点，对被测构件表面无明显破坏，通常将其归类为无损法[23]。

(3)超声波法(ultrasonic method)，其原理是利用在弹性介质内，声速或频谱与内应力之间存在的线性关系来测量残余应力。因为超声波穿透能力较强，构件表面和内部的残余应力均可用此法测量，而且其设备轻巧便携，现场测试优势明显。目前超声波法发展迅速，已实现工业应用，但其技术还相对不成熟，测量精度较低[24]。

(4)磁测法(magnetic detection method)，其原理是利用铁磁材料在应力作用下磁化状态会发生变化，通过测量磁化状态的变化来测定铁磁材料中的应力。磁测法所用设备轻巧、便于测量，但缺点是仅能测量铁磁材料，残余应力测试精度不高[25]。

(5) X 射线衍射法(X-ray diffraction method)，其原理是利用在应力作用下多晶体材料的同族晶面间距随晶面方位发生有规律的变化，通过 X 射线测定材料的晶格应变，再依据弹性力学理论计算出相应的残余应力。

(6)中子衍射法(neutron diffraction method)，其原理和 X 射线衍射法类似。但是中子的穿透深度远大于 X 射线，因此可以用来测量构件内部的残余应力[26]。

中子衍射法是无损法测试材料内部残余应力的理想手段，是材料性能的重要评价方式。中子具有较强的穿透能力[27, 28]，可以测试材料内部的应变，甚至可以将不同组织、不同相结构引起的残余应力分离出来。然而，中子衍射法测试的是一定规范体积内的平均应力。在细观尺度上，不同组织和相结构的无应力试样的制备也存在很大困难。目前，中子衍射测试技术必须依靠反应堆或加速器等大型中子源，因此其应用尚停留在实验室研究阶段，随着微小中子反应堆的研制成功，用于现场测试的中子衍射测试技术将有望实现。

1.3 中子衍射测试技术及其应用

中子衍射测试技术具有穿透性强、识别轻元素、分辨近邻元素和同位素、探测磁性原子磁矩、测定材料内部的动力学性质等独特优点[29-31]，可较精确地获得材料的内应力分布和演变信息，从而准确地反映材料微观结构变形机制。理论上，中子的穿透能力允许其在材料内部选择任意的测试方向。这种技术已被证明是产品设计和开发、加工过程优化、失效评估的强有力工具[32]。

中子衍射测试技术比较适合大工程部件的测量，如长约 1m 的线性管道、钢板或火车轨等。这些工件内部的应力都可以通过中子衍射测试技术测量并用以估计其剩余寿命。中子衍射测试的空间分辨可以很容易地与焊接应力场匹配，可提供一定深度内全部的应力信息，并且可以描绘出工件焊接内应力和氢元素的分布图，监视它们的变化行为。由于中子衍射测试的空间分辨通常可以做到与有限元模式的空间网格相匹配，中子衍射测试技术在检验有限元计算方面也具有很大优势[26]。

中子衍射测试技术在工程部件残余应力测量中的应用始于 20 世纪 80 年代。近 10 年来，越来越多的中子散射实验室开始建立专门的中子衍射残余应力测量分析装置。如表 1-1 所示，国外众多中子散射实验室建立了中子源和中子衍射应力分析谱仪，开展残余应力测试[33-41]。而在我国，由于受到中子源和装置建设巨大投资的限制，仅有 3 家机构具有相应的中子源和设施，能够开展中子衍射残余应力测试：中国工程物理研究院的中国绵阳研究堆(China Mianyang Research Reactor，CMRR)、中国原子能科学研究院的中国先进研究堆(China Advanced Research Reactor，CARR)、中国科学院高能物理研究所的中国散裂中子源(China Spallation Neutron Source，CSNS)。

表 1-1 国内外主要中子衍射应力分析谱仪一览

谱仪名称	隶属机构
RSND	中国工程物理研究院
RSD	中国原子能科学研究院
DIANE	法国里昂-布里渊实验室(Laboratory Leon Brillouin)
SMARTS	美国洛斯阿拉莫斯国家实验室(Los Alamos National Laboratory)
VULCAN(TOF 模式/NRSF2 常波长模式)	美国橡树岭国家实验室(Oak Ridge National Laboratory)
ENGIN-X	英国卢瑟福-阿普尔顿实验室(Rutherford Appleton Laboratory)
SALSA	法国劳厄-朗之万研究所(Institute Laue-Langevin)
STRESS-SPEC	德国慕尼黑技术大学(Technology University of Munich)
L3	加拿大乔克河实验室(Chalk River Laboratory)
RSI	韩国原子能研究所(Korea Atomic Energy Research Institute)
KOWARI	澳大利亚核科学技术组织 (The Australian Nuclear Science and Technology Organization)

表 1-2 对中子与 X 射线进行了比较[29]。与常规 X 射线衍射相比，中子衍射的独特优势是中子具有很强的穿透能力，使其在测量具有较大体积固体材料的内部残余应力方面成为一种独特的技术。在复合材料研究中，为了得到基体的应变值，其他组分区域相对于穿透深度必须足够小。如果材料组分为纤维状或晶粒，且尺度达到微米级以上，X 射线衍射结果将会强烈地受到表面效应的影响，而中子衍射不会存在这个问题。另外，中子衍射可通过测量样品的整个截面区分宏观残余应力和微观残余应力。

表 1-2 中子和 X 射线的区别

中子	X 射线
粒子波	电磁波
有静止质量	质量为 0、自旋为整数
与原子核作用	与核外电子作用
散射截面与 2θ 无关	散射截面随 2θ 增加而增大
穿透能力强	穿透能力弱
衍射体积大	衍射体积小
对轻元素灵敏，能区分相邻元素及同位素	对重元素灵敏，不能区分相邻元素及同位素
实用性低(反应堆，散裂中子源)	实用性高(实验室)
具有磁散射效应	—

然而，由于用中子衍射装置测量残余应力不能像用 X 射线衍射装置一样具有便携性，无法在工作现场进行实时测量，且该实验资源有限、消耗较大，在一定程度上限制了中子衍射残余应力分析的商业应用。中子衍射需要样品的衍射体积较大，空间分辨较差，通常为 $10mm^3$，而 X 射线衍射则为 $10^{-1}mm^3$，因此，中子衍射对材料表层残余应力的测量无能为力，只有在距表面 100μm 及以上区域测量时，中子衍射方法才具有优势。因此，将中子衍射方法和 X 射线衍射方法结合，可对材料内部的信息得到更全面的认识。

目前，国际上中子衍射测试残余应力工作正在得到进一步的重视，在装置设计和实验技术方面已取得了较大的进展，并开展了许多工程和材料科学的应用研究。随着第三代高注量率中子源的建立，中子衍射测试技术将在无损检测工作中发挥越来越重要的作用。目前最亮中子源的注量率可达到 $10^{15}n/(cm^2 \cdot s)$[42]。新一代散裂中子源(如美国橡树岭国家实验室的散裂中子源(spallation neutron source，SNS)和建设中的欧洲散裂源(European spallation source，ESS))的通量将提高 3 个量级，表明中子衍射测试残余应力在科学研究和工业发展中存在巨大潜力。

1.4 焊接残余应力的调控

调控焊接残余应力的措施主要分为两类：①从结构设计和焊接工艺出发，降低焊接结构的整体拘束度与温度场分布的不均性，达到控制焊接过程中残余拉应力累积的目的；②通过外加热或机械/力作用将焊后或装配使用过程中产生的残余应力以塑性变形的形式释放掉，其实质是制造新的变形抵消焊接残余应变[43]。

对于第一类方法，通过选用低刚度的接头形式、合理选择焊接装配顺序与方向等方法可以降低焊缝的拘束度，避免焊接过程中的应力累积。对于刚度较大或具有脆硬倾向的焊接结构，可采用焊前整体/局部预热，并选择小的焊接热输入方式，降低焊接温度场分布的不均匀性，缓解由于不均匀热弹塑性变形导致的残余应力累积。

鉴于焊接过程的复杂性，仅通过焊前结构设计优化与焊接工艺改进并不能完全解决焊接残余应力的问题，构件在焊后仍可能存在较大的残余应力与焊接变形。因此，对于第二类方法，通常采用外加热或机械/力作用产生反向塑性变形，抵消接头原降温收缩区的弹性收缩变形。其中，机械/力作用法主要包括机械拉伸法、振动时效法(可消除 30%～50%的应力)、喷丸法、锤击法，这些方法不仅可以降低残余拉应力，还可以在构件表面形成稳定的压应力区域；热作用法主要包括整体高温回火与局部回火处理，高温状态下由材料屈服强度降低与蠕变松弛效应所引发的塑性变形可以使构件的残余应力得到彻底释放[44]。但是对于大型焊接构件，热处理后不均匀冷却易产生新的残余应力。此外，焊后热处理并不能解决残余变形的问题，在热处理前必须采取相应的刚性约束措施[45]。

上述两类残余应力调控措施往往会导致构件接头的塑性损耗，接头脆硬部位的裂纹扩展尖端与缺口处主要聚集在应力集中区域，此时拘束应力与残余应力叠加，就有产生裂纹的风险，经去应力处理的构件可能比具有残余应力的焊接态构件更接近局部破坏极限。除此之外，上述措施还受构件材质、重量、结构、形状、钢板厚度、成本、场地等因素的制约，迫切需要一种灵活方便的残余应力/变形调控方法。因而考虑利用焊接过程中焊缝金属本身的特点引入压应力，从而避免常规的消除应力操作。1998 年日本国家金属研究所的 Akihiko Ohta 教授研制出了一种化学成分为 10Cr-10Ni 的低温相变(low temperature transformation，LTT)焊条[46]，并将其应用于 SPV490 钢(铁素体-珠光体)的焊接，结果发现低温相变所伴随的体积膨胀效应抵消了冷却过程中的拉应力，并最终形成残余压应力，同时其疲劳强度提高了 1 倍。因此，采用 LTT 焊材即可利用焊接过程中组织转变所产生的相变应力来抵消冷却过程中的热收缩应力，以降低焊件的角变形量，并在焊缝及近焊缝区引入残余压应力。开发考虑固态相变效应的高精度焊接应力计算方法将对后续的应力/应变预测和调控工作起决定性作用。

参 考 文 献

[1] 陈伯蠡. 金属焊接性基础[M]. 北京: 机械工业出版社, 1984.

[2] Zhang H J, Zhang G J, Cai C B, et al. Numerical simulation of three-dimension stress field in double-sided double arc multipass welding process[J]. Materials Science and Engineering: A, 2009, 499(1): 309-314.

[3] 宋天民. 焊接残余应力的产生与消除[M]. 北京: 中国石化出版社, 2010.

[4] Zhang X X, Ni D R, Ma Z Y, et al. Determination of macroscopic and microscopic residual stresses in friction stir welded metal matrix composites via neutron diffraction[J]. Acta Materialia, 2015, 87: 161-173.

[5] Chen Q Q, Xuan F Z, Tu S T. Modeling of creep deformation and its effect on stress distribution in multilayer systems under residual stress and external bending[J]. Thin Solid Films, 2009, 517(9): 2924-2929.

[6] Green D J, Tandon R, Sglavo V M. Crack arrest and multiple cracking in glass through the use of designed residual stress profiles [J]. Science, 1999, 283(5406): 1295-1297.

[7] Kahn H, Ballarini R, Bellante J J, et al. Fatigue failure in polysilicon not due to simple stress corrosion cracking[J]. Science, 2002, 298(5596): 1215-1218.

[8] Xu M, Chen J, Lu H, et al. Effects of residual stress and grain boundary character on creep cracking in 2.25Cr-1.6W steel[J]. Materials Science and Engineering: A, 2016, 659: 188-197.

[9] Deng D. Influence of deposition sequence on welding residual stress and deformation in an austenitic stainless steel J-groove welded joint[J]. Materials and Design, 2013, 49: 1022-1033.

[10] 杨建国, 雷靖, 周号, 等. 关于焊接结构有限元分析的思考[J]. 焊接, 2014, (12): 10-19.

[11] Korsunsky A M, Sebastiani M, Bemporad E. Focused ion beam ring drilling for residual stress evaluation[J]. Materials Letters, 2009, 63(22): 1961-1963.

[12] Sebastiani M, Eberl C, Bemporad E, et al. Depth-resolved residual stress analysis of thin coatings by a new FIB-DIC method[J]. Materials Science and Engineering: A, 2011, 528(27): 7901-7908.

[13] Winiarski B, Gholinia A, Tian J, et al. Submicron-scale depth profiling of residual stress in amorphous by incremental focused ion beam slotting[J]. Acta Materialia, 2012, 60(5): 2337-2349.

[14] Ma N, Cai Z, Huang H, et al. Investigation of welding residual stress in flash-butt joint of U71Mn rail steel by numerical simulation and experiment[J]. Materials and Design, 2015, 88: 1296-1309.

[15] Yuan X M, Zhang J, LianY, et al.Research progress of residual stress determination in magnesium alloys[J]. Journal of Magnesium and Alloys, 2018, 6: 238-244.

[16] Luo Q, Jones A H. High-precision determination of residual stress of polycrystalline coatings using optimised XRD-sin2ψ technique[J]. Surface and Coatings Technology, 2010, 205(5): 1403-1408.

[17] Chen X, Zhang S Y, Wang J, et al. Residual stresses determination in an 8mm Incoloy 800H weld via neutron diffraction[J]. Materials and Design, 2015, 76: 26-31.

[18] Ligot J, Welzel U, Lamparter P, et al. Stress analysis of polycrystalline thin films and surface regions by X-ray diffraction[J]. Journal of Applied Crystallography, 2005, 38(1): 1-29.

[19] Vaidya R U, Rangaswamy P, Castro R G, et al. Use of metallic glasses in molybdenum disilicide-stainless steel joining[J]. Journal of Materials Engineering and Performance, 2000, 9(3): 280-285.

[20] 董美伶, 金国, 王海斗, 等. 纳米压痕法测量残余应力的研究现状[J]. 材料导报, 2014, 28(3): 107-113.

[21] 王海斗, 朱丽娜, 邢志国. 表面残余应力检测技术[M]. 北京: 机械工业出版社, 2013.

[22] 应杰. 钢结构焊接残余应力测试方法分析[D]. 重庆: 重庆交通大学, 2010.

[23] 孟宪陆, 陈怀宁, 林泉洪, 等. 压痕应变法中压痕周围的应力应变分布规律[J]. 焊接学报, 2008, 29(3): 109-112.

[24] 赵翠华. 残余应力超声波测量方法研究[D]. 哈尔滨: 哈尔滨工业大学, 2008.

[25] 刘小渝. 磁测法测试钢结构桥梁的焊接残余应力[J]. 重庆交通大学学报(自然科学版), 2010, 29(1): 38-41.

[26] 孙光爱, 陈波. 中子衍射残余应力分析技术及其应用[J]. 核技术, 2007, 30(4): 286-289.

[27] Jiang W C, Woo W C, An G B, et al. Neutron diffraction and finite element modeling to study the weld residual stress relaxation induced by cutting[J]. Materials and Design, 2013, 51(5): 415-420.

[28] Calhoun C A, Garlea E, Mulay R P, et al. Investigation of the effect of thermal residual stresses on deformation of α-uranium through neutron diffraction measurements and crystal plasticity modeling[J]. Acta Materialia, 2015, 85: 168-179.

[29] 李建. 抗氢钢及构件的中子衍射应力分析研究[D]. 绵阳: 中国工程物理研究院, 2016.

[30] 培根 G E. 中子衍射[M]. 谈洪, 等, 译. 北京: 科学出版社, 1980.

[31] 郭立平, 孙凯, 陈东风, 等. 中子散射谱仪的模拟技术和应用[C]. 超精细相互作用与核固体物理研讨会, 北京: 2001.

[32] 李峻宏, 高建波, 李际周, 等. 中子衍射残余应力无损测量技术及应用[J]. 中国材料进展, 2009, 28(12): 10-14.

[33] Brand P C, Prask H J, Gnaeupel-Herold T, et al. Residual stress measurements at the NIST reactor[J]. Physica B: Condensed Matter, 1997, 241-243(20): 1244-1245.

[34] Bourke M A M, Dunand D C, Ustundag E. SMARTS—A spectrometer for strain measurement in engineering materials[J]. Applied Physics A (Materials Science Processing), 2002, 74(1): s1707-s1709.

[35] Wang X L, Holden T M, Rennich G Q, et al. VULCAN—The engineering diffractometer at the SNS[J]. Physica B: Condensed Matter, 2006, 385(385): 673-675.

[36] Dann J A, Daymond M R, Edwards L, et al. A comparison between Engin and Engin-X, a new diffractometer optimized for stress measurement[J]. Physica B: Condensed Matter, 2004, 350(1-3): 511-514.

[37] Pirling T, Bruno G, Withers P J. SALSA—A new instrument for strain imaging in engineering materials and components[J]. Materials Science and Engineering: A, 2006, 437(1): 139-144.

[38] Poeste T, Wimpory R C, Schneider R. The new and upgraded neutron instruments for materials science at HMI-current activities in cooperation with industry[J]. Materials Science Forum, 2006, 524-525: 223-228.

[39] Brokmeier H G, Gan W M, Randau C, et al. Texture analysis at neutron diffractometer STRESS-SPEC[J]. Nuclear Instruments and Methods in Physics Research A, 2011, 642(1): 87-92.

[40] Moon M K, Lee C H, Em V T, et al. Residual stress instrument at the HANARO[J]. Applied Physics A (Materials Science Processing), 2002, 74(1): s1437-s1439.

[41] Kirstein O, Luzin V. KOWARI—residual stress diffractometer [J]. Materials Australia, 2008, 41(2): 51-53.

[42] Carpenter J M, Yelon W B. Neutron sources [J]. Methods of Experimental Physics, 1986, 23: 99-196.

[43] 田锡唐. 焊接结构[M]. 北京: 机械工业出版社, 1982.

[44] Dong P, Song S, Zhang J. Analysis of residual stress relief mechanisms in post-weld heat treatment[J]. International Journal of Pressure Vessels and Piping, 2014, 122: 6-14.

[45] 张书奎, 罗植廷. 浅析焊接残余应力及其消除方法[J]. 冶金动力, 1996, (6): 38-41.

[46] 王蓬. 考虑相变的焊接接头残余应力有限元计算分析[D]. 太原: 太原理工大学, 2006.

第2章 中子衍射测试技术

中子衍射测试方法是一种可测量材料内部三维残余应力分布的无损检测分析手段[1]。该方法适合测试大工程部件残余应力，其穿透能力可达表面以下厘米量级(一般可穿透钢板 25mm、铝板 100mm)[2]，是铜靶 X 射线的 1000 倍[3]。此外，该技术还有以下特点：①可进行三维应力测量，具有近 90°的理想衍射几何布局(此时衍射体积为近立方形)，适合完整测量部件内部三维应力分布，而同步辐射高能 X 射线衍射测量的衍射体积为狭窄菱方形，主要获取二维应力；②空间分辨率可调，与有限元网格尺寸匹配，在检验有限元计算方面具有天生优势[4]；③可同时解决材料中特定相的平均应力和晶间应力问题；④便于原位可监视实际环境或加载条件下应力的发展变化状态。因此，该技术成为工程应用领域产品设计和开发、加工过程优化、失效评估的强有力手段[5]。

20 世纪 80 年代，美国、德国、英国和法国等率先采用中子衍射测试方法测量材料内部的应力，开展实验的主要单位有美国国家标准技术研究院(National Institute of Standards and Technology，NIST)、英国卢瑟福-阿普尔顿实验室、法国里昂-布里渊实验室、德国柏林哈麦研究所(Hammer Institute，HMI)等研究机构。中子衍射应力测试原理与 X 射线衍射测试方法类似，其难以推广的主要原因是中子源数量少，测量成本高、时间长。中子主要来源于稳态核反应堆的裂变反应和脉冲散裂源的散裂反应[6]，因此，根据中子源种类不同，中子衍射应力测试有两种工作模式，即常波长模式与飞行时间模式。常波长模式通常基于稳态核反应堆，波长 λ 保持不变，根据测得的峰位偏移得到晶格应变。该方法的特点是单峰分析、数据分析简单、测量点空间分辨灵活可调、对部件测量的适应性好。中国工程物理研究院、中国原子能科学研究院、法国劳厄-朗之万研究所等十余家单位的堆源装置均是此种特点。飞行时间模式[7]通常基于脉冲散裂源，布拉格角保持不变，根据测得的波长变化得到晶格应变。由于它可一次性得到整套图谱衍射信息，对多相材料或微观应力的分析有更好的适用性。此类可用测量装置主要有英国卢瑟福-阿普尔顿实验室的散裂中子源、美国橡树岭国家实验室的散裂中子源、日本质子加速器研究中心的质子同步加速器以及刚投入运行的中国散裂中子源。

2.1 基 本 原 理

由于内应力的存在，多晶材料的内部结构发生变化，其衍射峰的峰位相对于无应力样品产生偏移。根据弹性力学方法，便可将此偏移量转化为应力[8]。如图 2-1 所示，一束波长为λ的单色中子入射到多晶样品上，样品无应变时若某晶面间距为d，在符合布拉格关系的位置得到衍射峰[9, 10]：

$$2d\sin\theta = n\lambda \tag{2-1}$$

式中，λ为射线波长；d为产生布拉格峰的晶面间距；2θ为衍射角；n为整数。

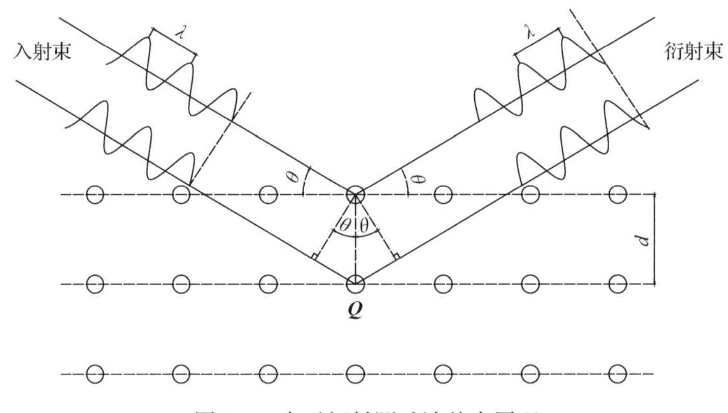

图 2-1　中子衍射测试法基本原理

图 2-1 中，$\boldsymbol{Q}$为散射矢量(应力测试的方向)，它平分入射束和衍射束的夹角，方向沿反射面的法向。当满足布拉格定律时，将会在空间特定的位置得到衍射花样，该衍射花样满足高斯分布。一个衍射峰的各方面信息通常采用衍射峰位置(简称峰位)、衍射峰形态(简称峰形)、衍射峰半高宽(full width at half maximum，FWHM，简称半高宽)、衍射峰最大强度(简称峰强)及衍射峰对称性等 5 个基本要素来定义，其中峰形参数反映晶体的微观信息[9]。

根据晶面间距d的变化得到应变ε：

$$\varepsilon = \frac{d - d_0}{d_0} \tag{2-2}$$

式中，d_0为无应力试样的晶面间距。

在常波长中子衍射模式下，根据布拉格定律，应力作用下晶面间距产生变化Δd，并引起相应的峰位偏移($\Delta\theta$)[5, 11]。用这种方法测量样品某一个晶面的衍射峰，并使用高斯/洛伦兹拟合来确定峰位，可得晶格弹性应变[5]：

$$\varepsilon = \frac{\Delta d}{d_0} = \frac{\sin\theta_0}{\sin\theta} - 1 = -\Delta\theta\cot\theta_0 \tag{2-3}$$

式中，θ_0 为无应力试样的衍射峰峰位。

在飞行时间(TOF)中子衍射模式下，衍射角 2θ 是固定的，根据中子飞行时间 t，衍射中子的波长由德布罗意关系计算可得[3, 5, 12]

$$\lambda = \frac{h_{\mathrm{p}} t}{m_{\mathrm{n}}\left(L_0 + L_1\right)} \tag{2-4}$$

式中，m_{n} 为中子质量；L_0 为准直器到样品的路径长度；L_1 为样品到计数器的路径长度；h_{p} 为普朗克常量。

将式(2-4)代入布拉格定律可得

$$d = \frac{h_{\mathrm{p}} t}{2m_{\mathrm{n}}\left(L_0 + L_1\right)\sin\theta} \tag{2-5}$$

测量在固定的衍射角 2θ 处(通常为 90°)进行。在这种情形下，记录慢化剂和探测器之间中子飞行时间的变化，并得到一个衍射全谱。飞行时间 t 与晶面间距 d 成正比，即 $t \propto \sin\theta \cdot d$，因此弹性应变计算公式为

$$\varepsilon = \frac{\Delta d}{d_0} = \frac{t - t_0}{t_0} = \frac{\lambda - \lambda_0}{\lambda_0} \tag{2-6}$$

式中，t_0 为无应力标准样品飞行时间。应变可采用单个衍射峰或 Rietveld[13]全谱拟合方法得到[5]。

利用中子衍射测试方法仅能够确定入射束和衍射束平分线方向平面(hkl)的晶格应变。为了计算一个标准位置上的应力张量至少需要在不同的 $\varepsilon\{\phi,\psi\}$ 方向进行 6 次独立的应变测量：

$$\begin{aligned}\varepsilon\{\phi,\psi\} = {} & \varepsilon_{11}\cos^2\phi\sin^2\phi + \varepsilon_{12}\sin 2\phi\sin^2\psi + \\ & \varepsilon_{22}\sin^2\phi\sin^2\psi + \varepsilon_{33}\cos^2\psi \\ & \varepsilon_{13}\cos\phi\sin 2\psi + \varepsilon_{23}\sin\phi\sin 2\psi\end{aligned} \tag{2-7}$$

式中，ϕ 和 ψ 为张量坐标系统的极角。

如果主应变方向已知或者处于平面应变状态，则相应地减少测量方向。当主方向已知时，仅需三个应变值便可计算主应力[14]：

$$\begin{cases}\sigma_{xx}=\dfrac{E}{(1+\nu)(1-2\nu)}\left[(1-\nu)\varepsilon_{xx}+\nu\left(\varepsilon_{yy}+\varepsilon_{zz}\right)\right]\\ \sigma_{yy}=\dfrac{E}{(1+\nu)(1-2\nu)}\left[(1-\nu)\varepsilon_{yy}+\nu\left(\varepsilon_{xx}+\varepsilon_{zz}\right)\right]\\ \sigma_{zz}=\dfrac{E}{(1+\nu)(1-2\nu)}\left[(1-\nu)\varepsilon_{zz}+\nu\left(\varepsilon_{yy}+\varepsilon_{xx}\right)\right]\end{cases} \tag{2-8}$$

式中，σ_{xx}、σ_{yy}、σ_{zz} 分别为 x、y、z 方向的正应力；E 为弹性模量；ν 为泊松比。

需要指出的是，式(2-8)主要适用于各向同性材料的情况，当试样具有较强织构或组织呈梯度分布时慎用。应力与应变的误差计算公式为[15]

$$\delta\varepsilon_x=\cot\theta_0\left[\left(\delta\theta_x\right)^2+\left(\delta\theta_0\right)^2\right]^{\frac{1}{2}} \tag{2-9}$$

$$\delta\sigma_x=\left\{\left(\frac{E}{1+\nu}\delta\varepsilon_x\right)^2+\left[\frac{E\nu}{(1+\nu)(1-2\nu)}\right]^2\left[\left(\delta\varepsilon_x\right)^2+\left(\delta\varepsilon_y\right)^2+\left(\delta\varepsilon_z\right)^2\right]\right\}^{\frac{1}{2}} \tag{2-10}$$

$\delta\varepsilon_y$、$\delta\varepsilon_z$、$\delta\sigma_y$ 和 $\delta\sigma_z$ 可依次类推。

通常情况下，E 和 ν 为相应测试晶面的衍射弹性模量和泊松比，不可使用通用力学方法中测定的宏观参数来替代，因为两者与衍射晶面指数有依赖关系，而且往往受化学成分、其他相的含量或者晶胞缺陷(如塑性变形后位错)的影响。衍射弹性模量通常通过单轴拉伸各衍射面应力应变响应曲线获取。如果无法获得实验数据，则应利用合适的模型进行估算。计算模型主要包括以下几种：Voigt 模型，假设在多晶集合体中应变均匀，则所有晶粒的应变相同；Reuss 模型，假设在多晶集合体中应力均匀，则所有晶粒的应力相同；Kroner-Eshelby 模型，用埋入无限大各向同性的弹性基质中的各向异性的类球体晶粒来计算多晶弹性模量[3]。

当样品中有织构时必须对弹性模量计算结果进行修正，织构越强越陡，需要的修正量就越大，晶体材料中修正织构影响的办法是测量取向分布函数(orientation distribution function，ODF)并将其引入衍射弹性模量进行计算[15]，有关织构影响应力计算的讨论可参见文献[16]。

2.2 中子衍射实验装置

常波长模式和飞行时间模式下的中子衍射应力分析谱仪结构虽有所差异，但都包括前端光路(导管、单色器或斩波器)、样品台及后端探测等部分。根据应力检测的基本原理，无论是哪种模式的中子衍射应力分析谱仪，其核心目的都是要获得质量好的峰形以便准确获知衍射峰的三大特征信息，即峰位、半高宽与峰强，从而利用这些信息得出微、介、宏观各类应力及晶粒取向[17]。虽然目前国际上中子衍射应力分析谱仪数量已有 20 余台，但该类装置无标准商业产品，均需结合各中子源特点非标研制。为克服已有中子衍射应力分析谱仪的局限性，结合中国工程物理研究院的中子衍射应力分析谱仪(residual stress neutron diffractometer，RSND)，介绍反应堆源常波长中子衍射应力分析谱仪的主要设计理念，如图 2-2 所示，分别阐述如下。

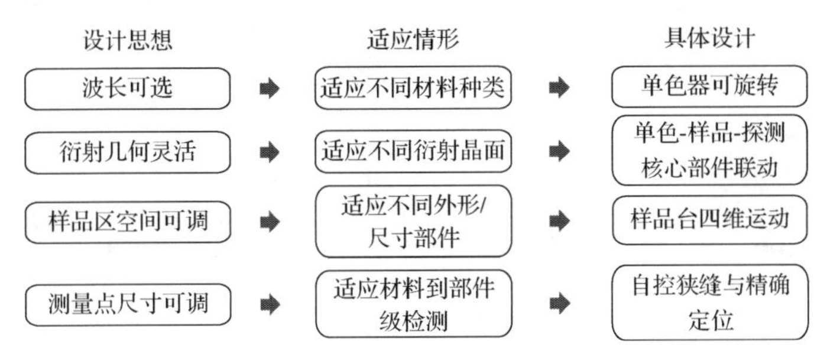

图 2-2　中子衍射应力分析谱仪的设计理念

波长可选是为了适应不同的材料种类。国际上一些装置是提供若干有限选择的波长，如美国橡树岭国家实验室的 NRSF2：单色器固定在 88°，有 6 个波长可选，即 1.452Å、1.540Å、1.731Å、1.886Å、2.275Å、2.667Å，但有些材料测量时难以选择最优布局 90°附近衍射角，导致适应性有所限制。为此 RSND 通过单色器可连续旋转的设计实现了连续可调波长，如图 2-3 所示，且为满足最优布局下常见工程材料的应力测量需求，可选波长设计为 1.2～2.8Å，确定单色器起飞角为 50°～120°。

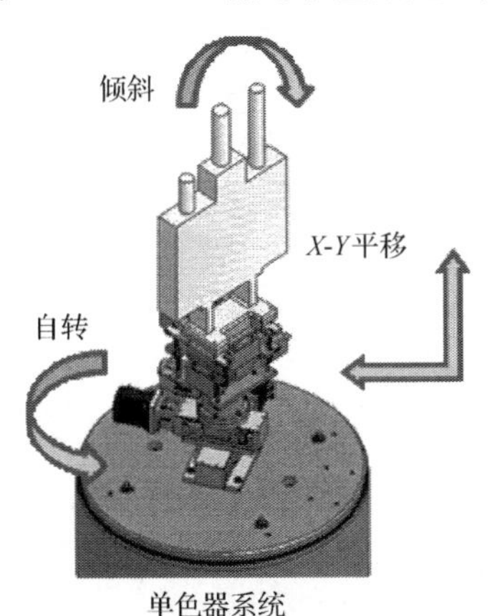

图 2-3　旋转单色器设计

衍射几何灵活是为了适应不同的衍射晶面。样品台与后端探测器均可通过气垫在光滑平整的花岗岩地板上平稳运动。样品台绕单色器旋转，探测器则以样品台 Z 轴为旋转轴，整体运动区域半径约为 4m。通过样品台、探测器的联合运动并结合单色器的旋转，实现灵活的衍射几何布局，满足衍射角 0°～140°的不同晶面测量，两个极限位置的衍射几何见图 2-4，保证了较高的测量适应性。

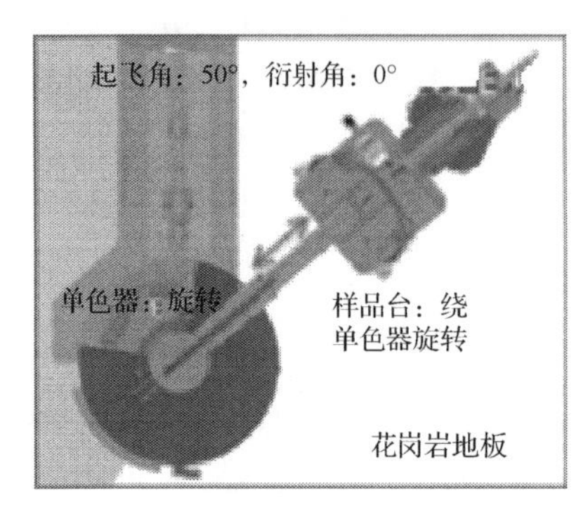

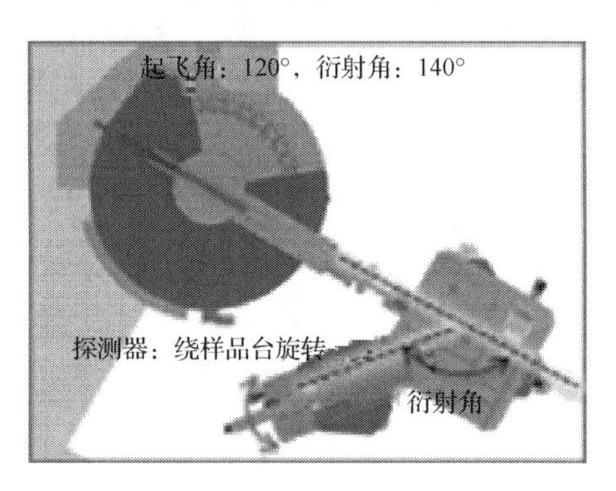

图 2-4　衍射角为 0°与 140°的两个极限位置的衍射几何

样品区空间可调是为了适应不同外形/尺寸部件。样品台四维运动功能(X-Y-Z 三维方向平移及绕 Z 轴旋转，结合测角仪时可倾斜)满足样品内不同位置和方向的应力测量。考虑中子孔道高度约为 1.5m，将 Z 方向升降范围设计为孔道高度以下 0～0.5m；同时，样品台附近入射与衍射两个狭缝的伸缩臂移动范围分别设计为 0～1130mm 和 0～1200mm，如图 2-5(a)所示。样品台四维运动结合两个狭缝的自动伸缩，空间可连续灵活调节，满足 1mm～1m 各类形状部件测试的需要。考虑到部件承重及与其他测量装置的结合，样品台最大承重能力设计为 500kg。

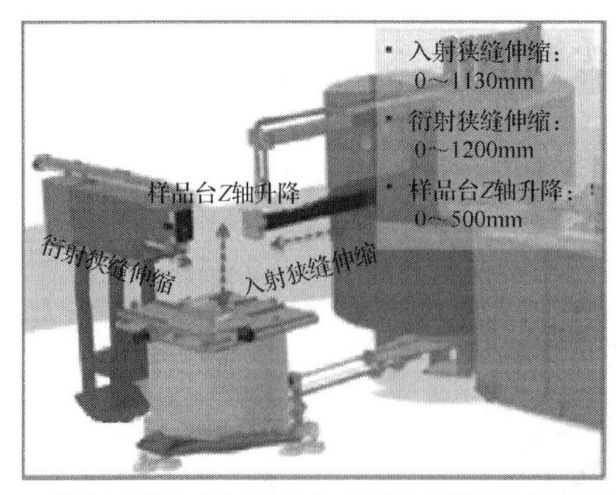

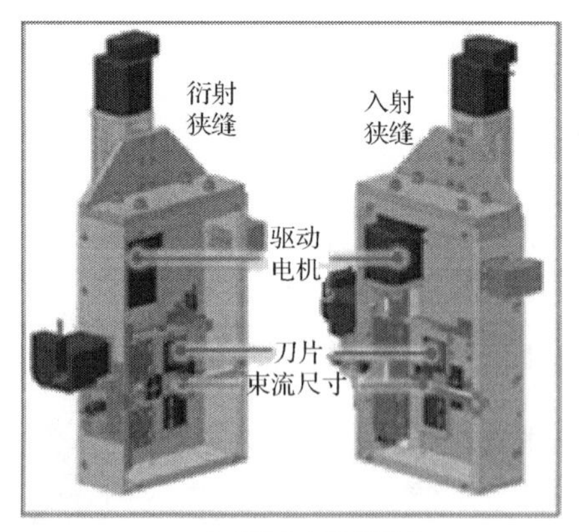

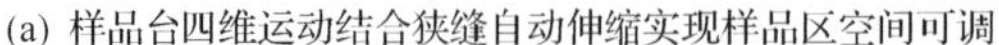
(a) 样品台四维运动结合狭缝自动伸缩实现样品区空间可调　　(b) 自动调节双狭缝限束

图 2-5　样品区空间可调

空间分辨可调是为了适应材料到部件不同尺寸试样的检测。设计上可以采用尺寸固定、手动插入式狭缝，也可采用入射与衍射双狭缝限束尺寸自动调节设计。RSND 的自动调节狭缝设计见图 2-5(b)，空间分辨可实现 0.5mm×0.5mm×0.5mm～5mm×5mm×20mm 内连续可调。

为了节约测量时间，需要将试样测量位置快速定位在中子束线上，竖直方向可使用常规的铅垂定位方法，更为先进的是高分辨相机可视化激光定位系统。RSND 在相机基础上特别设计了两类激光定位系统，见图 2-6：束流方向激光定位系统，保证激光束方向始终位于狭缝中心，并与束流方向一致，操作方便且精确(精度≤0.05mm，视场 0.2～0.6m)；自平衡基准激光定位系统，直观、准确地判断被测试件定位情况(距离 10m 时，精度 0.5mm)。

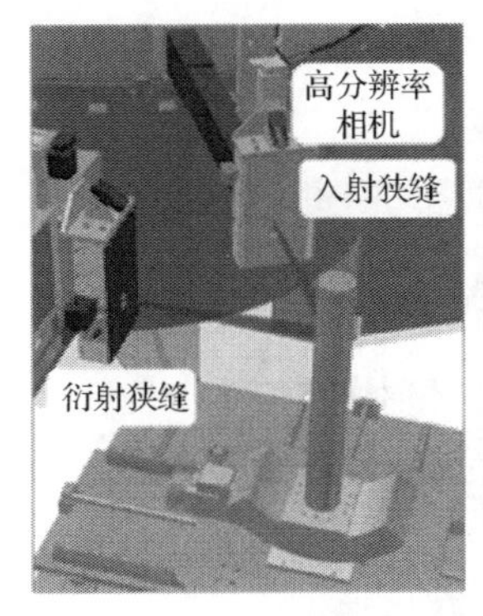

图 2-6　束流方向与自平衡基准激光定位系统

建成后 RSND 主要结构和实物如图 2-7 所示[17]，主体部件包括附加闸门系统、导管系统、单色器系统、第二闸门系统、中子监视器系统、束流限定系统(狭缝与准直器)、样品台系统、探测器系统，电子学控制、驱动与数据获取系统，屏蔽系统，气垫与支撑系统，真空系统等。下面逐一简要介绍重要的装置部件。

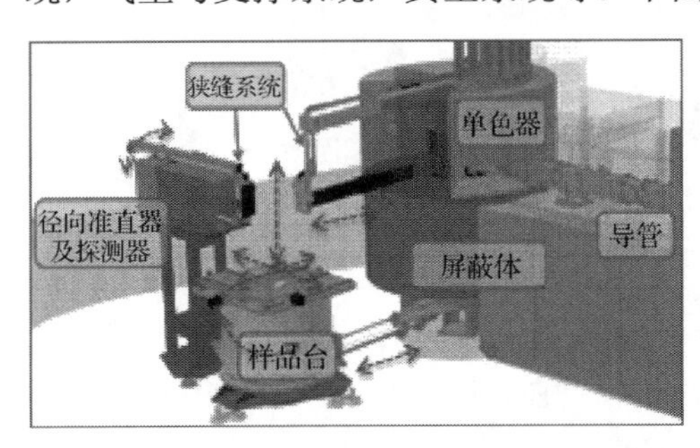

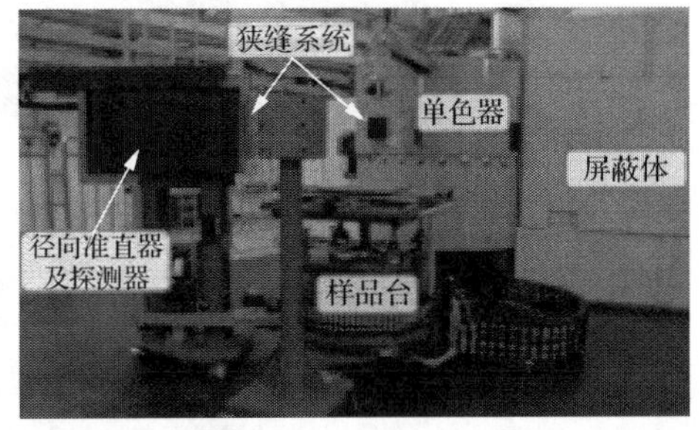

图 2-7　RSND 的结构和实物图

装置的闸门系统属于实验人员保护装置，在实验人员进行样品装裱、实验参数设置过程中能够起到对辐射射线完全屏蔽的作用。闸门启用后，实验现场中子/γ射线辐射剂量率可降至 6μSv/h。闸门系统主要由气动升降的铅屏蔽块及不锈钢支撑结构组成。

单色器属于束线选取环节的关键部件，决定着实验中子束流的强度与仪器分辨率等重要品质因子。单色器的优化选取及参数配置对实验数据质量有重要影响。中子衍射应力分析谱仪采用一组非对称切割的完美单晶硅片，匹配具有空间平移、倾斜、旋转等复杂移动能力的测角台及垂直/水平双向聚焦能力的聚焦装置，构成该谱仪的单色器系统，如图 2-8 所示。根据材料种类、常用晶面及适应不同材料种类最优布局下的应力测量原则进行单色器指标调试，调试后的单色器系统能够实现中子波长连续选取，实际测量过程需要根据实验对象对束流强度、中子波长的特定要求进行专门设置。

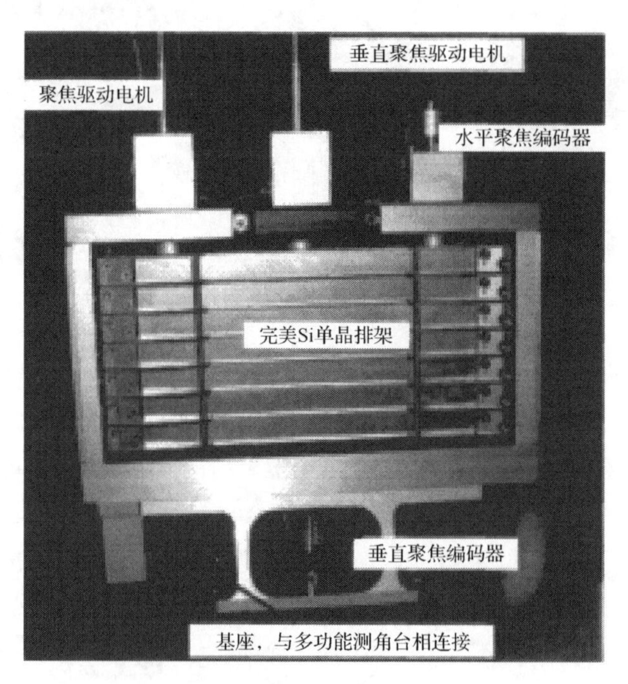

图 2-8　中子衍射应力分析谱仪单色器系统

中子监视器提供不同时刻由反应堆传输至谱仪的热中子束流品质的监控数据，确保反应堆功率波动过程实验数据的归一性。中子监视器主要工作气体由 ^{3}He、CF_4 和 ^{4}He 组成，效率低于 10^{-5}，如图 2-9 所示。

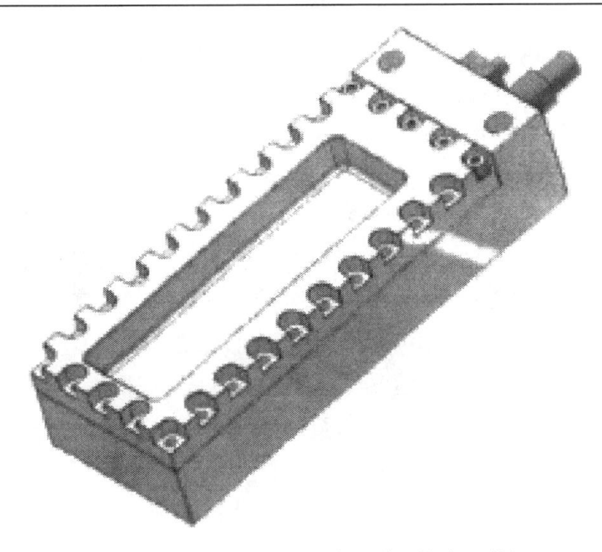

图 2-9　中子衍射应力分析谱仪采用的中子监视器

束流限定系统主要包括入射/出射狭缝装置、激光定位装置，其中入射/出射狭缝装置由入射/衍射伸缩臂、四模式刀片自动限束单元等组成。入射伸缩臂可提供 1.27～1.37m 的伸缩距离，衍射伸缩臂可提供 0～1.2m 的伸缩距离，通过两者的距离调节与组合可满足狭缝对不同尺寸实验样品的“贴身”布置，提升中子束流准直品质和分辨率；四模式刀片自动限束单元作为狭缝装置的核心结构，由四个独立控制的铝/镉/含硼橡胶刀片组成，以束流中心为基点，分别向上、下、左、右四个方向张开及合拢，达到限定束流、获取采样体积的目的。激光定位装置位于狭缝刀片中心，通过产生一束与中子束流方向重合的十字激光束来达到辅助精确定位测量点的目的，由于激光的引入，无形的中子束流产生了可视化效果，实验定位工作变得简单便捷。

样品台系统是中子衍射应力分析谱仪用于支撑实验样品并提供样品空间范围内五维(双向平移、旋转、升降、倾斜)运动能力的实验平台。样品台的承载能力达到 500kg，升限为 500mm，精度为 100μm，360°全角度旋转，精度为 0.1°，倾斜度达±30°。样品台全部单元采用可编辑逻辑控制器(programmable logic controller，PLC)实现全自动化控制，传感器接触式预警等技术保障了实验中装置的安全性。

探测器系统作为 RSND 数据收集记录的主要单元，采用二维位置灵敏探测器 2D-PSD 作为探测器(尺寸为 200mm×200mm)，并包括时间-数字转换器(time-to-digital convert，TDC)卡、高压电源、信号甄别器等组件。探测效率、探测空间分辨能力及探测器均匀性是探测器性能的主要考核指标，RSND 上采用的 MK-200N 型二维位置灵敏探测器的探测效率为 50%～85%，探测器水平空间分辨为 1.8mm，垂直空间分辨为 1.72mm，探测器均匀性达到 97.6%。

RSND建成后经实测主要指标为：装置最佳分辨率$\Delta d/d$为0.18%（λ=0.231nm时），样品位置最大中子注量率为4.7×10^6n/(cm^2·s)（λ=0.158nm时）。除部件残余应力无损检测外，实际上材料变形机理所需的微观应力与晶粒取向分布等对认识和利用残余应力也十分重要，因而主体装置结合力学、温度等环境加载及测角仪等装置将发挥更为重要的作用。目前织构分析通常有专用的中子织构谱仪，但在力、热等加载条件下同时对微观应力应变与晶粒取向进行分析需要进行装置的集成研制。自主研制中子衍射用原位应力-温度耦合加载装置过程中须解决三个方面的技术难点：①解决受限空间条件下的力、热、旋转、自转等多动能集成问题；②解决机械加载过程中的测点均一性问题；③解决加热过程的温度过冲问题，避免合金相结构的改变。采用多功能模块一体化、单轴双向加载和稳态无过冲温控技术等研制的复合加载系统，如图2-10所示。经检定，应力、温度等各加载系统误差精度均满足设计要求：最大机械载荷达50kN，系统误差约5‰；最高温度为1000℃，精度<5℃[18, 19]。

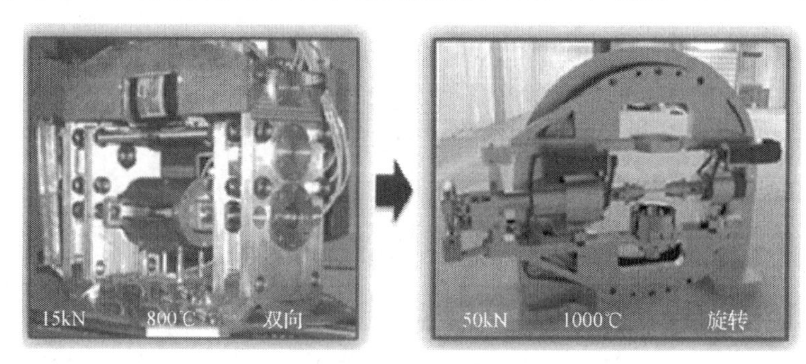

图2-10　两套力-热耦合原位加载装置实物图

目前，RSND已经具备了残余应力检测、力-热耦合原位加载、织构测量等多种功能，用于材料和工程结构件深度范围内三维应力分布测绘、准静态加载不同阶段微观力学性能演变研究和织构分布研究等工作。

2.3 实验方法

中子衍射应力分析实际上通过测量存在应力时衍射峰的偏移获得应变数据，进而利用广义胡克定律计算应力值。因此，实验中获得可靠的应变数据是非常重要的，为了获得好的实验结果，通常需要在基本实验方法上考虑以下四个主要方面[20-21]。

2.3.1 选择合适的衍射体积

衍射体积由入射束和衍射束上的束流限定系统及束流的方向与发散度确定。衍射体积的选择与待测样品的形状和尺寸有关，同时与材料参数（如晶粒尺寸和衰减长度)有关。中子衍射应力分析中有三类衍射体积，分别为名义衍射体积、装置衍射体积和样品衍射体积。在单一波长束流经过完美准直形成绝对平行的中子束时，由入射狭缝宽度和衍射狭缝宽度形成衍射体积的水平面积，入射狭缝的高度定义衍射体积的高度，这种几何特点定义的体积称为名义衍射体积(nominal gauge volume，NGV)。名义衍射体积的值可以简单地根据孔的尺寸计算，其重心和实验测量中装置参考点相一致。由于角度发散和波长发散在入射与衍射中子束相交叉的衍射体积处将会产生半影效应，衍射体积边界处的样品晶粒对衍射强度的贡献逐渐减小，实际测量样品平均应变的有效衍射体积比名义衍射体积大，这种衍射体积定义为装置衍射体积(instrumental gauge volume，IGV)。样品衍射体积(sampled gauge volume，SGV)是测量时样品在装置衍射体积内的部分，其值可在 0.2～1000mm^3 调整，实验测量所得应变即样品衍射体积中应变测量的平均值。如果样品完全填充装置衍射体积，并且没有织构变化或束流衰减，样品衍射体积将等同于装置衍射体积，测量点也将在它们的质心。

实验中为了加快数据获取速度或者测量更大厚度试样，往往倾向于选择较大的衍射体积，但在具有高应变梯度等的特定方向上必须对衍射体积进行严格限制，以获得更高的空间分辨率。较为理想的情况是使用条状衍射体积，让其长轴平行于应力梯度较小的方向。除要求高的角分辨率外，应变测量一般还希望标样体积尽量小。标样体积指每次衍射测量时在样品中选取的体积元，是探测器“看到”的被入射束照射的样品体积，可以通过在样品前放置一个限束光阑减小入射束的截面，并在样品后放置一个限束光阑来限定标样体积。限束光阑可以是用热中子吸收截面大的镉片制成的矩形孔。

衍射体积内晶粒的数量将严重影响衍射峰的质量，因此，衍射体积的最小值会受到样品材料晶粒尺寸的限制。确定晶粒尺寸是否足够小的一种有效方式就是在样品平移通过衍射体积时，观察衍射积分强度的变化，如果变化值在计数的统计误差范围内，则表明可以获得合理的测量结果。另外一种方式就是让样品在束流内绕竖直 Ω 轴旋转 10°～15°，监视峰强每隔 0.5° 的变化，若晶粒过大，会造成峰强改变超出计数统计误差范围。织构虽然会引起峰强的变化，但在小角度范围内是逐渐变化的，如果点与点之间的积分强度变化超过 25%，则表明发生衍射的晶粒数偏少，需要增大衍射体积。

2.3.2　放置样品

为了在应力测量中确定样品平移和旋转后的位置，放置样品时其参考点和坐标原点相对位于装置衍射体积中心的装置参考点必须已知，最终使每个测量点都位于样品衍射体积中心。通常的方法是将样品参考点放在装置衍射体积中心，然后根据几何和衰减矫正确定实际的样品衍射体积中心。样品相对装置衍射体积中心的位置一般利用至少两个夹角为 90°的经纬仪确定，首先设置它们的相交位置在样品台上位于参考位置处的大头针上，然后将样品固定在样品台上，移动其给定的点(如样品的参考点)至经纬仪确定的交线点，使两者重合。这也可以使用放在光学架上并沿中子入射和散射方向精确准直的激光。另一种方法是将已确定好的样品边缘通过装置衍射体积，扫描并记录中子束强度随位置的变化，此方法尽管耗时较长，但由于利用中子束本身特性，定位更加精确。在这个过程中，中子束穿过样品的深度变化时，吸收引起的强度改变必须予以补偿。如果样品比较小并且几何形状简单，可以直接根据以前标定过的装置衍射体积中心将其放在样品台上。

由于不同样品的形状和尺寸变化不一，而且几何形状具有不规则性，准确地放置和校准样品工作非常烦琐、耗时。加快其过程是中子衍射应力测试亟待解决的问题，其中一种方法就是在实验前将样品准确地固定在一个基板上，实验时利用准确校准的螺孔和螺栓将基板装配在衍射仪样品台上。正在发展的一种新方法就是在利用上述可移动基板的同时，使装置带有能够准确表征样品形状的坐标测量系统。这种坐标测量系统通常用于对样品几何进行准确测量，目的是比较样品实际几何尺寸与计算机辅助设计(computer aided design，CAD)模型，进而记录余量，进行精确的机械加工。

样品的方位由样品坐标轴和装置轴线之间的角度确定，特别是表征散射矢量转移的 Q 方向和竖直方向。为了获得应力，样品至少有三个方向(通常假定为主应变轴)沿 Q 方向，沿竖直轴旋转一般可以获得三个主应变方向中的两个，要测量第三个方向，若不能沿装置水平轴旋转，只能重新放置样品。在放置样品和定位过程中还需考虑的一个主要问题就是尽量减少入射束和衍射束在样品中的穿过距离。

联立所有方向测量的应变才能确定样品内一点的应力，因此，衍射体积需要尽可能地对称，并且定位时要确保在旋转过程中定义的样品点不会偏离装置衍射体积中心。这通常意味着散射角在 90°附近，使用水平面内尺寸相同的狭缝定义入射束和衍射束。在测量两个应变组分时，如果竖直方向的应变变化比较小，入射的竖直孔可以适当放大，但测量第三个应变组分时，即使测量时间延长，也必须保证在竖直方向衍射体积很小。

2.3.3 选择一个合适的反射面

为了获得大量晶粒衍射的高强度峰，通常选择具有高结构因子和多重性的峰。然而，织构、弹性各向异性和塑性各向异性的存在将影响应变向应力的转化，使应变测量时不得不慎重选择布拉格反射。

在宏观弹性区域，由于晶体的各向异性影响是线性的，原则上说，这个区域内任何的点阵反射都可以用于宏观应变确定。为了便于比较，选择的反射应能够代表材料的宏观响应，进而保证工程上的体积应变和点阵应变一一对应。此外，也可以通过选择特定{*hkl*}反射对应的屈服平面，寻找最敏感的判据，即相同宏观应变对应的最大点阵应变。由于在弹性区域内响应呈线性，反射选择的不同没有本质区别。但是在由应变转为应力时，必须考虑内在的弹性各向异性并使用校正的衍射弹性模量。

在塑性变形区域，目前还不能够充分说明晶间应力的本质和区分它们对测量点阵应变的贡献。在这种情况下，最保守的方式是使用对塑性变形不敏感的反射，使其在弹性和塑性区域都具有基本线性的点阵应变-应力响应。点阵应变在平行于加载方向具有线性，并不意味着在垂直加载方向测量也是线性的，对于不同晶体结构，新材料与标准的凡尔赛科研计划(Versailles project on advanced materials and standards，VAMAS)给出了许多可选的合适的点阵平面。部分可选与不可选的反射点阵平面举例见表 2-1，除非确定知道样品没有经历塑性变形，否则只有可选的反射可以用于确定工程部件的宏观应力。

表 2-1　中子衍射残余应变测试适合与不适合的反射点阵平面

材料	可选平面(晶间应变影响弱)	不可选平面(晶间应变影响强)
FCC(Ni,Fe,Cu,Al)	(311)(422)	(200)
BCC(Fe)	(110)(211)	(200)
HCP(Zr,Ti)	锥面$(10\bar{1}2)(10\bar{1}3)$	基面(0002)、柱面$(10\bar{1}0)(1\bar{2}10)$
HCP(Be)	次级锥面$(20\bar{2}1)(11\bar{2}2)$	基面、柱面和初级锥面$(10\bar{1}2)(10\bar{1}3)$

注：FCC 指面心立方结构；BCC 指体心立方结构；HCP 指密排六方结构。

为了揭示变形机制，可以深入研究不同的{*hkl*}晶面对塑性变形的响应，这是由于晶粒水平上塑性流本质不同产生了晶粒间应力。为了扩大衍射实验的应用范围，有关模型的建立将对理解这些效应起到很大的作用。建立多晶变形力学模型最基本的问题就是晶粒及其周围环境之间如何采用合适的相互作用量，这是一个复杂的工作，它依赖于晶粒之间的取向关系、晶粒边界的形状及它们的晶体学取向。早期的 Taylor 和 Sachs 模型[22]在一定程度上，它们是弹性行为的 Voigt 和 Reuss 模型的塑性分析，这种晶粒与周围环境的相互作用描述具有严重不足，它们可以作为多晶真实塑性变形的边界。

正在发展的一种自洽模型[23]相对于早期的 Taylor 和 Sachs 模型，充分考虑了集合逐步塑性变形产生的周围环境材料性能的改变。这种方法的基本原理是基于 Eshelby 的等效包含方法，阐明了弹性各向异性如何包含在额外加载时等效介质产生的协调变形中。因此，自洽模型可以与不同{*hkl*}晶面衍射所表征的晶粒间相互作用进行对比研究，更有针对性地表征各种重要现象。自洽模型的基本原理和物理思想主要是分析晶体学滑移机制，在这种机制下，晶面为{*hkl*}的晶粒在加载时具有特殊取向以协调塑性变形。变形的弹性部分通过标准的连续力学原理建立模型，塑性变形模型主要考虑沿着特殊滑移晶面上特殊滑移方向的晶体学滑移。假定这些滑移系统是已知的，任何晶体结构的材料均可以建立模型。然而，在一些材料中，可以得到的滑移机制更易采用实验方法表征，正因为如此，这种方法最初集中在晶体结构的滑移机制具有明确定义的材料上，如面心立方结构材料。目前对单相材料中晶粒取向分布(织构)引起的微观应力的研究已比较成熟，可以根据微观尺度的各种三维弹塑性模型计算出第二类应力，并与中子衍射实验获得的点阵应变分布结果比较，从而准确地确定单相材料形变过程中的宏观残余应力和微观残余应力。实现双相和晶间应力分析等的自洽模型研究尚在发展之中。

2.3.4　无应力晶面间距 d_0 的确定

为了测量弹性应变，需要一个晶面间距参考值，通常为无应力晶面间距 d_0，根据 d_0 计算应变才能得到实际的应力值。但在局部或整体尺度内，很多因素会引起材料晶面间距的变化，它并不仅仅与应力相关。因此，必须注意这些因素不能掩盖或影响待测样品及无应力标准样品真实应变测量的需要，这些因素主要如下。

成分变化：热处理过程中第二相的沉淀或溶解将导致成分变化，进而引起晶面间距随位置改变而变化，这是实际焊接中不容忽视的一个问题。

相变：样品经历较大热循环后会发生相变现象，其形成的不均匀相将导致成分改变。此情况下，应在类似焊件的不同位置范围内制作参考样品，不能采用全局的无应力晶面间距 d_0。

温度变化：温度的改变会引起名义应变的变化，因此，保证待测样品与参考样品处于同温度环境非常重要。

几何效应：几何效应通常会因引起衍射峰赝偏移，此现象在样品部分填充样品体积情形下尤为明显。

晶间应力：晶间应力由加工阶段产生的塑性变形引起，严重影响测试精度。晶间应力通常存在于晶粒尺度内，因此，甚至在体积较小的“无应力标样”内也会产生此应力。

对用于应变测量的每一个反射，准确确定 d_0 要根据实际情况而定。由于 d_0 在计算每一个应变时都要用到，必须进行单独测量，为使测量结果有足够的准确性，通常建议单个数据点测量时间 10 倍于有应力时的测量时间，这样其不确定度将会减小。合适的测量方法包括：①若离样品应力测量位置远距离处的应力值很小，则可以测量远距离处的值作为 d_0；②测量无应力的粉末或锉末；③从样品上截取出无应力小立方体或梳状标样进行测量；④应用力/矩平衡，测量等效无应力点。下面逐一对这些方法进行简要介绍。为了得到绝对的样品无应力晶面间距 d_0 值，并使 d_0 值在不同装置之间具有通用性，实验前必须利用标准样品(如 Si、Al_2O_3

和 TiO_2 等粉末）对装置的波长和编码器零点进行准确标定。

测量样品远距离处的值作为 d_0 是一种常用的方法，一个典型的例子就是利用钢钉连接两个平板的应变场。机械力引入的应变场在远离铆钉时将迅速下降，测量尽可能远处的 d 值，并对整个厚度和不同取向的 d 值进行平均，便可以得到优化的 d_0 参考值。严格来讲，还应该利用应力平衡保证远距离区域处于低应力状态。这种从样品本身得到 d_0 的方法在有些情况下不适用，例如，在焊接时，样品焊接区域和远距离处的成分有所不同，这种方法也就无法使用。

粉末标样的方法是假定小的粉末颗粒不能保持任何宏观应力状态，即处于无应力状态。需要注意的是在制备粉末或锉末的机械过程中要确保没有因塑性变形而增加残余应力，特别是短程的晶间应力。粉末标样可以用钒盒等盛装，易于处理，在测量时必须完全填满装置衍射体积或准确地放置在装置参考点，以避免任何测量衍射角的几何偏移。另外，粉末参考样品对中子的吸收可能会导致其有效质心相对参考点的偏离，这在测量中需加以注意。

小立方体标样法是从样品待测应变位置处或相同材料上截取小立方体进行测量，获得参考 d 值作为应变计算 d_0 值。只要晶粒尺寸足够小，小立方体就越小越好。相对于粉末标样，小立方体标样法的不足之处是标样处理过程复杂，难以将其准确定位在装置参考点。它的优势是如果样品成分是变化的，无应力晶面间距 d_0 值也必须在取得应变数据点处测量，利用这种方法可以在样品测量区域截取一系列的小立方体作为标样，逐个测量参考 d 值。采用单峰衍射测量元应变小立方体标样的参考 d 值时，会受到塑性变形产生残余晶间应变的影响，但由于截取小立方体的塑性变形程度和初始样品相同，它们具有基本相同的晶间应变，计算时小立方体标样和样品的晶间应变可以互相抵消，这样将得到小立方体的参考 d 值作为 d_0 值，给出样品正确的弹性点阵应变。

从相似样品上制作梳状标样也是一种测量参考 d 值获得 d_0 值的方法。梳状标样可以根据预期应力状态采用适当的方法截取，标样一部分区域几乎不受约束，处于自由状态，另一部分与基体材料相连接。这种结构在克服小立方体标样不足的同时，保持了每个梳齿之间的位置关系，特别适合在沿梳齿长轴方向 d_0 值没有显著变化的情况，例如，焊接时，梳齿长轴应平行于焊接方向，在接近焊接区域梳齿应更加密集，以获得更好的空间分辨率。

力/矩平衡方法满足连续力学的基本要求，也就是样品内的力和力矩要在一个或多个截面平衡。这种方法的原理是假定将样品沿一个平面切开，用施加在剩余部分截面上的牵引力和力矩代替被截掉部分，由于固定物体受力平衡，要求力和力矩在整个截面平衡。力/矩平衡方法是先测量需要的样品 d 值和衍射角，利用名义的参考 d 值或角度计算样品的三轴应变或应力，然后迭代改变参考值，找到真正产生应力场可实现力和力矩平衡的参考值。采用这种方法要选择合适的力和力矩平衡截面，确保实验数据能够覆盖整个截面，并且整个截面采用一个参考 d 值。力/矩平衡方法还常用来校正采用上述标样法测量的 d_0 值的合理性。

2.4 测试误差的原因分析

2.4.1 部分填充的衍射体积

反应堆源单色中子衍射的探测器和狭缝布局有时会造成测量点局部衍射的情况而产生系统误差，主要体现在以下三方面。

(1)样品的衍射重心与装置的参考点发生偏移，产生初始线性误差。

(2)中子束流波长发散，导致部分波长不会与材料发生衍射效应，因此中子束流的平均波长发生改变。

(3)狭缝结构使得部分发散角的衍射中子无法进入探测器，从而导致衍射峰的非对称分布以及强度在计数器上不均匀分布。

部分填充衍射体积通常发生在近表面应力测试中。但如果样品放置不准确或狭缝没有校准也会发生此现象。类似的系统误差同样会发生在内表面，如异种金属焊缝中的不同相、相位梯度和在六方密堆积金属焊缝热影响区中常见的高织构梯度。合金强度梯度和低强度相梯度会影响晶格参数并导致误差。

在这种情况下，使用径向准直器在一定程度上可以减小近表面误差，但很难彻底消除误差。对通常实验而言，能够将部分填充导致的系统误差控制在所需精度范围内即可获得有效数据，若不从测量角度进行改进，仅在数据分析或拟合建模时对错误数据进行简单校正，显然是不合适的。

2.4.2 大晶粒效应

大晶粒产生的误差与不完全填充衍射体积类似。在这种情况下，少量强散射大晶粒会随机地偏离衍射体积的中心，而不是均匀地分布在衍射体积上。在平均晶粒尺寸大约为 100μm 时大晶粒效应开始明显，并表现为样品中点到点的应变大幅度变化(比精度大 5～10 倍)。同时，由于少量晶粒的统计性不够，强度变化很大。

2.4.3 狭缝的错误使用

如果衍射束的狭缝与测量点比较远，狭缝的几何结构也会导致误差。部分原因是束流发散造成衍射体积不能很好地定义，导致测量点至二维探测器的准直线偏差，从而在测量点发生局部衍射引起的峰值拟合错误。这种情况下宜采用较大尺寸狭缝，起到限束“窗口”作用而不是准直作用，准直功能可以采用 Soller 准直器进行校准实现，但最好根据装置布局设计特定尺寸的径向准直器来有效地消除误差。

2.5　厚板残余应力测试

2.5.1　厚板残余应力测试的重要性

随着工业设备向高效率、大型化的方向发展，厚板结构在石油化工、核电、船舶、航天、建筑等行业中的需求不断增加。而厚板结构可能会进行焊接、固溶、淬火、时效处理等工艺，由于多次热循环、较大焊接约束或较大梯度温度造成其内部应力分布复杂、变化剧烈，形成较大的残余拉应力。

残余拉应力的存在会导致众多工艺缺陷，将降低结构的承载能力、加工精度和尺寸稳定性。而随着试样厚度的增加，沿厚度方向的残余应力分布对裂纹萌生、扩展和断裂的影响增大。因此，准确评估厚板残余应力的分布，特别是沿着厚度方向的残余应力分布对于结构完整性评价及设备的运行监测具有重要的科学意义和工程应用价值。

2.5.2　厚板残余应力测试的难点

采用中子衍射测试厚板残余应力，透射模式和反射模式下中子穿透路径长度示意图如图 2-11 所示[24]。

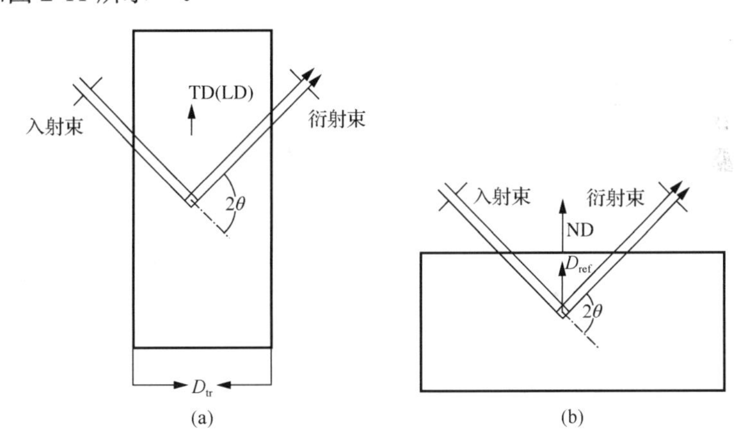

图 2-11　中子穿透路径长度示意图

TD、LD 和 ND 分别代表横向、纵向和法向；D_{tr} 和 D_{ref} 分别为透射模式和反射模式下的中子穿透深度

根据几何关系，透射模式和反射模式下中子穿透路径长度分别为[24]

$$l_{tr} = l_i + l_d = D_{tr}/\cos\theta \tag{2-11}$$

$$l_{ref} = l_i + l_d = 2D_{ref}/\sin\theta \tag{2-12}$$

式中，l_{i}和l_{d}分别为入射束和衍射束穿透路径长度。

由式(2-11)和式(2-12)可知，在透射模式下，不同深度位置测试点的中子穿透路径长度相同，但板厚的增加会增大中子穿透路径长度；在反射模式下，随着测试点所处深度的增加，中子穿透路径长度也增加。据此，可通过延长测试时间和增大测试体积来提高厚板残余应力测试的效率。但是，衍射体积的峰强随中子穿透路径长度l呈指数规律衰减[24]，即

$$I_l = I_0 \exp(-\mu l) = I_0 \exp(-\sigma_{\mathrm{t}} n_0 l) \tag{2-13}$$

式中，I_0为中子穿透路径长度为0时的峰强；μ为线性衰减系数；n_0为单元体积的原子个数；σ_{t}为中子总截面。这就意味着获取给定峰强的中子计数时间也将随着测试深度呈指数规律增加。

此外，如果认为峰宽与测试深度无关，则峰高H_l也随测试深度呈指数规律衰减，即[20, 24]

$$H_l = H_0 \exp(-\mu l) = H_0 \exp(-\sigma_{\mathrm{t}} n_0 l) \tag{2-14}$$

式中，H_0为中子穿透路径长度为0时的峰高。

因此，随着测试深度增加，本底B_l的影响变得不可忽略。此时，应变误差值为[20, 24]

$$\mathrm{Err}(\varepsilon)_l = \frac{u_\theta \cot\theta}{(I_l)^{\frac{1}{2}}}\left(1 + 2\sqrt{2}\, B_l / H_l\right)^{\frac{1}{2}} \tag{2-15}$$

式中，2θ为衍射角；u_θ为θ的标准差。

由式(2-13)～式(2-15)可知，中子总截面σ_{t}与应变误差值呈指数关系，若要提高中子穿透能力，最好减小σ_{t}，即在一定误差下，σ_{t}越小，l越大，中子具有的穿透能力越强。而中子总截面σ_{t}与波长λ直接相关，因此，选择合适的波长是提高中子穿透能力或在一定穿透路径长度内提高衍射强度的最有效方法。

但由于式(2-13)～式(2-15)中的参数I_0、θ、u_θ、H_0、B_l及σ_{t}均与波长有关系，很难通过单纯的计算得到不同波长的穿透能力。此外，I_0和B_l还会根据仪器性能与中子源的功率而改变。

2.5.3 厚板残余应力测试方法

采用中子衍射测试厚板残余应力，可通过以下操作完成。

(1) 判断所测试厚板样品材料对应的晶体结构，包括面心立方结构、体心立方结构和密排六方结构。

(2) 计算所测试厚板样品材料的中子总截面σ_t随波长 λ 的变化规律，绘制出测试材料的σ_t-λ关系图；根据绘制出的σ_t-λ关系图，选择总截面较低的波长值，对厚板样品进行初步测试。获取材料的σ_t-λ关系图，具体方法如下[20]。

σ_t由三部分构成：相干散射截面σ_c、非相干散射截面σ_i和吸收截面σ_a，即

$$\sigma_t = \sigma_c + \sigma_i + \sigma_a \tag{2-16}$$

某一元素的单位晶胞的相干散射截面(即微观相干散射截面σ_c')可由式(2-17)进行计算：

$$\sigma_c' = \frac{\lambda^2}{2} \sum_{\substack{hkl \\ d \geqslant \lambda/2}} F_{hkl}^2 d_{hkl} \tag{2-17}$$

式中，F_{hkl}^2为单位晶胞对$\{hkl\}$晶面反射的结构因数的平方；d_{hkl}为晶面间距。注意，以上参数均因测试材料而异。式(2-17)是对所有间距$d \geqslant \lambda/2$的平面求和，当$\lambda=2d$时，相干散射截面发生突变，此处的波长值即布拉格边。

某一元素的微观非相干散射截面σ_i'由式(2-18)进行计算：

$$\sigma_i' = 4\pi(\overline{b^2} - \bar{b}^2) \tag{2-18}$$

式中，b为散射长度，该参数因测试材料而异。

某一元素的微观吸收截面σ_a'与波长成正比，由式(2-19)进行计算：

$$\sigma_a' = \sigma_{1.8,a}' \frac{\lambda}{1.8} \tag{2-19}$$

式中，$\sigma_{1.8,a}'$为λ=1.8Å 时的微观吸收截面，该参数因测试材料而异，为测试材料中所含元素对应的固定值。

完成微观截面的计算后，材料的总截面σ_t将通过式(2-20)进行计算：

$$\sigma_t = N_A \bar{\rho} \left(\sum_j \frac{w_j \sigma_j'}{W_j} + \frac{\sum_j a_j \sigma_c'}{\sum_j a_j W_j} \right) \tag{2-20}$$

式中，$N_A=6.022\times10^{23}\text{mol}^{-1}$；$\sigma_j'$为微观非相干散射/吸收截面；$w_j$为质量分数；$W_j$为某原子的原子质量；$\bar{\rho}$为平均密度；$a_j$为原子分数。

计算出以上数据，便可绘制出测试材料的σ_t-λ图。

根据 2.5.2 节分析，需要根据计算出的σ_t-λ图，选择几个总截面较低的布拉

格边附近的波长值(若测试波长恰好选择在布拉格边的位置，测试将产生赝偏移，为测试结果带来较大误差，需选择靠近布拉格边波长，但在其边长的 2%以外的某一波长值作为测试波长)[15]，对实际厚板测试样品进行初步测试。

(3)利用中子衍射或 X 射线衍射测试厚板样品的织构，若样品不存在织构或织构很弱，则根据步骤(2)选取的几种波长值进行初步测试，根据峰高/本底值、应变误差值、中子实际穿透路径长度、中子总计数，选取样品在透射模式和反射模式下对应的最佳测试波长。注意，初步测试时，透射模式下选择沿厚度方向的任意一点为初步测试点，反射模式下以厚度中心作为初步测试点。

初步测试具体过程如下。

①调整应力分析谱仪的起飞角、聚焦半径等，调试出初步测试所需波长。

②在透射模式下，由于沿厚度方向所在每个点的中子穿透路径长度相同，可沿厚度方向任意选取一点，根据如上选择波长进行初步测试，测试时间可预设为 1h，得到不同波长下的衍射谱图。

③将不同波长下的衍射谱图进行高斯拟合，并统计不同波长下的中子总计数及峰高/本底值(H/B)，为尽可能地降低测试误差，筛选出结果中满足 $H/B \geqslant 3$ 的波长值；若结果中无满足 $H/B \geqslant 3$ 的波长，则将测试时间延长，重新利用各个波长进行初步测试。

④若结果中仅有一个 $H/B \geqslant 3$ 的波长值，则该波长值为最终测试波长；若结果中有多个满足 $H/B \geqslant 3$ 的波长值，则需根据式(2-15)计算不同波长下的应变误差值 $\mathrm{Err}(\varepsilon)_l$；如图 2-12(a)所示，根据式(2-11)计算透射模式下中子的实际穿透路径长度 l_{tr}。

⑤筛选出满足应变误差要求的波长值，并选取得到中子总计数最多的波长值以缩短测试时间，再选取其中对应 l_{tr} 值最小的波长值为透射模式下最终测试波长 λ_1。

⑥测试时间与应变误差的平方成反比，根据初步测试所用时间、应变误差与理想应变误差，推断透射模式下的最终测试时间 t_{M}[20]：

$$t_{\mathrm{M}} \propto \frac{1}{\left[\mathrm{Err}(\varepsilon)_l\right]^2} \tag{2-21}$$

⑦在反射模式下，以厚度中心为分界点，可进行双面测试获得沿整个厚度方向的法向应力，中子穿透路径长度最大的测试点处于厚度中心。因此，在反射模式下，根据以上透射模式的初步测试步骤对厚度中心处的法向应力进行初步测试，并根据式(2-12)计算反射模式下中子穿透路径长度，综合筛选出反射模式下的最佳测试波长 λ_2。

(4)若样品存在明显的织构，则需根据织构测试结果判断适合样品测试的晶面，将步骤(2)中初步选择出的波长进一步筛选；若每个测试点适合的测试晶面相同，需选择对应测试晶面的波长作为初步测试波长，再重复步骤(3)的初步测试过程确定最佳测试波长；若每个测试点适合的测试晶面不同，需选择出测试晶面相同的测试点中反射模式下穿透路径长度最大的为初步测试点，选择对应测试晶面的波长作为初步测试波长，重复步骤(3)的初步测试过程来确定不同测试点的最佳测试波长。

(5)根据实际测试需求，即试样厚度、测试时间和可接受误差等，样品测试完之后，以相同的测试条件测试无应力晶面间距 d_0 值。

(6)利用高斯拟合得到最终衍射谱图，获得每个测试点的峰位、峰高、半高宽等数据信息，根据广义胡克定律计算出每个方向的残余应力。

2.5.4　80mm 厚板焊接残余应力测试案例[10, 25]

以 80mm 厚铁素体钢焊接试样为例，采用 2.5.3 节提出的中子衍射测试厚板残余应力方法进行分析。

根据上述理论，计算得出铁素体 σ_t 与 λ 的关系，如图 2-12 所示。

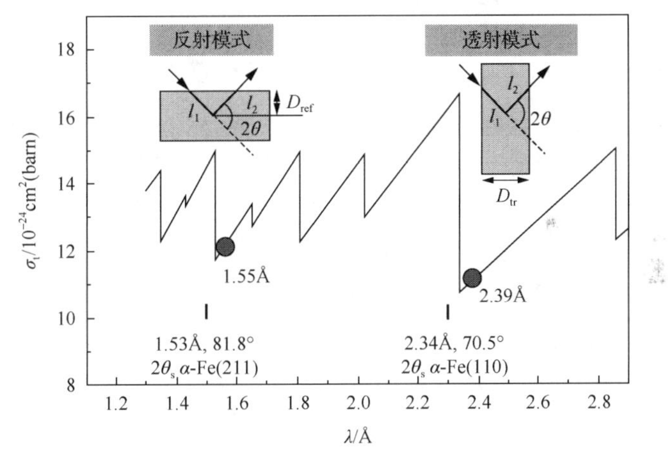

图 2-12　铁素体 σ_t 与 λ 的关系图

从图 2-12 中可以看出，铁素体钢中子总截面 σ_t 作为波长 λ 的函数。标记接近最小 σ_t 值但偏离每个布拉格边的 λ 值。对于反射和透射模式，分别选择 1.55Å 和 2.39Å 的波长使穿过样品厚度的总路径长度 l_{ref} 和 l_{tr} 最小。此时，若中子束聚焦在 80mm 厚焊缝的中厚位置(40mm 深度位置)，$l_{ref}=121\,\text{mm}$，$l_{tr}=99\,\text{mm}$，反射和透射中峰强与本底的比值分别为 $(H_l/B_l)_{ref}=0.7$ 和 $(H_l/B_l)_{tr}=3$，根据文献[20]，峰强与本底的比值应不小于 1。图 2-13 表明，当穿透路径长度约为 112mm(穿透深度约为 37mm)时，H_l/B_l 指数地接近 1，因此在反射模式中，最大穿透深度约为 37mm。

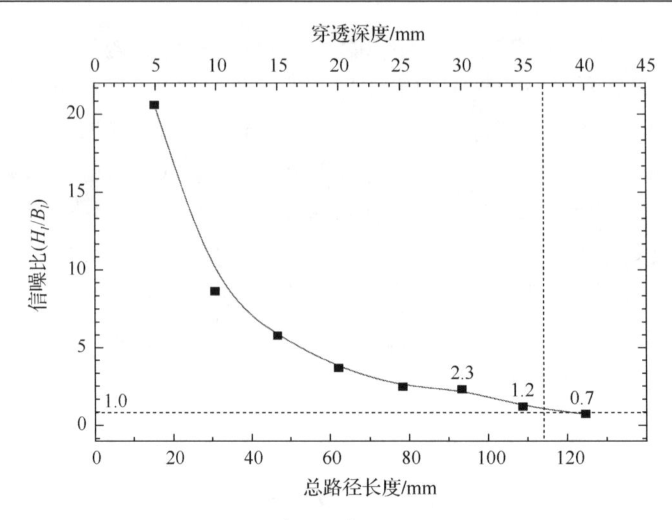

图 2-13　信噪比(H_l/B_l)随总路径长度变化图

图 2-14 显示了中子衍射测量位置距离焊缝中心线分别为 0mm、30mm、60mm 和 100mm 的残余应力沿板厚的变化规律，其应力不确定度基本小于±50MPa。图 2-14(a)和(b)中的σ_x和σ_y沿深度分布曲线均呈 C 形，在样品顶部和底部附近有较大的残余拉应力，而在样品的中间厚度附近残余应力较小，甚至出现压缩应力；图 2-14(c)和(d)中的残余应力沿板厚的分布曲线均呈⊃形，整体残余应力较小(不超过 250MPa)，其中，图 2-14(c)中的σ_x和σ_y在距离样品顶部约 10mm 处值最小，且为压应力，分别约为–300MPa 和–133MPa，而σ_x的最大值(约为 185MPa)出现在中间厚度位置，σ_y的最大值(约 230MPa)出现在距离样品顶部近 20mm 处，σ_z沿厚度

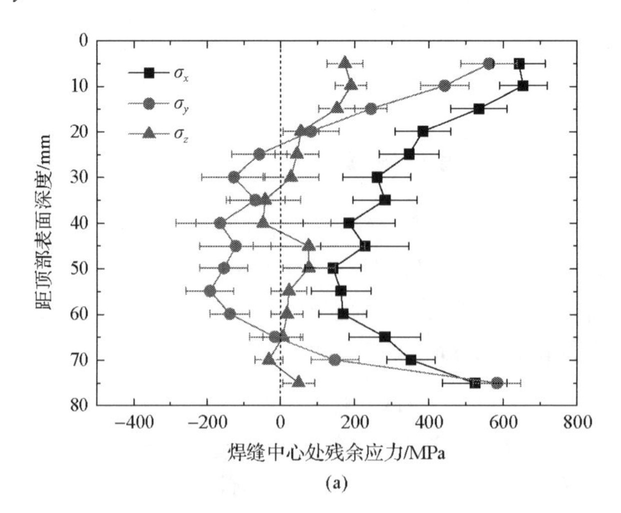

(a)

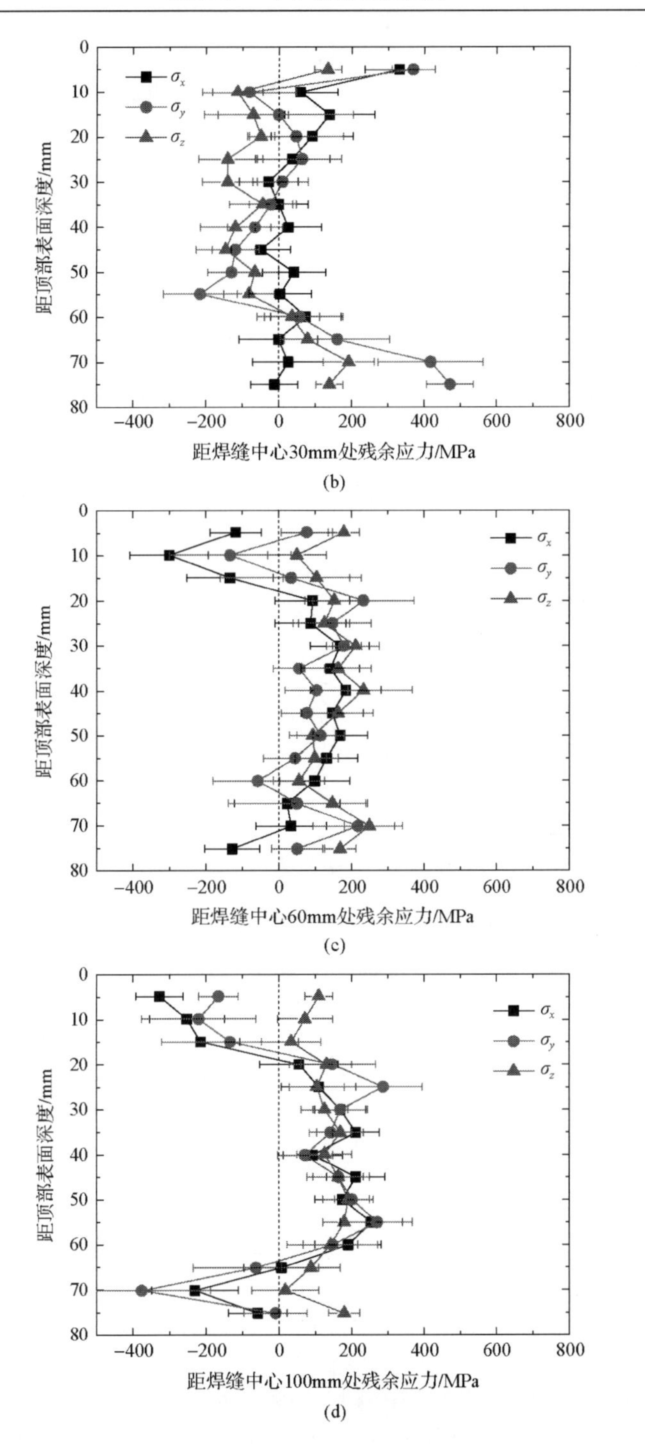

图 2-14　与焊缝中心距离为 0mm(a)、30mm(b)、60mm(c)、100mm(d)位置沿深度方向焊接残余应力分布

方向均为残余拉应力，最大值位于距离样品底部约10mm处（约250MPa）；图2-14（d）中近底部和顶部位置处的三向残余应力值均较小，其中σ_x和σ_y为压应力，最小值分别约为–330MPa和–375MPa，σ_z最小值接近零，而σ_x、σ_y和σ_z的最大值均位于距离中间厚度位置约15mm处，分别约为255MPa、288MPa和190MPa。

参 考 文 献

[1] Prime M B, Gnäupel-Herold T, Baumann J A, et al. Residual stress measurements in a thick, dissimilar aluminum alloy friction stir weld[J]. Acta Materialia, 2006, 54(15): 4013-4021.

[2] Woo W, An G B, Kingston E J, et al. Through-thickness distributions of residual stresses in two extreme heat-input thick welds: A neutron diffraction, contour method and deep hole drilling study[J]. Acta Materialia, 2013, 61(10): 3564-3574.

[3] 沃尔特·赖默斯. 中子和同步辐射在工程材料科学中的应用[M]. 姜晓明, 丁洪, 孙冬柏, 译. 北京: 科学出版社, 2014.

[4] Woo W, Em V, Mikula P, et al. Neutron diffraction measurements of residual stresses in a 50mm thick weld[J]. Materials Science and Engineering: A, 2011, 528(12): 4120-4124.

[5] 李峻宏, 高建波, 李际周, 等. 中子衍射残余应力无损测量技术及应用[J]. 中国材料进展, 2009, 28(12): 10-14.

[6] Brown D W, Okuniewski M A, Sisneros T A, et al. Neutron diffraction measurement of residual stresses, dislocation density and texture in Zr-bonded U-10Mo “mini” fuel foils and plates[J]. Journal of Nuclear Materials, 2016, 482: 63-74.

[7] Hennet L, Drewitt J W E, Neuville D R, et al. Neutron diffraction of calcium aluminosilicate glasses and melts[J]. Journal of Non-Crystalline Solids, 2016, 451: 89-93.

[8] Rossini N S, Dassisti M, Benyounis K Y, et al. Methods of measuring residual stresses in components[J]. Materials and Design, 2012, 35(119): 572-588.

[9] 李建. 抗氢钢及构件的中子衍射应力分析研究[D]. 绵阳: 中国工程物理研究院, 2016.

[10] Jiang W C, Woo W, Wan Y, et al. Evaluation of through-thickness residual stresses by neutron diffraction and finite-element method in thick weld plates[J]. Journal of Pressure Vessel Technology, 2017, 139(3): 031401.

[11] Wan Y, Jiang W C, Li J, et al. Weld residual stresses in a thick plate considering back chipping: Neutron diffraction, contour method and finite element simulation study[J]. Materials Science and Engineering: A, 2017, 699: 62-70.

[12] Schajer G S. Practical Residual Stress Measurement Methods[M]. Hoboken: John Wiley and Sons Inc, 2013.

[13] Skouras A, Paradowska A, Peel M J, et al. Residual stress measurements in a ferritic steel/In625 superalloy dissimilar metal weldment using neutron diffraction and deep-hole drilling[J]. International Journal of Pressure Vessels and Piping, 2013, 101(7): 143-153.

[14] Woo W, Em V, Hubbard C R, et al. Residual stress determination in a dissimilar weld overlay pipe by neutron diffraction[J]. Materials Science and Engineering: A, 2011, 528(27): 8021-8027.

[15] 全国无损检测标准化技术委员会. GB/T 26140—2010. 无损检测测量残余应力的中子衍射方法[S]. 北京: 中国标准出版社, 2011.

[16] Bouzid A, Pizzey K J, Zeidler A, et al. Pressure-induced structural changes in the network-forming isostatic glass $GeSe_4$: An investigation by neutron diffraction and first-principles molecular dynamics[J]. Physical Review B, 2016, 93(1): 014202.

[17] 张昌盛, 彭梅, 孙光爱. 中子散射: 理解工程材料的必要工具[J]. 物理, 2015, 44(3): 169-178.

[18] 庞蓓蓓, 张莹, 王虹, 等. 用于形状记忆材料研究的中子衍射原位温度加载系统[J]. 强激光与粒子束, 2014, 26(10): 104005.

[19] 庞蓓蓓, 张莹, 朱成银, 等. 用于中子应力谱仪的原位力学加载系统的 PLC 设计[J]. 化工自动化及仪表, 2012, 39(9): 1133-1135.

[20] Hutchings M T, Withers P J, Holden T M, et al. Introduction to the Characterization of Residual Stress by Neutron Diffraction[M]. Abingdon: Taylor and Francis, 2005.

[21] 孙光爱, 陈波, 黄朝强. 中子衍射应力分析实验技术[J]. 中国核科技报告, 2009, (1): 1-12.

[22] Taylor G I. Plastic strain in metals[J]. Journal of the Institute of Metals, 1938, 62(307): 307-324.

[23] 聂冠军, 单业华, 田野, 等. 组构数值模拟的原理及其在地学中的应用[J]. 大地构造与成矿学, 2012, 36(1): 56-68.

[24] Woo W, Em V, Baek-Seok S, et al. Effect of wavelength-dependent attenuation on neutron diffraction stress measurements at depth in steels[J]. Journal of Applied Crystallography, 2011, 44(4): 747-754.

[25] Woo W, An G B, Em V T, et al. Through-thickness distributions of residual stresses in an 80mm thick weld using neutron diffraction and contour method[J]. Journal of Materials Science, 2015, 50(2): 784-793.

第3章　焊接残余应力计算有限元方法

焊接残余应力的模拟包括焊接工艺仿真、材料仿真与结构仿真三个模块，关键之处在于建立三者的关联方法，形成工艺、材料与结构仿真三位一体的集成计算方法。焊接工艺仿真包括焊接温度场、熔池流动仿真；材料仿真包括材料热力学、凝固、微观组织演变和相变模拟；结构仿真包括应力应变演化、焊接残余应力与变形的计算。材料仿真体现在工艺与结构仿真过程涉及的材料关键参数与热力学模型的精准模拟上，关键在于开发材料数据库、本构模型及专用程序。因此，实现残余应力的精准计算在于建立焊接温度、冶金与应力多场耦合的计算模型。本章主要介绍焊接温度和应力场的顺次耦合计算方法，并重点介绍如何实现热-冶金-力的多场耦合。

3.1　温度场计算

3.1.1　焊接温度场数值模拟理论

1. 焊接过程基本传热形式

在焊接过程中，由于对焊件进行局部加热，焊接区域与周围区域(包括周围介质)存在较大温度差。由热力学第二定律可知，两个物体之间存在温度差就会有热能的流动。热能传播的主要形式包括热传导、热对流和热辐射三种[1]。其中，热源与焊件间的热量传递方式主要为热辐射和热对流。当热量进入熔池后，焊件内部的热量传递则以热传导为主[2]；同时熔池区域与周围环境存在强烈的热辐射和热对流，熔池金属迅速降温。在焊接温度场模拟计算时，主要关注点在于焊件获得热量后的传递过程——以热传导为主的焊件内部热量传递，同时考虑焊件与周围介质的热辐射和热对流作用。而热源与焊件间的实际热量传递通过焊接热效率 η 进行简化处理。

1)热传导

当物体内部的不同部分温度不同(即存在温度差)时，热能便会从温度较高的地方流动到温度较低的地方；或者两个不同温度的物体互相接触时，热能也会从温度较高的物体传到温度较低的物体，这种热量的传播形式称为热传导[3]，是固体中热量传递的主要方式。

一定温度梯度和时间内，特定面积热传导量为[4, 5]

$$Q = -\lambda\left(\frac{T_2 - T_1}{S}\right)Ft \tag{3-1}$$

式中，Q 为热传导量；$T_2–T_1$ 为温度差；S 为热传导距离；F 为热传导面积；t 为传热时间；λ 为导热系数。

实际上，材料并没有理想得那么致密，因此用微分方程表示单位面积、单位时间内传递的热量：

$$q = -\lambda\frac{\partial T}{\partial \boldsymbol{n}} \tag{3-2}$$

式中，q 为热流密度；$\boldsymbol{n}$ 为单位法向矢量；$\dfrac{\partial T}{\partial \boldsymbol{n}}$ 为温度在 n 方向上的偏导数。

2) 热对流

热对流主要指的是在固体的表面和其周围相邻的流体间存在温度差，从而引发流体的运动而进行的热量交换现象。热对流可分自然对流和强制对流两种。自然对流是由温度不均匀而引起的流体运动，强制对流是由外力搅拌作用而引起的流体运动。焊件与周围介质存在对流作用时[6]，热传导量为

$$Q_{\mathrm{c}} = \alpha_{\mathrm{c}}\left(T - T_0\right)Ft \tag{3-3}$$

式中，α_{c} 为对流传热系数，其影响因素较多，由以下复杂函数表示：

$$\alpha_{\mathrm{c}} = f\left(T, T_0, \omega, \lambda, c_p, \rho, \mu, \varphi, \cdots\right) \tag{3-4}$$

式中，T 为传热体温度；T_0 为环境温度；ω 为空气流速；λ 为导热系数；c_p 为空气比定压热容；ρ 为空气密度；μ 为空气黏度；φ 为传热体表面形状系数。

3) 热辐射

热辐射是指某一个物体发射出电磁能，并且被另外一个物体吸收转换为热能的现象。物体在单位时间内辐射出的热量与物体的温度成正比，温度越高，热量越多。热传导和热对流都需要一定介质来进行热量传递，而热辐射不需要任何介质[3]。

熔池附近存在强烈的热辐射，焊件单位面积、单位时间内辐射出的能量为[7]

$$M = \sigma\left(T^4 - T_0^{\ 4}\right) \tag{3-5}$$

式中，T 为传热体温度；T_0 为环境温度；σ 为辐射系数。

2. 控制方程及边界条件

焊接是一个局部快速加热并冷却的过程，热源瞬间将焊缝金属加热到熔点以上，然后随着热源的离开迅速冷却，具有局部集中性、热源运动性、瞬时性和复合性等特点。焊接温度场的分析属于典型的非线性瞬态热传导问题，在热源的移动过程中，焊件温度不断随时间和空间发生急剧的变化，材料的热物性参数也随之剧烈变化，同时，过程伴随着熔化、凝固和相变潜热现象。因此，焊接温度场是高度不均匀的和不稳定的[8]。

对于三维热传导问题，其温度场控制方程如下[9]：

$$c\rho\frac{\partial T}{\partial t}=\frac{\partial}{\partial x}\left(\lambda\frac{\partial T}{\partial x}\right)+\frac{\partial}{\partial y}\left(\lambda\frac{\partial T}{\partial y}\right)+\frac{\partial}{\partial z}\left(\lambda\frac{\partial T}{\partial z}\right)+Q \tag{3-6}$$

式中，ρ 为材料密度；t 为传热时间；c 为材料的比热容；λ 为导热系数；T 为焊接温度场的分布函数；Q 为内生热率。其中，λ、ρ、c 都是温度的函数。

该控制方程需要通过以下三类边界条件进行求解[10]。

(1) 第一类边界条件：已知边界上的温度值，

$$\lambda\frac{\partial T}{\partial x}n_x+\lambda\frac{\partial T}{\partial y}n_y+\lambda\frac{\partial T}{\partial z}n_z=T_{\mathrm{s}}\left(x,y,z,t\right) \tag{3-7}$$

(2) 第二类边界条件：已知边界上的热流密度分布，

$$\lambda\frac{\partial T}{\partial x}n_x+\lambda\frac{\partial T}{\partial y}n_y+\lambda\frac{\partial T}{\partial z}n_z=q_{\mathrm{s}}\left(x,y,z,t\right) \tag{3-8}$$

(3) 第三类边界条件：已知边界与介质间的热交换，

$$\lambda\frac{\partial T}{\partial x}n_x+\lambda\frac{\partial T}{\partial y}n_y+\lambda\frac{\partial T}{\partial z}n_z=\alpha\left(T_\alpha-T_{\mathrm{s}}\right) \tag{3-9}$$

式中，n_x、n_y、n_z 分别为边界外法线的三个方向余弦；T_α 和 T_{s} 分别为周围介质和边界上的温度；α 为物体表面热交换系数；q_{s} 为单位面积上的热输入。

3. 非线性瞬态热传导的有限元分析

焊接传热过程属于非线性瞬态热传导问题，是一种与时间有关的热传导问题，用于确定承受任意随时间变化载荷的温度响应。对于这类问题的计算常用到有限单元法和有限差分法，首先对求解域进行空间离散化。

1) 求解域的离散

求解域离散化，即在空间域上用有限单元网格划分，在时间域内用加权差分网格划分。将求解域离散为大小和形状相似且通过节点相互连接的有限个单元的模型。焊接传热问题的求解，实际上就是把求解非线性的热传导微分方程转化为求变分极值，从而将问题转化为线性方程组的求解。这里采用坎托罗维奇的加权差分法进行求解。

首先，对求解域进行离散化处理，形函数用[N]表示，单元节点处的温度用$\{T\}^{\mathrm{e}}$表示，则该有限单元内的温度为[11]

$$\{T\}=[N]\{T\}^{\mathrm{e}} \tag{3-10}$$

然后，根据加权差分法，得

$$[K]\{T\}+[C]\frac{\partial}{\partial t}\{T\}=\{P\} \tag{3-11}$$

式中，$[K]=\Sigma\left([K_1]^{\mathrm{e}}+[K_2]^{\mathrm{e}}\right)$

$$[C]=\Sigma\left([C]^{\mathrm{e}}\right)$$

$$\{P\}=\Sigma\left(\{P_1\}^{\mathrm{e}}+\{P_2\}^{\mathrm{e}}+\{P_3\}^{\mathrm{e}}\right)$$

$$[K_1]^{\mathrm{e}}=\int_{\Delta V}\left(\frac{\partial[N]^{\mathrm{T}}}{\partial x}k\frac{\partial[N]}{\partial x}+\frac{\partial[N]^{\mathrm{T}}}{\partial y}k\frac{\partial[N]}{\partial y}+\frac{\partial[N]^{\mathrm{T}}}{\partial z}k\frac{\partial[N]}{\partial z}\right)\mathrm{d}V$$

$$[K_2]^{\mathrm{e}}=\int_{\Delta S}[N]^{\mathrm{T}}\alpha[N]\mathrm{d}S$$

$$[C]^{\mathrm{e}}=\int_{\Delta V}[N]^{\mathrm{T}}\rho c[N]\mathrm{d}V$$

$$\{P_1\}^{\mathrm{e}}=\int_{\Delta V}[N]^{\mathrm{T}}\overline{Q}\mathrm{d}V$$

$$\{P_2\}^{\mathrm{e}}=\int_{\Delta S}[N]^{\mathrm{T}}q\mathrm{d}S$$

$$\{P_3\}^{\mathrm{e}}=\int_{\Delta S}[N]^{\mathrm{T}}\alpha T_\alpha\mathrm{d}S$$

其中，[K]、[C]、$\{P\}$是随温度变化的函数，包含λ、c、α等参数，所以式(3-11)为非线性方程组。通过加权差分法对其求解域按照相等时间间隔Δt离散，在$t+\Delta t$处建立差分式。

进行泰勒级数展开，得

$$\{T\}^{(t+\theta\Delta t)}=\theta\{T\}^{(t+\Delta t)}+(1-\theta)\{T\}^{(t)}+O\left(\Delta t^2\right) \tag{3-12}$$

$$\frac{\partial}{\partial t}\{T\}^{(t+\theta\Delta t)}=\frac{1}{\Delta t}\left(\{T\}^{(t+\Delta t)}-\{T\}^{(t)}\right)+O\left(\Delta t^2\right) \tag{3-13}$$

将式(3-12)和式(3-13)代入式(3-11)，并对$\{P\}$进行同样的展开，可得

$$\left(\frac{1}{\Delta t}[C^\theta]+\theta[K^\theta]\right)\{T\}^{(t+\Delta t)}=\left(\frac{1}{\Delta t}[C^\theta]-(1-\theta)[K^\theta]\right)\{T\}^{(t)}+\theta\{P\}^{(t+\Delta t)}+(1-\theta)\{P\}^{(t)} \tag{3-14}$$

式中，θ为加权因子，$\theta\in[0, 1]$，将矩阵$[C^\theta]$和$[K^\theta]$在$t+\Delta t$时的温度值$\{T\}^{(t+\theta\Delta t)}$代入即可得到。

至此，完成非线性微分方程组向非线性代数方程组的转换。θ取不同的值对应不同的差分格式[12]：取$\theta=0$时，是向前差分格式；取$\theta=1$时，是向后差分格式；取$\theta=1/2$时，是Crank-Nicolson格式；取$\theta=2/3$时，是Galerkin格式[3]。

向前差分格式不用联立求解线性代数方程组，早期广泛用于手算求解过程，但由于其稳定性差，目前极少采用。向后差分格式则较为稳定且一般不会产生振荡，但模拟步长较大，一定程度上影响精度。Crank-Nicolson格式的稳定性和精度均较好，但当取较大的Δt时，往往会出现衰减振荡。相对前几种格式而言，Galerkin格式在精度和稳定性方面均表现良好，是较常用的差分格式之一[11]。

因此，根据Galerkin格式，式(3-14)可简化为

$$[H]\{T\}=\{F\} \tag{3-15}$$

式中，$[H]$和$\{F\}$都是温度的函数。

2)非线性热传导方程的解法

以上问题的解法众多，如Newton-Raphson法、极小化法、变步长法、迭代法等。由于Newton-Raphson法具有突出的收敛性和收敛率，在求解此类问题时常优先选用[13]。

将非线性问题转换为分段线性问题，是该方法的主要解题思路。

$$\{\varPsi(T)\}=[H(T)]\{T\}-\{F(T)\} \tag{3-16}$$

在迭代过程中取近似值T_r点做一阶泰勒级数展开，得

$$\{\varPsi(T)\}=\{\varPsi(T_r)\}+\frac{\partial\{\varPsi(T_r)\}}{\partial\{T\}}\{\Delta\varPsi\}=0 \tag{3-17}$$

变换后得 T_r 点处线性方程如下：

$$\Delta T_{r+1} = -\left[\frac{\partial\{\Psi(T_r)\}}{\partial\{T\}}\right]^{-1}\Psi(T_r) \tag{3-18}$$

$$\{\Delta T_{r+1}\} = \{T_{r+1}\} - \{T_r\}$$

$\dfrac{\partial\{\Psi(T_r)\}}{\partial\{T\}}$ 根据下式求出：

$$\frac{\partial\{\Psi(T_r)\}}{\partial\{T\}}\mathrm{d}\{T\} = [H]\{\mathrm{d}T\} + \mathrm{d}[H]\{T\} - \mathrm{d}\{F\} \tag{3-19}$$

另有

$$\mathrm{d}[H]\{T\} = [A]\mathrm{d}\{T\} \tag{3-20}$$

$$\mathrm{d}\{F\} = [D]\mathrm{d}\{T\}$$

从而

$$\frac{\partial\{\Psi(T)\}}{\partial\{T\}} = [H] + [A] - [D] \tag{3-21}$$

这样，先得出$\{T_r\}$，然后根据式(3-20)和式(3-17)解出$\{\Psi(T_r)\}$、$[A_r]$、$[D_r]$、$[H_r]$，接着由式(3-21)和式(3-18)得出$\{T_{r+1}\}=\{T_r\}+\{\Delta T_{r+1}\}$，如此继续迭代，直至符合条件退出循环[1, 11]。

3.1.2　典型热源模型及其选用

为获得焊接热应力和变形规律，探索焊接裂纹、接头性能下降等问题，首先要获得准确的温度场模拟结果，全面理解整个焊接热过程，选取恰当的热源模型并正确施加。常用的热源模型包括 Rosonthal 解析模型、高斯热源模型、半球状热源模型、椭球形热源模型、双椭球形热源模型[14-17]。此外，在选定合适热源模型的基础上，研究熔池尺寸与热源参数之间的关系，合理确定热源参数，才能够准确、高效、合理地模拟熔合区(fusion zone，FZ)及热影响区尺寸与峰值温度。

1. 典型热源模型

为了精确描述热源形状和能量分布，众多学者提出的热源模型经历了从点热源、线热源、面热源到体热源的演进过程，不断接近实际焊接情况。其更完整的演进历史这里不再赘述，下面具体介绍传热学中常用的热源模型。

1) Rosonthal 解析模型

经典的 Rosonthal 解析模型于 20 世纪 30 年代提出，按照作用的不同焊件几何形状，被简化为点状、线状和面状热源。

理想点状热源沿工件表面移动时，瞬态温度场解析式如下[15]：

$$\begin{cases} T(\zeta,y,z)=T_0+\dfrac{Q}{2\lambda\pi}\exp\left(\dfrac{-v\zeta}{2a}\right)\left[\sum\limits_{-\infty}^{+\infty}(1/R_{\mathrm{n}})\right]\exp\left(\dfrac{-vR_{\mathrm{n}}}{2a}\right) \\ R_{\mathrm{n}}=\sqrt{\zeta^2+y^2+(z+2Nh)^2},\zeta=x-vt \end{cases} \tag{3-22}$$

式中，T_0 为环境温度(℃)；Q 为热输入率(W)，$Q=\eta UI$，η 为热效率，U 为电压(V)，I 为电流(A)，不同焊接方式对应不同取值；a 为热扩散系数[W/(m·K)]；v 为焊接速度(m/s)；λ 为导热系数[W/(m·K)]；h 为板厚(m)；N 为整数；x、y、z 组成定坐标系；ζ、y、z 组成动坐标系。

依据式(3-22)，结合材料熔点和相变温度，可以确定熔池等温线，从而得到熔合区与热影响区的形状和尺寸。

线状热源作用于厚度为 h 的无限大薄板时，由式(3-23)计算其温度，熔池等温线呈半径为 r 的平面圆环。使用面状热源时，试件简化为无限长的细棒，用一维传热微分方程计算温度场，在横截面处施加热源，经 t 时刻，距热源 x 处的特解见式(3-24)[18]。

$$T=\frac{Q}{4\pi\lambda ht}\exp\left(-\frac{r^2}{4at}\right) \tag{3-23}$$

$$T=\frac{Q}{c\rho F(4\pi at)^{0.5}}\exp\left(-\frac{x^2}{4at}\right) \tag{3-24}$$

上述集中热源的算法进行了一系列的假设，包括将热特性设定为常数、忽略相变和潜热、焊件尺寸简化为无限等。尽管可以较为准确地预测远离焊缝的母材区（＜500℃）温度分布，但熔池及热影响区的温度分布误差很大。由于其计算简单，常应用于工程精度要求较低的场合。

2）高斯热源模型[17, 19]

考虑到点状热源与实际作用规律有较大差异，Pavelic 等[20]在热源区按高斯函数分配热输入，提出了高斯热源模型，具体如图 3-1 所示。

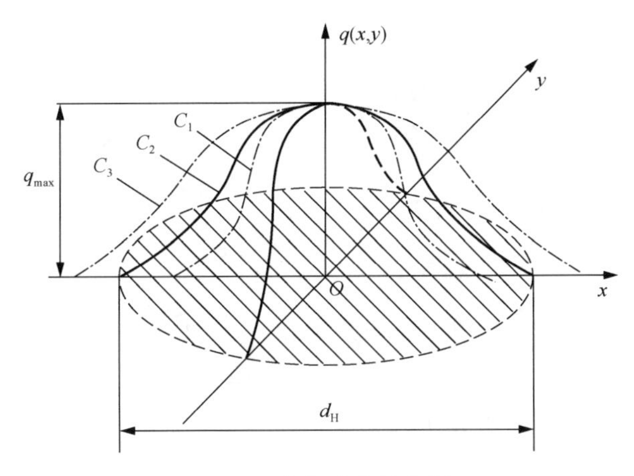

图 3-1　高斯分布的热源

$C_1>C_2>C_3$，为不同位置的集中系数；d_H 为电弧有效范围

模型表达式为

$$q(r)=q_{max}e^{-Cr^2} \tag{3-25}$$

式中，$q(r)$为半径 r 处表面热通量（W/m^2）；q_{max} 为热源中心最大热通量（W/m^2）；C 为集中系数（m^{-2}），与焊接方法相关，大小与分布规律关系见图 3-1；r 为离热源中心的径向距离（m）。

实验表明，大量的热量通过辐射和对流从电弧直接传递到固体金属而不通过熔池。基于这一观察，Pavelic 等[20]对模型进行了修正，考虑了加热板与周围环境的对流和辐射损失及可变的材料特性。Friedman、Krutz 则提出了 Pavelic 模型的替代形式[17]，在与热源一起移动的坐标系中表示，如图 3-2 所示，式(3-25)采用以下形式：

$$q(x,\zeta)=\frac{3Q}{\pi c^2}e^{-3x^2/c^2}e^{-3\zeta^2/c^2} \tag{3-26}$$

式中，Q 为能量输入率（W）；c 为热流分布特征半径（m）。

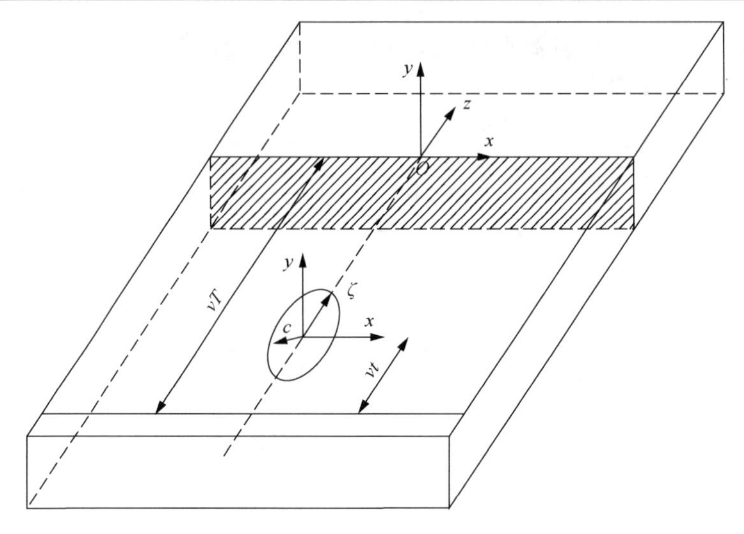

图 3-2　坐标系中的移动热源

引入固定坐标系 $Oxyz$ 以方便表示，并需要一个滞后因数 τ 来定义热源在时间 $t=0$ 的位置，固定坐标系和运动坐标系的转换关系为

$$\zeta = z + v(\tau - t) \tag{3-27}$$

式中，v 为焊接速度(m/s)。

因此，式(3-26)可改写为如下形式：

$$q(x,z,t) = \frac{3Q}{\pi c^2} \mathrm{e}^{-3x^2/c^2} \mathrm{e}^{-3\left[z+v(\tau-t)\right]^2/c^2} \tag{3-28}$$

此时，$x^2+\zeta^2<c^2$，对于 $x^2+\zeta^2 \geqslant c^2$，$q(x,z,t)=0$。

为了避免三维有限元方法分析的高成本，一些学者假定在纵向上的热流量可忽略不计，即$\partial T/\partial z=0$，进行二维分析。因此，热流被限制在 xOy 平面上，通常位于 $z=0$ 处。研究显示，除低速高热输入焊接之外，这基本不会引起误差。热源在工件表面沿 z 方向移动，经过参考平面并沉积热量。然后热量向外扩散(xOy 平面)，直到焊缝冷却[19]。

3)半球状热源模型

对于有效穿透深度小的焊接情况，表面热源模拟效果已经相当成功，然而，对于激光和电子束等高功率密度源，表面热源忽略将热量传送到表面以下的电弧的挖掘和搅拌作用，在这种情况下，半球状热源模型将更接近现实。其功率密度分布可写为[21]

$$q(x,y,z,t)=\frac{6Q}{\pi c^3\sqrt{\pi}}e^{-3x^2/c^2}e^{-3y^2/c^2}e^{-3[z+v(\tau-t)]^2/c^2} \tag{3-29}$$

式中，$q(x, y, z, t)$为功率密度(W/m^3)。

尽管半球状热源模型能比高斯热源模型更好地模拟电弧焊，但是也有局限。许多焊缝中的熔池通常偏离球状，此外，半球状热源模型不适用于非球状对称的焊接，如条形电极、深穿透电子束或激光束焊接。为了消除这些约束，并使得公式更准确，人们又提出了椭球形热源模型。

4) 椭球形热源模型[22]

椭球的功率密度也按照高斯函数分布，中心在(0, 0, 0)，与坐标轴 x、y、ζ 平行的半轴为 a、b、c。

$$q(x,y,\zeta)=q(0)e^{-Ax^2}e^{-By^2}e^{-C\zeta^2} \tag{3-30}$$

式中，$q(0)$为椭球中心热流密度最大值。

根据能量守恒，并定义半轴 a、b、c 为在 x、y、z 上椭球表面处热源密度降为 $0.05q(0)$的点[17]，从而

$$q(x,y,z,t)=\frac{6\sqrt{3}Q}{abc\pi\sqrt{\pi}}e^{-3x^2/a^2}e^{-3y^2/b^2}e^{-3[z+v(\tau-t)]^2/c^2} \tag{3-31}$$

5) 双椭球形热源模型

基于椭球形热源模型的计算经验表明，热源前面的温度梯度不如预期那么大，并且熔池后缘的温度梯度比实验更大。为了突破这个限制，莫春立等[17]、Chukkan 等[23]、Goldak 等[24]充分考虑电弧的挖掘和搅拌作用，以及电弧的移动效应，组合两个椭球热源，给出一个新的非轴对称三维热源模型——双椭球形热源模型，见图 3-3。热源的前半部分和后半部分分别是两个不同的 1/4 椭球。图中给出了沿着 ζ 轴的功率密度分布。它比其他焊接热源更逼真、更灵活，可以适应不同穿透深度的焊缝，甚至不对称情况。

椭球前半部分功率密度分布为

$$q_f(x,y,z,t)=\frac{6\sqrt{3}f_fQ}{abc_f\pi\sqrt{\pi}}e^{-3x^2/a^2}e^{-3y^2/b^2}e^{-3[z+v(\tau-t)]^2/c_f^2} \tag{3-32}$$

椭球后半部分功率密度分布为

$$q_r(x,y,z,t)=\frac{6\sqrt{3}f_rQ}{abc_r\pi\sqrt{\pi}}e^{-3x^2/a^2}e^{-3y^2/b^2}e^{-3[z+v(\tau-t)]^2/c_r^2} \tag{3-33}$$

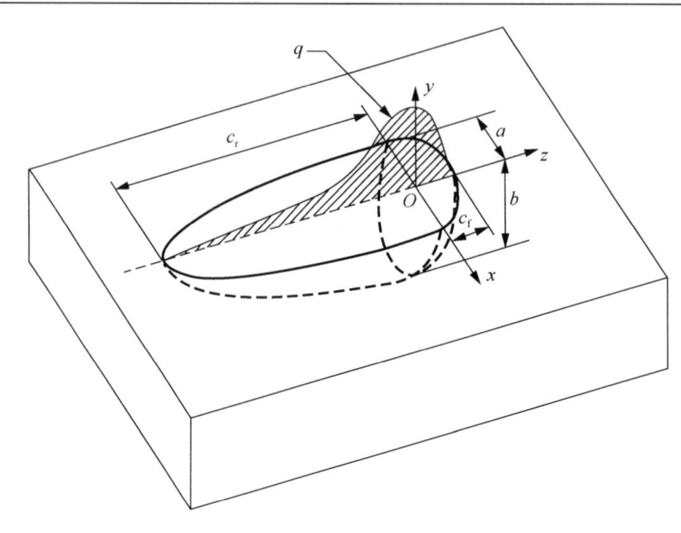

图 3-3　双椭球形热源模型

式中，f_f 和 f_r 为前、后椭球能量分数，$f_f+f_r=2$；a、b、c_f、c_r 是椭球形状参数，可有不同的值且相互独立。需要注意的是，异种焊接时可能需要使用四个 1/8 椭球，每个 a、b、c 具有独立值。

2. 热源模型选用

一般来说，解析方法比较容易计算但精确度无法满足要求，原因是采用了过多的假设条件，而且对电弧力的冲击作用欠考虑。引入材料性能非线性的高斯热源模型使高温区计算精度大大提高，但也忽略了电弧力对熔池的冲击作用[15]。半球状热源模型、椭球形热源模型、双椭球形热源模型的准确性依次提高，广泛应用于有限元法或差分法在高速计算机上的计算，结果较理想[17]。

从焊接方法来看，对于通常的焊接方法，如手工电弧焊、钨极氩弧焊，采用高斯热源模型得到结果较理想；对于具有小孔效应的焊接方法，如等离子弧焊和激光焊等，可采用双椭球形热源模型[15]。双椭球形热源模型是目前熔化焊模拟中应用最广泛的热源模型之一。

此外，随着焊接技术的发展，焊缝形状已不仅仅是标准的椭球形状，更出现了指状、柱状、钉头状等，对于复杂焊缝形状，组合热源往往能取得较好的模拟结果，而其中双椭球形热源常作为复合热源之一。曾志等[25]采用复合表面高斯热源和内部双椭球形热源模拟了 5A06 铝合金间断焊温度场；殷苏民等[26]同样采用这两种热源复合较好地模拟了船用厚板焊接温度场；Liu 等[27]利用混合热源(双椭球形热源和线性衰减峰值热源)实现了光纤激光焊接中钉头状焊缝的模拟；指状焊缝也可以通过复合两个双椭球形热源来得到。

3. 热源模型参数标定方法

在选定合适热源模型的前提下，准确标定模型参数，是精确预测熔合区和热影响区尺寸及温度分布的基础。双椭球形热源模型待定参数众多，包括形状参数(a、b、c_f、c_r)、热输入参数(η、f_f、f_r)和热流密度分布参数(经典的 Goldak 双椭球形热源模型中固定为 3)，详见式(3-32)和式(3-33)，各参数共同作用实现最终的模拟效果，且每个参数的作用规律不尽一致，这给参数的标定带来了很大困难。

Goldak 等[24]在最初提出双椭球形热源模型时，就从各参数物理意义角度出发，建议直接将焊缝横截面宏观形状尺寸作为模型的形状参数，某些情况下这种参数确定方式可以取得良好的模拟效果。

然而，大量实践证明，直接采用实际熔池尺寸作为经典双椭球形热源模型的参数在很多具体焊接模拟中并不能获取理想的结果。因此，大多情况下，热源参数的选取仍依赖于反复的试算。这种试算方法耗时长、成本高、结果误差大，甚至严重偏离实际情况。鉴于此，大量学者开始尝试理论求解相关参数。目前依据理论求解双椭球形热源模型参数的方法大致可归为三类：解析法[28, 29]、回归分析法[30-33]、智能计算技术[34-36]。

1)解析法

解析法用离散分布点热源模型等效替换双椭球形热源模型，在焊接截面上将热源分割为对应于双椭球形热源模型的两个垂直二维椭圆源，并假设试样表面绝热，无任何热损失，热特性为常数，忽略填充材料等，在此基础上按照一定的经验公式，由给定的实验条件和预设热源参数直接预测熔池尺寸匹配度。Azar 等[29]在模拟熔化极气体保护焊(gas metal arc welding，GMAW)过程中应用解析和数值方法，离散分布点热源模型用于实验和数值模型之间的中间阶段，获得了较好的吻合性。

离散分布点热源模型[29]如图 3-4 所示，子热源彼此等距离分开，测量 P 点温升，板厚为 d。在该方法中，多个虚热源被加在各子源上方和下方用于模拟绝热表面的反射作用。图中给出了虚热源和子热源的布置，向量显示了任何真实或虚热源和观察点 P 之间的距离。

根据能量守恒：

$$q_0 = \sum_i \left(q_t^i + q_p^i \right) = \eta UI \tag{3-34}$$

式中，q_0 为总热通量；q_t^i 和 q_p^i 为每个横向和垂直方向子热源阵列的热通量。

所有横向排列的热源及其子热源在 P 点产生的温升为

$$T\left(q_t\right) = \frac{q_t}{2\pi\lambda} \exp\left(-\frac{vx}{2a}\right) \times \left[\sum_{i=-\infty}^{+\infty} \frac{1}{R_i} \exp\left(-\frac{v}{2a} R_i\right) \right] \tag{3-35}$$

式中，$R_i=\sqrt{x_{\mathrm{P}}^2+y_{\mathrm{P}}^2+\left(z_{\mathrm{P}}-2id\right)^2}$。

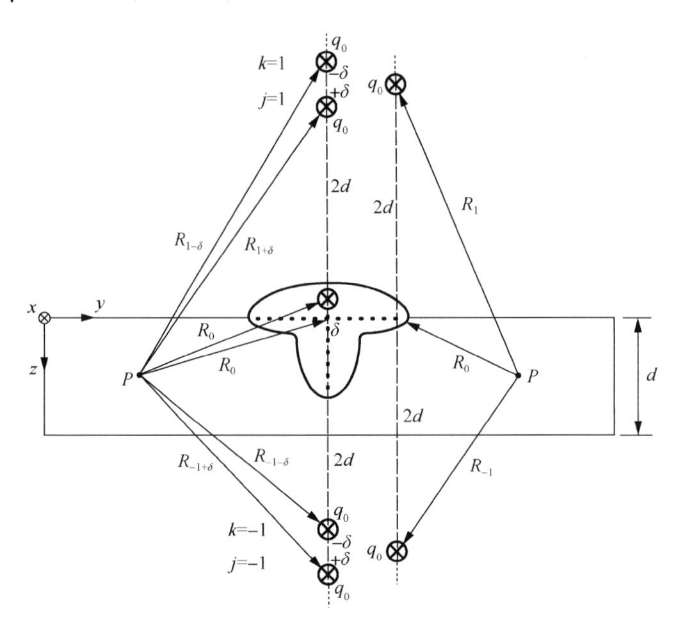

图 3-4　子热源和虚热源位置图

所有垂直排列的热源及其子热源在 P 点产生的温升为

$$T\left(q_{\mathrm{p}}\right)=\frac{q_{\mathrm{p}}}{4\pi\lambda}\exp\left(-\frac{vx}{2a}\right)\times\left[\sum_{j=-\infty}^{+\infty}\frac{1}{R_j}\exp\left(-\frac{v}{2a}R_j\right)+\sum_{k=-\infty}^{+\infty}\frac{1}{R_k}\exp\left(-\frac{v}{2a}R_k\right)\right] \tag{3-36}$$

式中，$R_j=\sqrt{x_{\mathrm{P}}^2+y_{\mathrm{P}}^2+\left(z_{\mathrm{P}}-2jd-\alpha\delta\right)^2}$；$R_k=\sqrt{x_{\mathrm{P}}^2+y_{\mathrm{P}}^2+\left(z_{\mathrm{P}}-2kd+\alpha\delta\right)^2}$，$\alpha$ 为子热源个数。

P 点的温升是所有设定子热源阵列和虚热源的总和。相关的等温线可以用式(3-37)来绘制：

$$T_t-T_0=\sum_i\left[T\left(q_{\mathrm{t}}\right)_i+T\left(q_{\mathrm{p}}\right)_i\right] \tag{3-37}$$

式中，T_0 为初始温度；T_t 为当前温度。

该方法的优点是不需要进行大量的实验，但是假设太多，经验公式本身适应性有待检验。

2) 回归分析法

回归分析法即总结经验公式。热源形状参数对温度分布的影响是极其复杂的，尚不能通过公式来量化得到统一规律。但对于给定模型，可以通过设计正交实验拟合得到一定范围内可用的经验公式，以缩短试算时间、降低试算难度。为得到热源参数与熔池尺寸间的关系，李培麟和陆皓[32]通过回归分析得到埋弧焊热源参数(a、b、c_f、c_r、v)预测公式；Jia 等[33]也通过回归分析得到 GMAW 热源参数(Q、a、b、c_f、c_r)预测公式。

回归分析具体步骤如下。

(1)选定需要进行回归分析的参数。

(2)简单试算得到一组模拟效果较好的参数组合作为参考值。

(3)在参考值基础上，等间距调整各参数取值，设计正交实验，进行数值模拟并获得对应的熔宽(W)、熔深(D)、峰值温度(T_p)等结果。

(4)选定回归模型(一般取自然对数模型)，通过 MATLAB 软件进行线性拟合并进行参数预测分析，得到热源参数经验公式。

(5)结合相关结果验证经验公式。

整体而言，使用回归分析法，只需获得熔池形状便可快速求得模型参数。但是该方法局限于特定焊件尺寸和特定焊接工艺，不具有普适性。

3) 智能计算技术

智能计算技术基于人工神经网络、支持向量机等智能算法，需要充分利用软件的自动校核功能，通过开发小程序完成。在使用有限元软件进行计算时，首先输入预设参数得到模拟结果，然后开发校核程序或者利用软件上的热源校核工具，将得到的熔合线尺寸与实际熔池尺寸对比，由内置的优化程序反复进行校核—修改—校核，最终达到某一精度，完成模拟。

尽管智能计算技术不再局限于特定的焊接工艺，但需要大量实测数据的支持，且会局限于特定的工件尺寸。

综上所述，目前的热源模型参数标定方法主要从统计学角度出发，适用范围较窄，无法应用于一些特殊尺寸焊道的模拟。

4. 双椭球形热源模型参数标定

对单焊道而言，采用回归分析法求解双椭球形热源模型参数的效率均较高。但是，当增加焊道层数时，由于各层焊道的热流分布情况不同，对应的热源模型参数求解量成倍上升，增加了回归分析的难度，且会造成较大误差。为克服上述问题，王能庆等[37]、马悦[38]郑振太等[39]全面分析了形状参数(a、b、c_f、c_r)、热输入参数(Q、f_f、f_r)、热流密度分布参数(固定为 3)，提出双椭球形热源模型一般式[37-39]：

$$q(x,y,z)=\begin{cases} q_{\max f}\exp\left(-\dfrac{\alpha x^2}{{c_f}^2}-\dfrac{\beta y^2}{a^2}-\dfrac{\gamma z^2}{b^2}\right) \\ q_{\max r}\exp\left(-\dfrac{\alpha x^2}{{c_r}^2}-\dfrac{\beta y^2}{a^2}-\dfrac{\gamma z^2}{b^2}\right) \end{cases} \tag{3-38}$$

式中，α、β、γ 分别为三个方向的热流密度分布参数；$q_{\max\mathrm{f}}$和 $q_{\max\mathrm{r}}$分别为前 1/4 椭球和后 1/4 椭球的热流密度最大值，下面以前 1/4 椭球为例，给出二者关系的推导过程。

首先，根据能量守恒定律和$f_{\mathrm{f}}+f_{\mathrm{r}}=2$，有

$$0.5 f_{\mathrm{f}} q_0=\iiint_{\Omega} q_{\max\mathrm{f}} \exp\left(-\frac{\alpha x^2}{{c_{\mathrm{f}}}^2}-\frac{\beta y^2}{a^2}-\frac{\gamma z^2}{b^2}\right)\mathrm{d}x\mathrm{d}y\mathrm{d}z \tag{3-39}$$

从而，

$$\frac{0.5 f_{\mathrm{f}} q_0}{q_{\max\mathrm{f}}}=\iiint_{\Omega} \exp\left(-\frac{\alpha x^2}{{c_{\mathrm{f}}}^2}-\frac{\beta y^2}{a^2}-\frac{\gamma z^2}{b^2}\right)\mathrm{d}x\mathrm{d}y\mathrm{d}z \tag{3-40}$$

积分域 Ω 即前 1/4 椭球：

$$\frac{x^2}{{c_{\mathrm{f}}}^2}+\frac{y^2}{a^2}+\frac{z^2}{b^2}\leqslant 1 \tag{3-41}$$

对积分变量进行广义的球坐标变换，得极坐标下的形式：

$$\begin{cases} x=c_{\mathrm{f}}\rho\sin\varphi\cos\theta \\ y=a\rho\sin\varphi\sin\theta \\ z=b\rho\cos\varphi \end{cases} \tag{3-42}$$

则积分域 Ω 变为 $\rho\leqslant 1$，体积元积分 $\mathrm{d}x\mathrm{d}y\mathrm{d}z$ 变为

$$\mathrm{d}x\mathrm{d}y\mathrm{d}z=abc_{\mathrm{f}}\rho^2\sin\varphi\mathrm{d}\rho\mathrm{d}\varphi\mathrm{d}\theta \tag{3-43}$$

根据对称原理，有

$$\frac{0.5 f_{\mathrm{f}} q_0}{q_{\max\mathrm{f}}}=\frac{abc_{\mathrm{f}}}{4}\int_0^{2\pi}\mathrm{d}\theta\int_0^{\pi}\sin\varphi\mathrm{d}\varphi\int_0^1\rho^2\exp\left(-\alpha\rho^2\sin^2\varphi\cos^2\theta-\beta\rho^2\sin^2\varphi\sin^2\theta-\gamma\rho^2\cos^2\varphi\right)\mathrm{d}\rho \tag{3-44}$$

式(3-44)为广义的热流密度分布参数与热流密度最大值间的关系式。

若三个方向热流密度分布参数相等，即 $\alpha=\beta=\gamma=\sigma$，则式(3-44)可简化为

$$\frac{0.5f_{\mathrm{f}}q_0}{q_{\mathrm{maxf}}}=abc_{\mathrm{f}}\pi\int_0^1\rho^2\exp\left(-\sigma\rho^2\right)\mathrm{d}\rho=abc_{\mathrm{f}}\pi\left\{-\frac{\dfrac{\rho}{2\sigma}}{\left[\exp\left(\rho^2\right)\right]^{\sigma}}+\frac{1}{4\sigma^2}\sqrt{\sigma\pi}\,\mathrm{erf}\left(\sqrt{\sigma}\rho\right)\right\}\Bigg|_0^1$$

$$=abc_{\mathrm{f}}\pi\left[-\frac{1}{2\sigma\mathrm{e}^{\sigma}}+\frac{\sqrt{\pi}}{4\sigma\sqrt{\sigma}}\mathrm{erf}\left(\sqrt{\sigma}\right)\right] \tag{3-45}$$

式中，erf 函数为

$$\mathrm{erf}\left(x\right)=\frac{2}{\sqrt{\pi}}\int_0^x\mathrm{e}^{-t^2}\mathrm{d}t \tag{3-46}$$

从而，最大热流密度为

$$q_{\mathrm{maxf}}=\frac{f_{\mathrm{f}}q_0}{abc_{\mathrm{f}}\pi\left[-\dfrac{1}{\sigma\mathrm{e}^{\sigma}}+\dfrac{\sqrt{\pi}}{2\sigma\sqrt{\sigma}}\mathrm{erf}\left(\sqrt{\sigma}\right)\right]} \tag{3-47}$$

式中，erf 函数项近似为 1，并且忽略$-1/(\sigma\mathrm{e}^{\sigma})$项，可得

$$q_{\mathrm{maxf}}\approx\frac{2\sigma\sqrt{\sigma}f_{\mathrm{f}}q_0}{abc_{\mathrm{f}}\pi\sqrt{\pi}} \tag{3-48}$$

同理，

$$q_{\mathrm{maxr}}=\frac{f_{\mathrm{r}}q_0}{abc_{\mathrm{r}}\pi\left[-\dfrac{1}{\sigma\mathrm{e}^{\sigma}}+\dfrac{\sqrt{\pi}}{2\sigma\sqrt{\sigma}}\mathrm{erf}\left(\sqrt{\sigma}\right)\right]} \tag{3-49}$$

$$q_{\mathrm{maxr}}\approx\frac{2\sigma\sqrt{\sigma}f_{\mathrm{r}}q_0}{abc_{\mathrm{r}}\pi\sqrt{\pi}} \tag{3-50}$$

因此，$\alpha=\beta=\gamma=\sigma$ 情况下的双椭球形热源模型一般式为

$$q\left(x,y,z\right)=\begin{cases}\dfrac{2\sigma\sqrt{\sigma}f_{\mathrm{f}}q_0}{abc_{\mathrm{f}}\pi\sqrt{\pi}}\exp\left(-\dfrac{\sigma x^2}{c_{\mathrm{f}}^2}-\dfrac{\sigma y^2}{a^2}-\dfrac{\sigma z^2}{b^2}\right)\\[2ex]\dfrac{2\sigma\sqrt{\sigma}f_{\mathrm{r}}q_0}{abc_{\mathrm{r}}\pi\sqrt{\pi}}\exp\left(-\dfrac{\sigma x^2}{c_{\mathrm{r}}^2}-\dfrac{\sigma y^2}{a^2}-\dfrac{\sigma z^2}{b^2}\right)\end{cases} \tag{3-51}$$

当取 $\sigma=3$ 时，式(3-51)为经典的 Goldak 双椭球形热源模型。

为了便于指导具体应用中 σ 的取值，这里继续对热流密度分布参数的不同取值进行详细的误差分析。

1) 绝对误差分析

根据上述推导过程，绝对误差由近似和忽略处理引入，因此，

$$E(\sigma)=\left[-\frac{1}{2\sigma e^{\sigma}}+\frac{\sqrt{\pi}}{4\sigma\sqrt{\sigma}}\operatorname{erf}\left(\sqrt{\sigma}\right)\right]-\frac{\sqrt{\pi}}{4\sigma\sqrt{\sigma}}=-\frac{1}{2\sigma e^{\sigma}}+\left[\operatorname{erf}\left(\sqrt{\sigma}\right)-1\right]\frac{\sqrt{\pi}}{4\sigma\sqrt{\sigma}} \tag{3-52}$$

绘制其曲线，如图 3-5 所示。

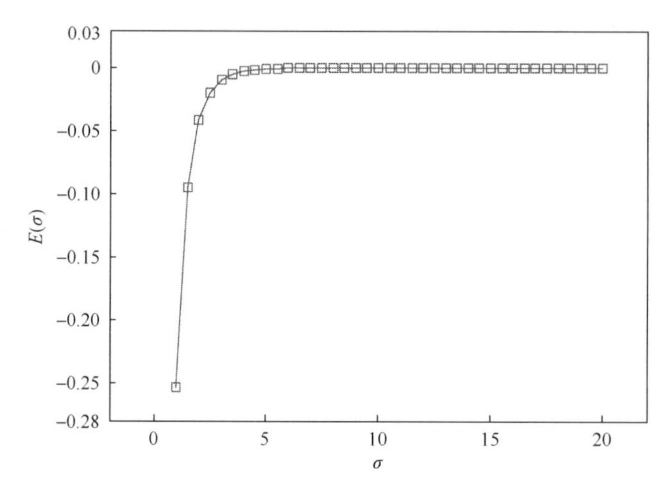

图 3-5　绝对误差曲线

由图 3-5 可以看出，σ 不宜取比 3 小的值；且随 σ 取值的增大，误差迅速减小至趋近于 0。而实际上，$\sigma\geqslant 10$ 时，误差主要由式(3-52)中的第 1 项决定。另外，显然图中显示的是负偏差，也就是说，这种近似和忽略处理使得模型的 σ 值小于实际值。

2) 相对误差分析

相对误差按式(3-53)计算，绘制其曲线，如图 3-6 所示。

$$E_{\mathrm{q}}(\sigma)=\frac{\dfrac{\sqrt{\pi}}{2\sigma\sqrt{\sigma}}+\dfrac{1}{\sigma e^{\sigma}}-\dfrac{\sqrt{\pi}}{2\sigma\sqrt{\sigma}}\operatorname{erf}\left(\sqrt{\sigma}\right)}{\dfrac{\sqrt{\pi}}{4\sigma\sqrt{\sigma}}}=1-\operatorname{erf}\left(\sqrt{\sigma}\right)+\frac{2}{e^{\sigma}}\sqrt{\frac{\sigma}{\pi}} \tag{3-53}$$

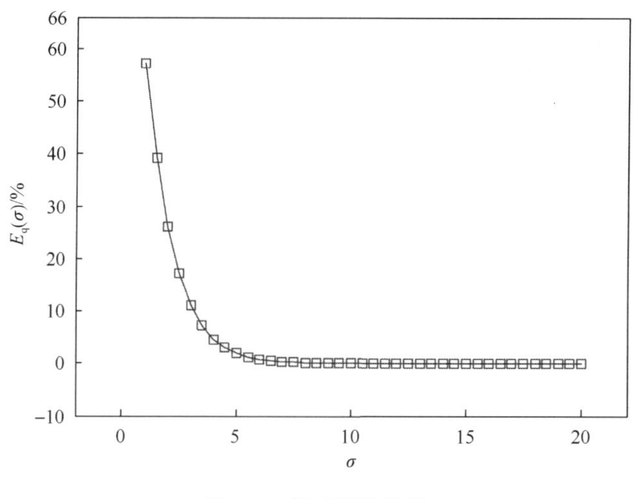

图3-6　相对误差曲线

由图3-6可以看出，σ不宜取小于5的值，进而可将相对误差控制在2%以内。σ取3和4时，相对误差分别达到11.2%和4.6%。

采用一般式时，引入误差修正系数提高精度，见图3-7。

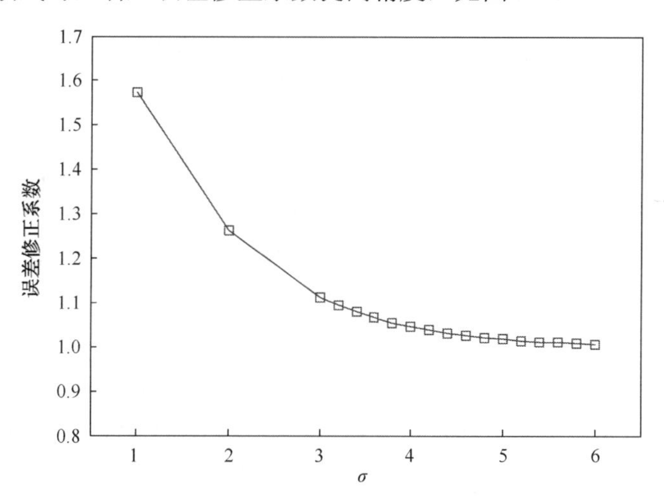

图3-7　σ取不同值的误差修正系数

热源形状参数的确定采用实际测量熔池尺寸的方法。

在双椭球形热源模型一般式中，假设三维方向上热流密度分布参数σ取值相等。但在实际焊接过程中，由于各方向上不同的传热方式、散热条件等因素的影响，热流分布情况也不尽相同。因此，数值模拟过程中，可以根据实际情况，适当调整三个方向上热流密度分布参数的取值，以得到最符合实际的模拟效果。需要注意的是，热流密度分布参数值都是负指数，因此，减小其在某方向上的取值，会使得该方向上总热输入增加。

根据以上推导过程，三个方向热流密度分布参数取值不同时，一般式的解析式如式(3-54)和式(3-55)所示。

前半椭球解析式：

$$q_{\mathrm{f}}\left(x,y,z\right)=\frac{2\sigma\sqrt{\sigma}f_{\mathrm{f}}q_{0}}{abc_{\mathrm{f}}\pi\sqrt{\pi}}\frac{1}{\mathrm{e}^{\frac{\alpha x^{2}}{a^{2}}}}\frac{1}{\mathrm{e}^{\frac{\beta y^{2}}{b^{2}}}}\frac{1}{\mathrm{e}^{\frac{\gamma z^{2}}{c_{\mathrm{f}}^{2}}}} \tag{3-54}$$

后半椭球解析式：

$$q_{\mathrm{r}}\left(x,y,z\right)=\frac{2\sigma\sqrt{\sigma}f_{\mathrm{r}}q_{0}}{abc_{\mathrm{r}}\pi\sqrt{\pi}}\frac{1}{\mathrm{e}^{\frac{\alpha x^{2}}{a^{2}}}}\frac{1}{\mathrm{e}^{\frac{\beta y^{2}}{b^{2}}}}\frac{1}{\mathrm{e}^{\frac{\gamma z^{2}}{c_{\mathrm{r}}^{2}}}} \tag{3-55}$$

可以看出，当$\alpha=\beta=\gamma=3$时，为经典的Goldak双椭球形热源模型；当$\alpha=\beta=\gamma=\sigma$时，是简化了的双椭球形热源模型一般式；当$\alpha\neq\beta\neq\gamma$时，需进一步研究其应用效果。

由式(3-54)和式(3-55)可得，α、β、γ 均为负指数，因此，任一方向的热流密度分布参数值减小，该方向总的热输入增加。而对双椭球形热源模型一般式进行优化分析时，总的热输入随着σ取值的增大而增大，主要是因为热输入参数前存在系数$2\sigma\sqrt{\sigma}$，由于当$\alpha\neq\beta\neq\gamma$时，其在公式推导中较难计算与表达，而该系数的作用相当于热输入调整参数，可在模拟中同热效率一起处理，新公式中不再表达。

3.2 残余应力场计算

3.2.1 残余应力形成机理

焊接残余应力主要由焊接过程的典型性质(即局部加热和冷却)导致，该性质引起焊缝周围金属的不均匀体积膨胀和收缩。这种不均匀体积变化体现在宏观和微观两个层面。焊接过程中的宏观体积变化是残余应力形成的主要促进因素，它是由不均匀的温度场，即焊缝与热影响区上、下表面经历不同的加热和冷却速率引起的[40]。微观体积变化主要由冷却过程中的相变(奥氏体向马氏体转变)引起。两种因素具体作用及影响如下。

1. 不均匀的加热和冷却速率

加热过程中，温度的升高使材料的屈服强度下降，同时趋向于引起该被加热金属的热膨胀，然而，周围的低温基体金属限制任何热膨胀进而发展成金属压缩变形。由于金属的屈服强度和膨胀系数随温度升高而变化，压缩应变随温度升高呈现非线性上升趋势[41]。此外，温度升高使金属软化，因此压缩应变逐渐减小，最终消失。当热源经过并开始远离该目标点时，温度逐渐降低。温度降低导致基体金属和热影响区液态金属收缩。最初在高温下发生收缩没有太多阻力，这是由于金属的屈服强度低，但随后金属收缩受到抵制，这是由于热循环冷却过程中金属屈服强度随温度下降而增大。因此，随着温度下降，基体和焊缝金属的进一步收缩受限。金属本应该收缩但不被允许，由于金属无法再产生收缩行为，这导致残余拉应力的形成。残余拉应力可以通过稳定应变和被焊金属的弹性模量来计算。实际上，冷却至室温后，焊缝残余应力通常是拉应力，以平衡热影响区的残余压应力。

2. 相变

焊接过程中，钢材热影响区和焊缝总是发生奥氏体向其他阶段相混合物的转变，如珠光体、贝氏体或马氏体。所有这些转化伴随着微观水平上比体积的增加，由于这些相和相混合物在高温下(高于 550℃)具有低的屈服强度和高的延展性，高温条件发生的转变(从奥氏体到珠光体和贝氏体)容易适应比体积的增加，因此，这些相变对残余应力的发展没有太多贡献。奥氏体向马氏体的转变在非常低的温度下发生，并伴随显著的比体积增加[42]，因此，该转变对残余应力的发展贡献突出。根据奥氏体向马氏体转变的位置，残余应力可以是拉应力或压应力。例如，表面淬火引起奥氏体向马氏体的转变仅发生在表层附近，从而在表面形成残余压应力而在核心部位形成残余拉应力以相互平衡；淬透淬火得到的残余应力有相反的变化趋势，即表面为残余拉应力，核心部位为残余压应力。

实际的焊接过程是一个包括温度、力学、冶金等多场耦合的复杂物理化学过程。为了便于理解与计算，进行焊接数值模拟时往往将其分为温度场、组织场与应力场三个部分考虑以降低实际过程的复杂程度。如图 3-8 所示三者之间的相互关系，实线表示直接影响，虚线表示影响微弱。可以看到，对应力场起主导作用

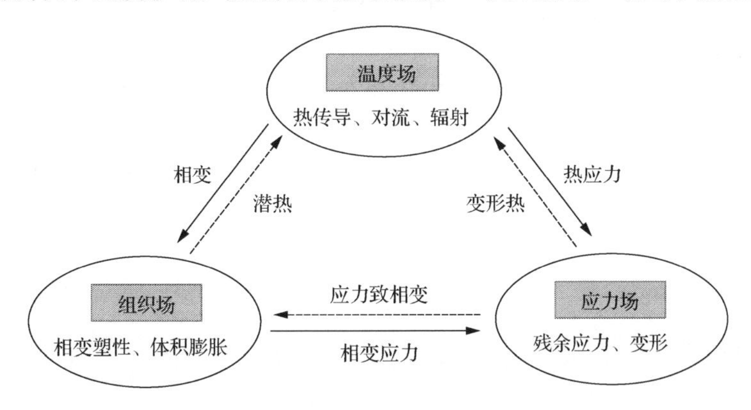

图 3-8　焊接多场耦合关系

的是温度场，温度场直接地或者间接通过组织场影响应力场，而应力场对其他场的影响相对来说可以忽略，这也是后面将要说到的顺次耦合计算方法的理论基础之一[3, 43, 44]。

3.2.2　焊接应力场热弹塑性基本理论

焊接应力场存在材料非线性、几何非线性等一系列非线性问题。为了模拟计算焊接应力场的准确性和考虑焊接热应力过程的复杂性，将焊接热应力场看作材料非线性的瞬态问题，计算中选用弹塑性力学模型，用增量理论计算焊接应力场[45]。

在热弹塑性分析的基础上，进行如下假定[45]。

①材料的屈服服从米泽斯(Mises)屈服准则；②塑性区的金属行为服从强化准则和塑性流动准则；③弹性应变与塑性应变和温度密切相关；④与温度相关的力学性能、应力应变在微小的时间增量内是线性变化的。

1. 应力应变关系[11, 46]

1) 弹性区

全应变增量可表示为

$$\{\mathrm{d}\varepsilon\} = \{\mathrm{d}\varepsilon\}_{\mathrm{e}} + \{\mathrm{d}\varepsilon\}_{\mathrm{T}} \tag{3-56}$$

式中，$\{\mathrm{d}\varepsilon\}_{\mathrm{e}}$ 为弹性应变增量；$\{\mathrm{d}\varepsilon\}_{\mathrm{T}}$ 为热应变增量，因为弹性矩阵 $[D]_{\mathrm{e}}$ 随温度发生变化，所以弹性应变增量 $\{\mathrm{d}\varepsilon\}_{\mathrm{e}}$ 可表示为

$$\{\mathrm{d}\varepsilon\}_{\mathrm{e}} = \mathrm{d}[[D]_{\mathrm{e}}^{-1}\{\alpha\}] = [D]_{\mathrm{e}}^{-1}\{\mathrm{d}\sigma\} + \frac{\partial [D]_{\mathrm{e}}^{-1}}{\partial T}\{\sigma\}\mathrm{d}T \tag{3-57}$$

$\{\mathrm{d}\varepsilon\}_{\mathrm{T}}$ 为 $\{\alpha_0 T\}$（α_0 为初始温度的线膨胀系数）的增量微分，即

$$\{\mathrm{d}\varepsilon\}_{\mathrm{T}} = \{\alpha_0 \mathrm{d}T + T\mathrm{d}\alpha_0\} = \left\{\alpha_0 + \frac{\partial \alpha_0}{\partial T}T\right\}\mathrm{d}T = \{\alpha\}\mathrm{d}T \tag{3-58}$$

将式(3-56)和式(3-57)代入式(3-58)，得弹性区内的增量应力应变关系式为

$$\{\mathrm{d}\sigma\} = [D]_{\mathrm{e}}\{\mathrm{d}\varepsilon\} - [D]_{\mathrm{e}}\left(\{\alpha\} + \frac{\partial [D]_{\mathrm{e}}^{-1}}{\partial T}\{\sigma\}\right)\mathrm{d}T \tag{3-59}$$

式中，线膨胀系数随温度的变化而变化，所以其有效值可以表示为

$$\{\alpha\} = \left\{\alpha_0 + \frac{\partial \alpha_0}{\partial T}T\right\} \tag{3-60}$$

2) 塑性区

在塑性区内，设材料的屈服条件为

$$f(\sigma)=f_0(\varepsilon_{\mathrm{p}},T) \tag{3-61}$$

式中，f 为屈服函数；f_0 为与温度和塑性应变有关的屈服函数。

塑性区内的全应变增量可以表示为

$$\{\mathrm{d}\varepsilon\}=\{\mathrm{d}\varepsilon\}_{\mathrm{p}}+\{\mathrm{d}\varepsilon\}_{\mathrm{e}}+\{\mathrm{d}\varepsilon\}_{\mathrm{T}} \tag{3-62}$$

式中，塑性应变增量 $\{\mathrm{d}\varepsilon\}_{\mathrm{p}}$ 又可根据塑性流动准则表示为

$$\{\mathrm{d}\varepsilon\}_{\mathrm{p}}=\xi\left\{\frac{\partial f}{\partial\sigma}\right\} \tag{3-63}$$

因此塑性区的应力应变关系为

$$\{\mathrm{d}\sigma\}=[D]_{\mathrm{ep}}\{\mathrm{d}\varepsilon\}-\left\{[D]_{\mathrm{ep}}\{\alpha\}+[D]_{\mathrm{ep}}\frac{\partial[D]_{\mathrm{e}}^{-1}}{\partial T}\{\sigma\}-[D]_{\mathrm{e}}\left\{\frac{\partial f}{\partial\sigma}\right\}\left(\frac{\partial f_0}{\partial\sigma}\right)\Big/S\right\}\mathrm{d}T \tag{3-64}$$

式中，$[D]_{\mathrm{ep}}$ 为弹塑性矩阵，

$$[D]_{\mathrm{ep}}=[D]_{\mathrm{e}}-[D]_{\mathrm{e}}\left\{\frac{\partial f}{\partial\sigma}\right\}\left\{\frac{\partial f}{\partial\sigma}\right\}^{\mathrm{T}}[D]_{\mathrm{e}}/S \tag{3-65}$$

$$S=\left\{\frac{\partial f}{\partial\sigma}\right\}[D]_{\mathrm{e}}\left\{\frac{\partial f}{\partial\sigma}\right\}+\left(\frac{\partial f_0}{\partial K}\right)\left\{\frac{\partial f_0}{\partial\varepsilon_P}\right\}^{\mathrm{K}}\left\{\frac{\partial f}{\partial\sigma}\right\}$$

2. 平衡方程[11, 46, 47]

由应力应变关系 $\{\mathrm{d}\sigma\}=[D]\{\mathrm{d}\varepsilon\}-\{C\}\mathrm{d}T$，根据虚位移原理，可得平衡方程

$$\begin{aligned}\{\mathrm{d}\delta\}^{\mathrm{T}}\{F+\mathrm{d}F\}^{\mathrm{e}}&=\iint_{\Delta v}\{\mathrm{d}\delta\}^{\mathrm{T}}[B]^{\mathrm{T}}(\{\sigma\}+[D]\{\mathrm{d}\varepsilon\}-\{C\}\mathrm{d}T)\mathrm{d}V\\&=\{\mathrm{d}\varepsilon\}^{\mathrm{T}}\iint_{\Delta V}[B]^{\mathrm{T}}(\{\sigma\}+[D]\{\mathrm{d}\varepsilon\}-\{C\}\mathrm{d}T)\mathrm{d}V\end{aligned} \tag{3-66}$$

式中，$[B]$ 为与单元几何形状有关的几何矩阵。

在 t 时刻处于平衡状态，所以

$$\{\mathrm{d}F\}^{\mathrm{e}} = \iint_{\Delta v} [B]^{\mathrm{T}} \{\sigma\} \mathrm{d}V \tag{3-67}$$

则式(3-66)可以写成

$$\{\mathrm{d}F\}^{\mathrm{e}} = \iint_{\Delta v} [B]^{\mathrm{T}} ([D]\{\mathrm{d}\varepsilon\} - \{C\}\mathrm{d}T) \mathrm{d}V \tag{3-68}$$

或

$$\{\mathrm{d}F\}^{\mathrm{e}} + \{\mathrm{d}R\}^{\mathrm{e}} = [K]^{\mathrm{e}} \{\mathrm{d}\delta\} \tag{3-69}$$

式中，初应变等效节点力 $\{\mathrm{d}R\}^{\mathrm{e}} = \iint_{\Delta v} [B]^{\mathrm{T}} \{C\} \mathrm{d}T \mathrm{d}V$；单元刚度矩阵 $[K]^{\mathrm{e}} = \iint_{\Delta v} [B]^{\mathrm{T}} [D][B] \mathrm{d}V$。

求节点位移的代数方程组为

$$[K]\{\mathrm{d}\delta\} = \{\mathrm{d}F\} \tag{3-70}$$

式中，$[K] = \sum [K]^{\mathrm{e}}$；$\{\mathrm{d}F\} = \sum (\{\mathrm{d}F\}^{\mathrm{e}} + \{\mathrm{d}R\}^{\mathrm{e}})$。

考虑焊接过程一般无外力作用，取 $\sum \{\mathrm{d}F\}^{\mathrm{e}}$ 为 0，所以

$$\{\mathrm{d}F\} = \sum \{\mathrm{d}R\}^{\mathrm{e}} \tag{3-71}$$

3. *求解方程*

用有限元法处理热弹塑性问题的步骤如下：首先将要分析部件划分为一定数量的有限单元，然后在此基础上逐步加载由温度场预先算出的温度增量。求解的本质是将加载过程中的非线性应力应变关系逐渐转化为线性问题进行处理。在焊接过程中，载荷主要由温度变化 ΔT 引起，这样将从温度场分析中计算得到的 $[T, T + \Delta T]$ 分为若干增量载荷，逐渐加到结构求解[47]。

3.2.3 残余应力场的数值模拟——顺次耦合分析

基于有限元分析平台开发的顺次耦合的有限元计算程序，首先对温度场进行数值仿真，然后计算残余应力场。计算中首先进行热分析，然后将各节点温度场的计算结果作为应力分析的预定义场，在应力学分析过程中从该预定义场中读取各点的温度，进行插值计算，整个计算过程中采用相同的单元和节点。简单介绍热-力耦合过程如图 3-9 所示。

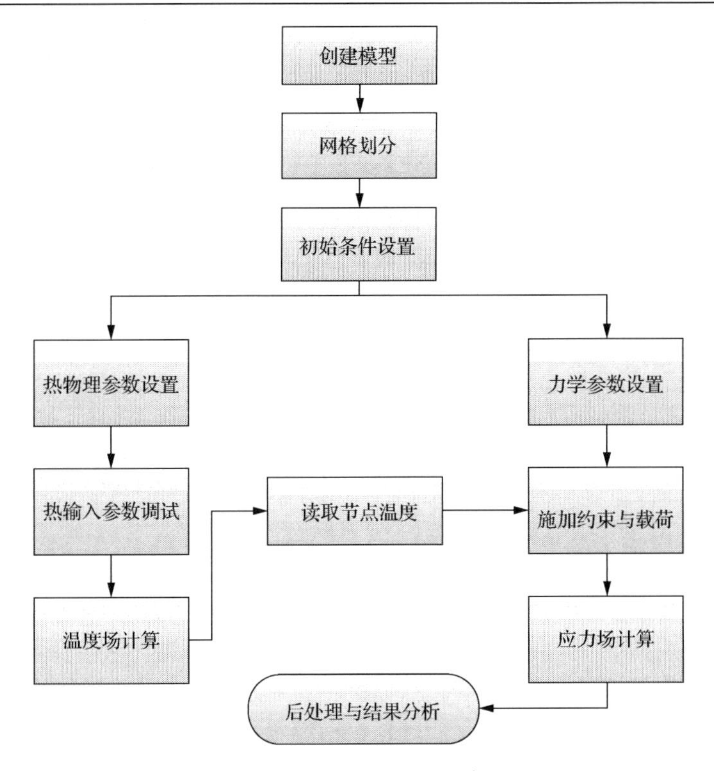

图 3-9　热-力耦合分析示意图

首先，采用热单元建立模型，依次进行分析步建立，施加载荷、边界条件，求解，得到热分析结果[47]。热分析结果在程序运行目录下。

其次，进行力分析，力分析采用与热分析相同的网格节点及分析步时间。其他相关参数则需要重新设置：加入材料的力学性能参数；删除原先的热载荷；将单元类型转化为相应的力分析单元；施加力学载荷及边界条件等，确保焊件不发生刚性位移，但又不能产生过约束，这需要具备结合实际抽象出力学模型的能力[48]。

最后，在应力场分析中读入热分析的节点温度，求解后即可得到焊接过程中和焊后的应力分布结果[47]。

3.2.4　塑性强化模型

塑性强化模型对计算残余应力有很大影响，精确描述材料加载性能是正确预测残余应力的前提。材料塑性变形存在加工硬化现象，因此，在变形的每一时刻都会有后继的强化屈服面，其变化非常复杂。根据屈服面中心位置及形状的变化可分为各向同性强化模型、随动强化模型和混合强化模型。

各向同性强化模型是指屈服面尺寸在应力空间的各个方向均匀改变，材料进入塑性变形后，加载曲面在各个方向均匀扩张，但屈服面中心及形状保持不变[49]。

随动强化模型是指材料在进入塑性以后，加载曲面在应力空间仅做刚体移动，但其屈服面形状、大小保持不变。随动强化模型包含包辛格(Bauschinger)效应，认为屈服面的大小保持不变，仅在屈服方向上移动，当某个方向的屈服强度升高时，其相反方向的屈服强度降低[50]。

各向同性强化模型不能反映材料实际反向加载性能，随动强化模型对棘轮效应描述过于简化，也不能精确描述材料非线性应力应变关系。混合强化模型与材料实际性能更加接近，包含各向同性强化和随动强化两部分，该模型描述屈服面大小演变的同时考虑屈服中心的平移[51]。

各个强化模型对焊接残余应力计算的具体影响将在第 4 章进行详细介绍。

3.3　焊接残余应力的有限元模拟

3.3.1　焊接残余应力的模拟方法

在焊接过程的有限元分析中，影响焊接完成后应力场分布的两个主要因素是材料的微观组织和焊接过程中的温度场，但是焊接导致的应力对这两者的影响较小，所以在进行焊接过程的有限元数值模拟时，只考虑材料的微观组织和焊接过程中的温度场对残余应力的影响，进行单向的耦合计算。运用有限元分析软件，建立有限元分析模型，首先实现温度场的数值模拟，随后将温度场计算结果作为预定义场来进行应力场的计算[52, 53]。

1. 分析步骤

焊接温度场及应力场模拟主要包括以下步骤。

(1) 划分几何建模及网格。

(2) 设置材料热物性参数和边界条件，包括初始边界、几何约束和施加各种载荷，定义热分析类型。

(3) 设置分析步，并进行相关计算运行设置，包括时间步长、收敛及存储条件等。

(4) 提交运算，得到温度场分布结果。

(5) 采用相同模型，重新定义材料属性和网格类型，输入材料力学参数。

(6) 重新设置边界条件、约束和载荷等，以温度场结果作为应力分析的预定义场。

(7) 提交运算，得到应力场分布结果。

焊接过程的模拟具有瞬时、动态的特点，且伴随多次热循环。为简化起见，数值分析中将这种连续的动态过程离散为若干增量步，在每步内温度场近似为稳态。

应力分析使用从温度分析获得的温度分布作为输入数据来计算残余应力，热应变和应力可以在每个时间增量步进行计算，最终的残余应力状态由热应变和应力累积得到。

2. 划分几何建模和网格

而对于中厚板，施焊过程一般是多层多道的。因此，模拟中厚板焊接时，为保证计算结果的可靠性就需要充分考虑每一焊道的尺寸形貌。参考直流正接单丝焊时，焊丝熔化速度与焊接参数的关系如下[54]：

$$M = 0.00938I - 0.234 + 2.019 \times 10^{-6} \frac{I^2 L}{d^2} \tag{3-72}$$

式中，M 为熔化速度(kg/min)；I 为焊接电流(A)；d 为焊丝直径(mm)；L 为焊丝伸出长度(mm)。

理论上，较大的网格密度能够增加计算精确度，但同时计算量、计算成本随之大幅度上升。考虑到网格细分到一定程度后，计算精度已基本不会再有变化[44]，只要能保证计算精度达到要求即可。鉴于由热源作用中心向外扩展的温度梯度迅速减小，综合考虑精度要求及计算成本，采用不均匀的网格划分形式[44]——焊缝最密，远离熔池中心网格密度逐渐减小。力分析和热分析采用相同的网格模型，但要注意单元类型有所不同。

3. 设置材料热物性参数和边界条件

焊接过程温度变化剧烈且复杂，为准确模拟温度场实时变化，需要先获得材料热物性参数，包括密度(kg/m^3)、导热系数[W/(m · ℃)]、比热容[J/(kg · ℃)]以及焓值(J/kg)(用于考虑相变潜热)。但是受测试技术的限制，现阶段多数材料热物性参数不完整，尤其是高温热物性参数。因此，在模拟过程中主要参考典型温度值对应的热物性参数，其他温度对应的参数通过插值和外推来获取。另外，为考虑流体流动作用，人为加大高温区导热系数(设为熔点对应导热系数的 3 倍)。边界主要考虑对流和辐射作用。

应力分析时需定义的参数包括屈服强度、弹性模量、泊松比、热膨胀系数、密度等。假设没有相变，并且总应变可分解为三个如下变量[55]：

$$\varepsilon = \varepsilon_{\mathrm{e}} + \varepsilon_{\mathrm{p}} + \varepsilon_{\mathrm{ts}} \tag{3-73}$$

式中，ε_{e}、ε_{p} 和 $\varepsilon_{\mathrm{ts}}$ 分别代表弹性应变、塑性应变和热应变。弹性应变依据具有温度依赖性的弹性模量和泊松比的各向同性胡克定律来建模；热应变利用随温度变化的热膨胀系数来计算；对于塑性应变，可采用依据 Mises 屈服准则的温度相关的力学性能参数和各向同性强化模型。边界条件的设置需要确保焊件不发生刚性位移，同时不产生过约束。

4. 设置分析步[56]

焊接过程中焊缝材料是逐步添加到焊道中的，焊前并不存在。为实现这一过程，需要采用生死单元技术。焊缝网格在初始建模时生成，生死单元的作用并不是在焊接过程中不断生成新的单元，而是在焊前对整条焊缝单元对应的矩阵乘以一个非常小的数，结果是该部分单元的热传导几乎不存在，可以形象地理解为“杀死”了这部分单元；随着焊接进程，再对相应焊道对应矩阵乘以一个大数，还原其热传导属性，即“复活”这些单元。如此，通过控制这些单元的“生”与“死”来实现熔敷金属的填充过程。

生死单元技术是实现焊道熔敷的关键步骤，在结果文件中可以清晰地看到：在开始分析时填充单元不显示，随着焊接的进行，填充金属按照实际焊接顺序逐道加在焊道上。

对于单焊道，可不设置生死单元，采用一个分析步即可。而对于多焊道，则需要 $2n+1$ 个分析步(n 为焊道数)，第一步“杀死”整条焊缝，后面逐道“复活”焊缝并完成焊接过程，此即生死单元技术的作用效果。

5. 焊接热输入

一般为了完整还原焊接过程，会根据测量的实际焊接件的尺寸建立等比例三维模型，焊接热输入以热流密度的形式作用到焊缝单元上，常用的焊接热源模型如 3.1.2 节所述。

随着板厚增加，为获得完整的全熔透焊缝，焊道数量也增加，焊板经历更复杂的热循环和非弹性变形，需要更长的计算时间来确定应力，因此，可沿着横截面进行对称假设以简化问题到二维平面应变分析，缩短计算时间。热流以稳定状态局限在垂直于焊接方向的横截面上。

对于二维焊接模拟，采用内生热源[57]即可得到较好的结果。内生热率等于电弧有效功率除以所作用单元的体积，计算公式为

$$Q=\frac{\eta UI}{V} \tag{3-74}$$

式中，η 为电弧热效率；U 为电弧电压；I 为焊接电流；V 为焊缝体积。

6. 移动热源处理

选定热源模型后，还需要考虑模型在时间和空间上的变化规律，具体实现需要通过导入正确的 FORTRAN 语言编写的子程序。值得一提的是，对于不同的模型，要确保初始坐标和移动方向的准确。此外，还需要设置合理的速度和时间，

这样才能保证焊接过程按照预期进行，以免出现漏焊、未焊透等情况。

双椭球移动热源子程序示例可详见附录 1(对应图 3-3 热源移动方向)。

3.3.2　计算示例

设计具有多种典型熔池形状的多道焊实验，母材为 316L 钢。实验过程中，实时记录焊接电流和电压。整个焊接过程中，每道焊电流平均值固定为常数，电压存在一定范围的波动，平均值基本为常数，详见表 3-1。采用热电偶记录温度变化，热电偶通过点焊的方式固定在试件背面，以避免直接接收电弧辐射。热电偶的位置坐标于焊后实际测量得到，如表 3-2 所示。测温系统(HP-DJ8X25 动态信号采集分析系统)及热电偶测点布置详见图 3-10(a)。

表 3-1　熔化极氩弧焊焊接工艺参数

道次	电压 U/V	电流 I/A	速度 v/(m/s)	熔宽 W/mm	熔深 D/mm
1	8.5	119	0.0016	4.26	4
2	9	135	0.0019	6.89	2.59
3	10	141	0.0017	8.96	2.2
4	11	141	0.0011	14.31	1.72

表 3-2　各测温点位置坐标

有效测温点	距端面距离/cm	距底侧坡口边缘距离/mm
TC-1	5.5	2.5
TC-2	8.5	2
TC-3	14.3	2
TC-4	16.4	2.5
TC-5	11.6	5

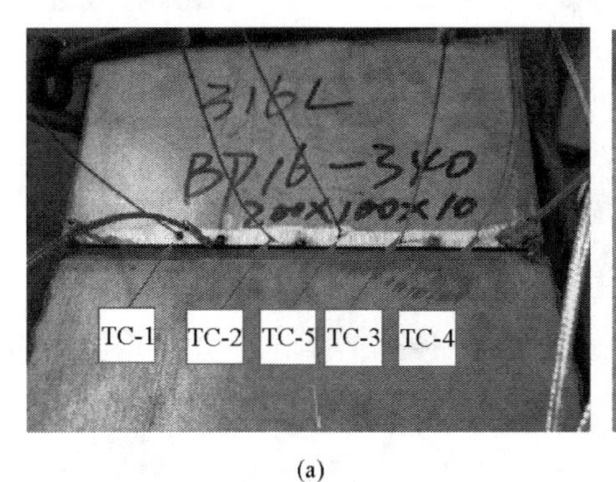

(a)

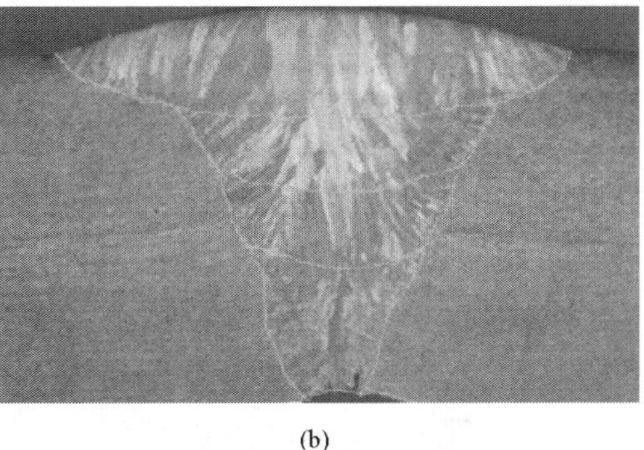

(b)

图 3-10　实验焊件的测温系统及热电偶测点布置(a)和横截面熔池形貌(b)

模拟中，首先按照推荐参数选取方法，形状参数取实际熔池尺寸，热效率根

据经验初选 η=0.75，对多焊道进行模拟，单元类型为 DC3D8 单元，网格数量为 186824 个，节点数量为 197577 个。结果显示仅能较好地模拟熔池形状椭圆度相对适中的第二焊缝，对于窄而深的首焊焊缝和宽而浅的后焊焊缝模拟效果很不理想，甚至严重偏离实际。

然后采用回归分析方法对结果进行优化，发现除第二焊缝，其他各道次难以模拟得到吻合度较好的熔池形状，且回归得到的参数在物理意义上讲不通。

最后采用调整热流密度集中程度的方法，即在双椭球形热源模型一般式的基础上进行优化设计。根据式(3-54)和式(3-55)得到的 α、β、γ 均为负指数的特性，减小或增大某一方向的热流密度分布参数值，以增加或减小该方向总的热输入。简单试算即得到吻合良好的模拟结果，如图 3-11 所示，焊接最高温度可到 2231℃。调整后的参数取值分别是第一焊缝取 α=4、β=1、γ=3，第三焊缝取 α=1、β=5、γ=3，第四焊缝取 α=1、β=7、γ=3。

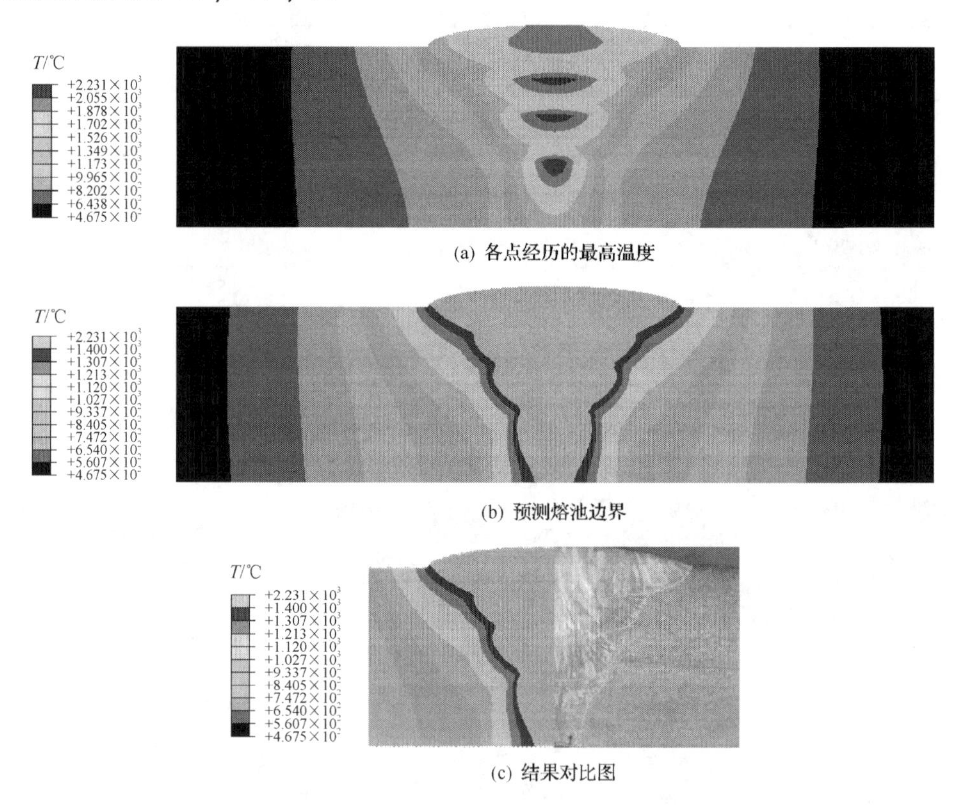

(a) 各点经历的最高温度

(b) 预测熔池边界

(c) 结果对比图

图 3-11　优化后多焊道模拟结果

采用 3.3.1 节所阐述的方法，将温度场作为预定义场加载到焊接残余应力场计算中，改变上述模型的单元类型为 C3D8R 单元。所得最终残余应力分布结果如图 3-12 所示。

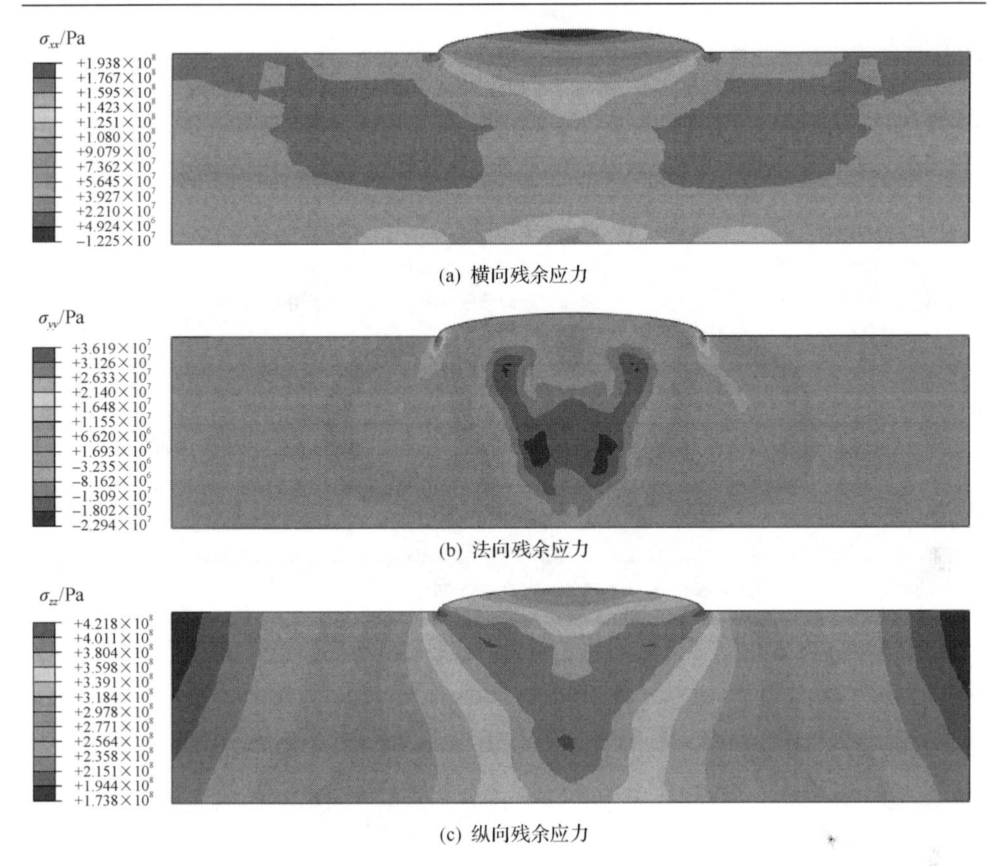

(a) 横向残余应力

(b) 法向残余应力

(c) 纵向残余应力

图 3-12　残余应力分布

参 考 文 献

[1] 李冬林. 焊接应力和变形的数值模拟研究[D]. 武汉: 武汉理工大学, 2003.

[2] 武传松, 高学松. 焊接物理(IIW SG-212)研究进展——第 70 届国际焊接学会年会焊接物理研究组报告评述[J]. 焊接, 2018, (1): 1-11, 61.

[3] 谢超. 钢桥典型构造焊接残余应力有限元分析[D]. 成都: 西南交通大学, 2017.

[4] Wood W L, Lewis R H. A comparison of time marching schemes for the transient heat conduction equation[J]. International Journal Numerical Methods in Engineering, 2010, 9(3): 679-689.

[5] Surana K S, Phillips R K. Three dimensional curved shell finite elements for heat conduction[J]. Computers and Structures, 1987, 25(5): 775-785.

[6] Jiang W C, Luo Y , Wang B Y , et al. Residual stress reduction in the penetration nozzle weld joint by overlay welding[J]. Materials and Design, 2014, 60: 443-450.

[7] Zhang Y C , Jiang W , Tu S T , et al. Using short-time creep relaxation effect to decrease the residual stress in the bonded compliant seal of planar solid oxide fuel cell—A finite element simulation[J]. Journal of Power Sources, 2014, 255: 108-115.

[8] 谢元峰. 基于 ANSYS 的焊接温度场和应力的数值模拟研究[D]. 武汉: 武汉理工大学, 2006.

[9] Ogawa K, Deng D, Kiyoshima S, et al. Investigations on welding residual stresses in penetration nozzles by means of 3D thermal elastic plastic FEM and experiment[J]. Computational Materials Science, 2009, 45(4): 1031-1042.
[10] 方洪渊. 焊接结构学[M]. 北京: 机械工业出版社, 2008.
[11] 汪建华. 焊接数值模拟技术及其应用[M]. 上海: 上海交通大学出版社, 2003.
[12] 武传松, 王怀刚, 张明贤. 小孔等离子弧焊接热场瞬时演变过程的数值分析[J]. 金属学报, 2006, 42(3): 311-316.
[13] 陈楚. 数值分析在焊接中的应用[M]. 上海: 上海交通大学出版社, 1985.
[14] 徐坤, 范彩霞, 韩二阳, 等. 热源模型对Q420厚板焊接残余应力和变形预测精度的影响[J]. 热加工工艺, 2018, 47(23): 222-226.
[15] 程久欢, 陈俐, 于有生. 焊接热源模型的研究进展[J]. 焊接技术, 2004, 33(1): 13-15.
[16] 郑振太, 吕会敏, 张凯, 等. 熔化焊焊接热源模型及其发展趋势[J]. 焊接, 2008, (4): 3-6.
[17] 莫春立, 钱百年, 国旭明, 等. 焊接热源计算模式的研究进展[J]. 焊接学报, 2001, 22(3): 93-96.
[18] 曾芳. 大型滑履磨机结构分析及焊接工艺研究[D]. 武汉: 武汉理工大学, 2010.
[19] 武传松. 焊接热过程与熔池形态[M]. 北京: 机械工业出版社, 2007.
[20] Pavelic V, Tanbakuchi R, Uyehara O A, et al. Experimental and computed temperature histories in gas tungsten-arc welding of thin plates[J]. Welding Journal, 1969, 48 (7): 295-305.
[21] 陈家权, 肖顺湖, 杨新彦, 等. 焊接过程数值模拟热源模型的研究进展[J]. 装备制造技术, 2005, (3): 10-14.
[22] Goldak J A, Akhlaghi M. Computational Welding Mechanics[M]. Berlin: Springer, 2005.
[23] Chukkan J, Vasudevan M, Muthukumaran S, et al. Simulation of laser butt welding of AISI 316L stainless steel sheet using various heat sources and experimental validation[J]. Journal of Materials Processing Technology, 2015, 219: 48-59.
[24] Goldak J, Chakravarti A, Bibby M. New finite element model for welding heat sources[J]. Metallurgical Transactions B (Process Metallurgy), 1984, 15B: 299-305.
[25] 曾志, 王立君, 王月, 等. 5A06铝合金间断焊温度场的数值模拟[J]. 天津大学学报, 2008, 41(7): 849-853.
[26] 殷苏民, 江文林, 王匀, 等. 船用厚板焊接温度场演变规律[J]. 电焊机, 2013, 43(6): 6-9.
[27] Liu Y, Jiang P, Ai Y W, et al. Prediction of weld shape for fiber laser welding based on hybrid heat source model[C]. International Conference on Material Mechanical and Manufacturing Engineering, Guangzhou, 2015.
[28] 王煜, 赵海燕, 吴甦, 等. 高能束焊接双椭球热源模型参数的确定[J]. 焊接学报, 2003, 24(2): 67-70.
[29] Azar A S, Ås S K, Akselsen O M. Determination of welding heat source parameters from actual bead shape[J]. Computational Materials Science, 2012, 54: 176-182.
[30] 郭广飞, 王勇, 韩涛, 等. 双椭球热源参数调整在预测在役焊接熔池尺寸上的应用[J]. 压力容器, 2013, 30(1): 15-19.
[31] Karaoğlu S, Seçgin A. Sensitivity analysis of submerged arc welding process parameters[J]. Journal of Materials Processing Technology, 2008, 202(1): 500-507.
[32] 李培麟, 陆皓. 双椭球热源参数的敏感性分析及预测[J]. 焊接学报, 2011, 32(11): 89-91.
[33] Jia X, Xu J, Liu Z, et al. A new method to estimate heat source parameters in gas metal arc welding simulation process[J]. Fusion Engineering and Design, 2014, 89(1): 40-48.
[34] 李瑞英, 赵明, 吴春梅. 基于SYSWELD的双椭球热源模型参数的确定[J]. 焊接学报, 2014, 35(10): 93-96.
[35] 顾颖, 李亚东, 强斌, 等. 基于ANSYS优化设计求解双椭球热源模型参数[J]. 焊接学报, 2016, 37(11): 15-18.
[36] 郭晓凯, 李培麟, 陈俊梅, 等. 加速步长法反演多丝埋弧焊双椭球热源模型参数[J]. 焊接学报, 2009, 30(2): 53-56.

[37] 王能庆，童彦刚，邓德安．热源形状参数对薄板焊接残余应力和变形的影响[J]．焊接学报，2012，33(12)：97-100, 118.

[38] 马悦．双椭球焊接热源模型一般式的数值模拟研究[D]．天津：河北工业大学, 2015.

[39] 郑振太，单平，胡绳荪，等．双椭球热源模型热流分布参数取值的误差分析[EB/OL]．中国科技论文在线．[2007-01-23]. http://www.paper.edu.cn/releasepaper/content/200701-313.

[40] Zhang Z, Ge P, Zhao G Z. Numerical studies of post weld heat treatment on residual stresses in welded impeller [J]. International Journal of Pressure Vessels and Piping, 2017, 153: 1-14.

[41] 陈楚．船体焊接变形[M]．北京：国防工业出版社, 1985.

[42] 胡鹏浩．非均匀温度场中机械零部件热变形的理论及应用研究[D]．合肥：合肥工业大学, 2001.

[43] Jiang W, Chen W, Woo W, et al. Effects of low-temperature transformation and transformation-induced plasticity on weld residual stresses: Numerical study and neutron diffraction measurement[J]. Materials and Design, 2018, 147: 65-79.

[44] 邓德安，任森栋，李索，等．多重热循环和约束条件对 P92 钢焊接残余应力的影响[J]．金属学报, 2017, 53(11)：1532-1540.

[45] 陈锋．焊接工艺对不锈钢焊接变形的研究[D]．上海：上海交通大学, 2009.

[46] 梁炜宇．焊接对多高层钢结构承载力影响的研究[D]．杭州：浙江工业大学, 2007.

[47] 李慧娟．厚板多层多道焊的有限元数值模拟分析[D]．天津：天津大学, 2007.

[48] Luo Y , Jiang W, Wan Y, et al. Effect of helix angle on residual stress in the spiral welded oil pipelines: Experimental and finite element modeling[J]. International Journal of Pressure Vessels and Piping, 2018, 168: 233-245.

[49] Muransky O, Hamelin C J, Patel V I, et al. The influence of constitutive material models on accumulated plastic strain in finite element weld analyses[J]. International Journal of Solids and Structures, 2015, 69-70: 518-530.

[50] 罗云，蒋文春，杨滨，等．材料强化模型对回弹计算模拟精度的影响[J]．机械强度, 2015, 37(179)：551-555.

[51] Jiang W C, Woo W, Wan Y, et al. Evaluation of through-thickness residual stresses by neutron diffraction and finite-element method in thick weld plates[J]. Journal of Pressure Vessel Technology, 2017, 139(3)：031401.

[52] Xie X F , Jiang W C, Luo Y , et al. A model to predict the relaxation of weld residual stress by cyclic load: Experimental and finite element modeling[J]. International Journal of Fatigue, 2017, 95: 293-301.

[53] Wu C, Kim J W. Analysis of welding residual stress formation behavior during circumferential TIG welding of a pipe[J]. Thin-Walled Structures, 2018, 132: 421-430.

[54] Tusek J. Mathematical modeling of melting rate in twin-wire welding[J]. Journal of Materials Processing Technology, 2000, 100(1)：250-256.

[55] Jiang W C , Woo W , An G B , et al. Neutron diffraction and finite element modeling to study the weld residual stress relaxation induced by cutting[J]. Materials and Design, 2013, 51(5)：415-420.

[56] Jiang W C, Luo Y, Wang H, et al. Effect of impact pressure on reducing the weld residual stress by water jet peening in repair weld to 304 stainless steel clad plate[J]. Journal of Pressure Vessel Technology, 2015, 137: 03140.

[57] Dattoma V, Giorgi M D, Nobile R. Numerical evaluation of residual stress relaxation by cyclic load[J]. Journal of Strain Analysis for Engineering Design, 2004, 39(6)：663-672.

第4章 强化模型对残余应力计算精度的影响

本构关系是材料的固有属性，是材料变形过程中必须遵循的客观规律。一个完善的材料弹塑性本构模型主要包括四方面内容：初始屈服条件、流动准则、强化法则和一致性条件。塑性应变的积累与变形路径有关，故一般采用增量塑性理论来分析弹塑性关系。对于理想的弹塑性材料，屈服面是固定不变的，但真实的材料一般会表现出明显的强化特性。强化模型就是用来描述材料在初始屈服后，继续加载时其后继屈服面的位置、大小和形状随塑性变形的发展而在应力空间中的变化规律，常用的强化模型有各向同性强化模型、随动强化模型和混合强化模型三种。

一般而言，材料在进入屈服阶段以后表现出一定的材料强化特征，材料在经历焊接热循环后，热影响区强度明显提高。焊接残余应力预测中所使用的材料强化本构模型对预测结果的准确性有重要的影响[1, 2]。单纯的各向同性强化模型和随动强化模型[2, 3]以材料参数获取简单的优点经常用于焊接残余应力模拟计算，但它们不能准确地描述循环热机械负荷的响应，尤其是对于奥氏体不锈钢。现有研究证明混合强化模型[4, 5]是更符合实际的，它能够更加准确地描述材料在焊接过程中的循环本构响应。因此有待于对材料强化模型对残余应力计算的影响进行详细的分析。本章首先对各向同性强化模型、随动强化模型和混合强化模型进行简单的理论介绍，随后以奥氏体不锈钢焊接为工程案例介绍强化模型对残余应力计算精度的影响。

4.1 强 化 模 型

材料塑性变形存在加工硬化现象，因此，在变形的每一时刻都会有一后继的强化屈服面，其变化非常复杂，目前根据屈服面中心位置及形状的变化，主要可分为各向同性强化模型、随动强化模型和混合强化模型，各个模型中所需的材料参数均取自单轴拉伸和循环曲线。下面对各个强化模型理论详细介绍如下。

4.1.1 各向同性强化模型

各向同性强化模型由于其简单使用而广泛应用于焊接模拟中，它的屈服面尺寸在应力空间的各个方向均匀改变，如图 4-1 所示。材料进入塑性变形后，加载曲面在各个方向均匀扩张，但屈服面中心及形状保持不变。屈服函数 f 定义为

$$f(\sigma_{ij},\kappa)=f_0(\sigma_{ij})-k(\kappa)=0 \tag{4-1}$$

式中，$k(\kappa)$为一个强化函数，用以确定屈服面的大小。对于 Mises 屈服准则，有

$$f_0(\sigma_{ij})=\frac{1}{2}\boldsymbol{S}_{ij}\boldsymbol{S}_{ij} \tag{4-2}$$

$$k(\kappa)=\frac{1}{3}\sigma_{\mathrm{eq}}^2(\varepsilon_{\mathrm{p}}) \tag{4-3}$$

式中，$\boldsymbol{S}_{ij}$为偏应力张量；σ_{eq}为等效 Mises 应力，是关于等效塑性应变ε_{p}的函数，各向同性定义了屈服面大小的演化规律，具体为

$$\sigma_{\mathrm{e}}=\sigma\big|_0+Q_\infty(1-\mathrm{e}^{-b\varepsilon_{\mathrm{p}}}) \tag{4-4}$$

式中，$\sigma|_0$为塑性应变为 0 时的屈服强度；Q_∞为屈服面大小的最大改变量；b为屈服面大小随塑性应变发展的改变率；Q_∞和b为材料参数。屈服强度和塑性应变是与温度相关的参数。

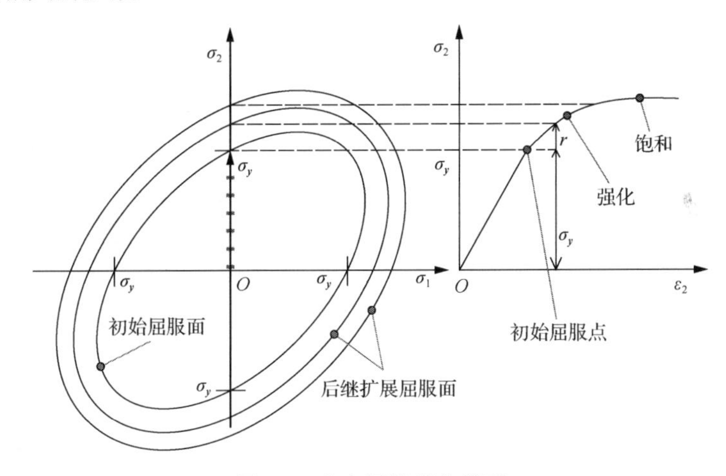

图 4-1　各向同性强化模型

各向同性强化参数Q_∞和b的确定需要借助对称应变控制低周疲劳实验的前几个循环的实验数据，如图 4-2 所示。该强化模型将描述屈服面大小的等效应力看作等效塑性应变的函数，根据式(4-5)～式(4-7)计算等效塑性应变和等效应力值。

$$\sigma_i^0=\sigma_i^{\mathrm{t}}-\alpha_i \tag{4-5}$$

$$\alpha_i=(\sigma_i^{\mathrm{t}}+\sigma_i^{\mathrm{c}})/2 \tag{4-6}$$

$$\bar{\varepsilon}_i^{\mathrm{pl}}=\frac{1}{2}(4i-3)\Delta\varepsilon_{\mathrm{pl}} \tag{4-7}$$

式中，α_i 为某一循环周数的背应力；σ_i^0 为某一循环周数的屈服强度；$\sigma_i^{\rm t}$ 和 $\sigma_i^{\rm c}$ 为某一循环周数的最大拉应力和最小压应力；$\bar{\varepsilon}_i^{\rm pl}$ 为某一循环等效塑性应变；$\Delta\varepsilon_{\rm pl}$ 为塑性应变幅度；i 为循环周数。

结合式(4-4)进行数据拟合，确定强化参数 Q 和 b，如图 4-3 所示。

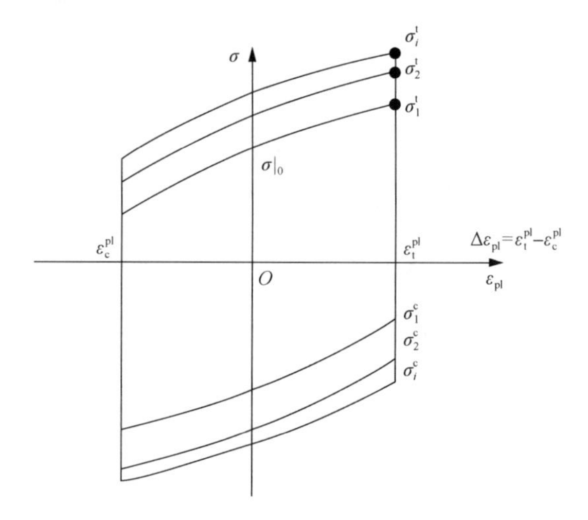

图 4-2　典型的低周疲劳前几个循环周数实验曲线

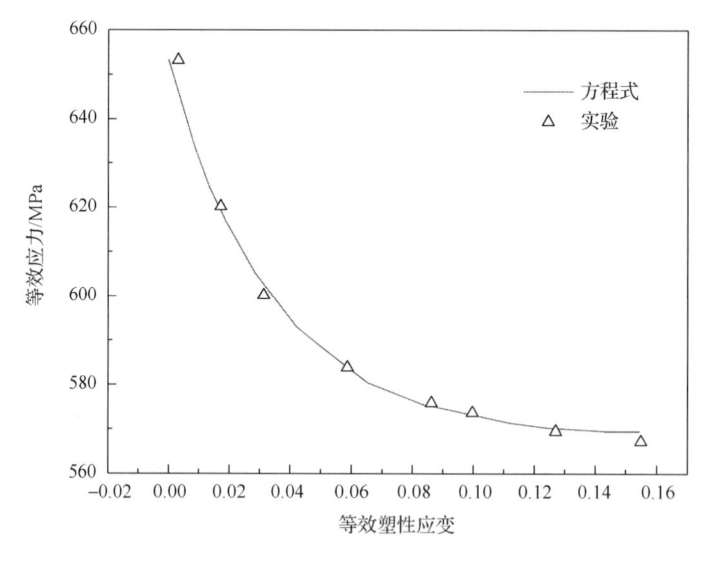

图 4-3　各向同性强化参数确定示意图

各向同性强化模型只适用于简单单调加载情况，对于复杂加载及循环加载情况就要考虑有包辛格效应的随动强化模型和混合强化模型。

4.1.2　随动强化模型

随动强化模型是在压力无关塑性条件下进行循环载荷作用下的金属强化行为的模拟，它是指材料在进入塑性以后，加载曲面在应力空间仅做刚体移动，但其屈服面形状、大小保持不变，如图 4-4 所示。引入背应力 α 的概念，屈服面随着塑性应变的累积做相应移动，屈服函数 f 定义为

$$f(\sigma_{ij},\boldsymbol{\alpha}_{ij})=f_0(\sigma_{ij}-\boldsymbol{\alpha}_{ij})-k=0 \tag{4-8}$$

式中，k 为一个常数，对于 Mises 屈服准则，$k=\dfrac{1}{3}\sigma_0^2$，σ_0 为单轴拉伸时的初始屈服强度；$\boldsymbol{\alpha}_{ij}$ 为背应力张量，为后继屈服面的中心坐标。

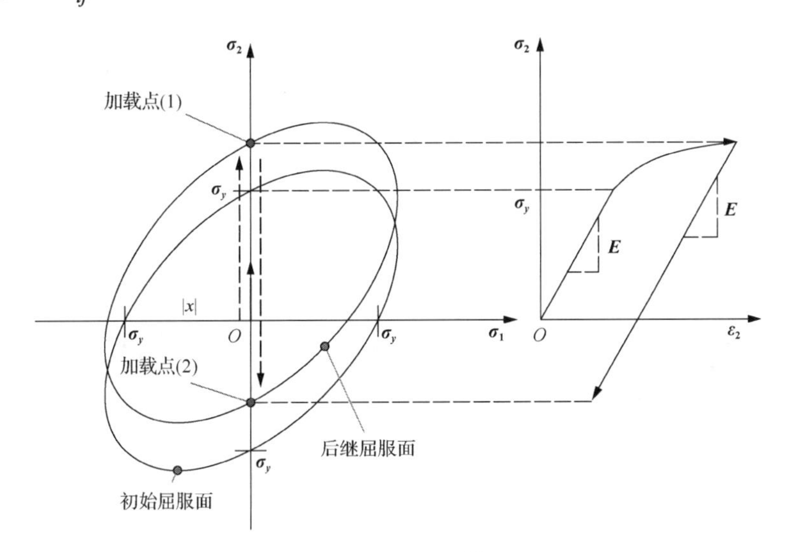

图 4-4　随动强化模型

包辛格效应就是在初始屈服后的某一个应力处卸载再反向加载后会使屈服强度降低的现象，随动强化模型包含包辛格效应。随动强化模型认为屈服面的大小保持不变，仅在屈服方向上移动，当某个方向的屈服强度升高时，其相反方向的屈服强度降低。随动强化模型有线性和非线性之分，线性随动强化模型主要有 Prager 模型[6]和 Zeigler 模型[7]两种，非线性随动强化模型主要是 Lemaitre-Chaboche 模型[8]，其区分的关键主要是背应力张量 $\boldsymbol{\alpha}_{ij}$ 的确定。

Prager 模型和 Zeigler 模型是通过观察单轴拉伸-压缩实验表现出的包辛格效应而提出的线性随动强化模型，其塑性强化模量为常值，它认为反向加载曲线与正向加载曲线完全相同，所以不适用于循环加载的弹塑性分析及快速强化现象。很多学者提出了塑性强化模量为连续变化的非线性随动强化模型，它能很

好地反映材料循环加载情况下的快速强化行为。非线性随动强化模型有多种，其中 Lemaitre-Chaboche 模型能很好地描述循环加卸载行为。该模型在 Zeigler 模型的基础上增加了松弛项，松弛项反映了循环加载过程中塑性流动的不同，其背应力张量表示为

$$\mathrm{d}\boldsymbol{\alpha}_{ij} = C\frac{1}{\sigma_{\mathrm{e}}}(\sigma_{ij} - \boldsymbol{\alpha}_{ij})\mathrm{d}\varepsilon_{\mathrm{p}} - \gamma\boldsymbol{\alpha}_{ij}\mathrm{d}\varepsilon_{\mathrm{p}} \tag{4-9}$$

式中，C 为初始随动强化模量；γ 为随动强化模量随着塑性变形增加而减小的速率。C、γ 为随动强化材料常数，可通过拉伸或压缩循环实验得到。

非线性随动强化模型参数的确定需借助对称应变控制低周疲劳实验数据，其中随动强化模型参数要借助稳定阶段的滞回曲线，典型的稳定滞回曲线如图 4-5 所示。随动强化模型描述了背应力 α_i 与等效塑性应变 $\bar{\varepsilon}_i^{\mathrm{pl}}$ 的关系，所以需要确定背应力在稳定循环内的演化规律。对于稳定阶段的实验数据（ε_i,σ_i），其塑性应变 $\varepsilon_i^{\mathrm{pl}}$ 和背应力 α_i 分别由式(4-10)和式(4-11)确定：

$$\varepsilon_i^{\mathrm{pl}} = \varepsilon_i - \frac{\sigma_i}{E} - \varepsilon_{\mathrm{p}}^0 \tag{4-10}$$

$$\alpha_i = \sigma_i - \frac{\sigma_1 + \sigma_n}{2} \tag{4-11}$$

式中，$\varepsilon_{\mathrm{p}}^0$、$\sigma_1$ 和 σ_n 如图 4-5 所示。对随动强化模型[式(4-9)]在一个疲劳循环内进行积分，可以得到

$$\alpha_k = \frac{C_k}{\gamma_k}(1 - \mathrm{e}^{-\gamma_k \varepsilon_{\mathrm{pl}}}) + \alpha_{k,1}\mathrm{e}^{-\gamma_k \varepsilon_{\mathrm{pl}}} \tag{4-12}$$

式中，k 为背应力个数。

结合式(4-12)和实验数据（$\varepsilon_i^{\mathrm{pl}},\alpha_i$），就可以确定随动强化参数，如图 4-6 所示。

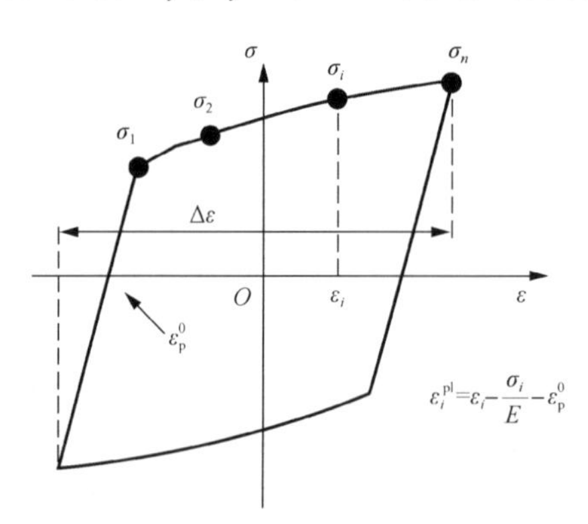

图 4-5　典型稳定滞回曲线示意图

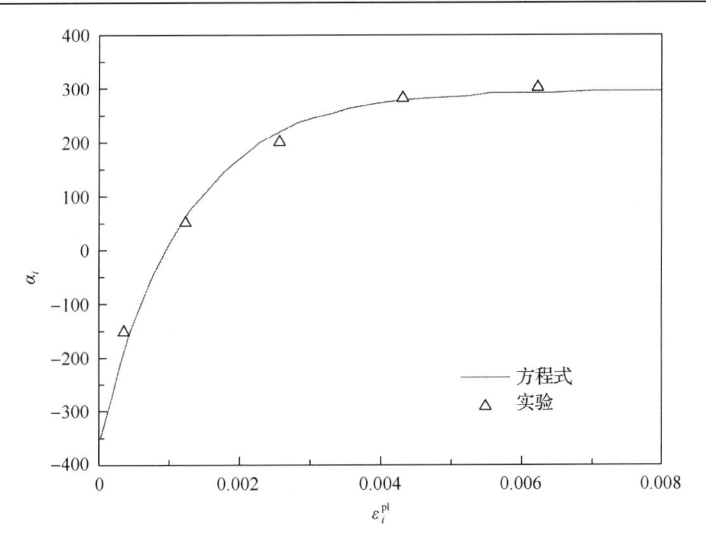

图 4-6　随动强化参数确定示意图

4.1.3　混合强化模型

各向同性强化模型不能反映材料实际反向加载性能，随动强化模型对棘轮效应描述过于简化，也不能精确描述材料非线性应力应变关系。常见的金属材料一般体现为各向同性强化与随动强化并存，即混合强化。混合强化模型包含各向同性强化和随动强化两部分，该模型描述屈服面大小演变的同时考虑屈服中心的平移，与材料实际性能更加接近，如图 4-7 所示。混合强化模型具体定义如下。

与静水压力无关的屈服函数为

$$f(\sigma-\alpha)=\sigma^0 \tag{4-13}$$

式中，σ^0 为屈服面半径；$f(\sigma-\alpha)$ 为等效 Mises 应力，具体为

$$f(\sigma-\alpha)=\sqrt{\frac{3}{2}(s-\alpha^{\mathrm{dev}}):(s-\alpha^{\mathrm{dev}})} \tag{4-14}$$

式中，α^{dev} 为背应力偏量；s 为应力偏量，其定义为 $s=\boldsymbol{\sigma}+p\boldsymbol{I}$（$\boldsymbol{\sigma}$ 为应力张量，p 为等效压应力，$\boldsymbol{I}$ 为单位张量）。

当忽略温度和其他场变量的影响时，随动强化定义为

$$\dot{\alpha}=\sum_{i=1}^{N}\left[C_i\frac{1}{\sigma^0}(\sigma-\alpha)\overline{\varepsilon}^{\mathrm{pl}}-\gamma_i\alpha\overline{\varepsilon}^{\mathrm{pl}}\right] \tag{4-15}$$

式中，N 为背应力个数；γ_i 为随塑性变形增加随动强化模量的减小率。

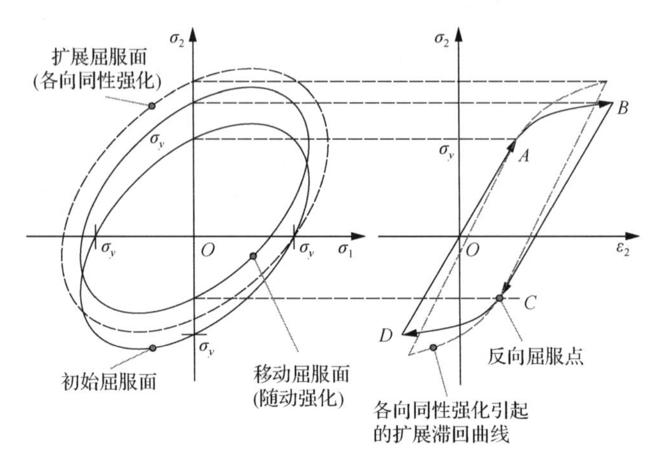

图 4-7　混合强化模型

4.2　有限元模型

4.2.1　几何模型及材料参数[9]

以不锈钢补焊接头为例详细介绍材料强化模型对残余应力计算的影响。几何试样采用补焊试样，其几何尺寸如图 4-8 所示，试样长 300mm、宽 300mm、厚 20mm，补焊宽 9mm、深 9mm，达到板厚的 45%。采用手工电弧焊补焊。焊条为 ϕ3.2mm 的 A022 焊条，焊接电压为 26～28V，电流为 180～200A，层间温度控制在 60℃以下，焊接速度为 1.5～2mm/s。实验用材料为 316L 不锈钢，各强化模型所需的材料参数如表 4-1 所示。补焊后的焊接接头宏观形貌如图 4-9 所示。

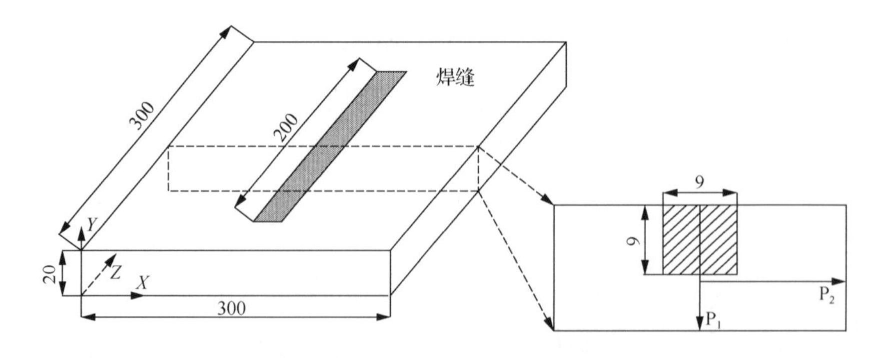

图 4-8　补焊试样几何尺寸图(单位：mm)

表 4-1　316L 强化参数

T/℃	$\sigma_{y,0}$/MPa	C_1/MPa	γ_1	C_2/MPa	γ_2	σ_0 /MPa	Q/MPa	b
20	125.60	156435.00	1410.85	6134	47.19	125.60	153.4	6.9
275	97.60	100631.00	1410.85	5568	47.19	97.60	154.7	6.9
550	90.90	64341.00	1410.85	5227	47.19	90.90	150.6	6.9
750	71.4	56232.00	1410.85	4108	47.19	71.40	57.9	6.9
900	66.2	0.05	1410.85	282	47.19	66.20	0	6.9
1000	31.82	0.00	1410.85	0	47.19	31.82	0	6.9
1100	19.73	0.00	1410.85	0	47.19	19.73	0	6.9
1400	2.10	0.00	1410.85	0	47.19	2.10	0	6.9

图 4-9　补焊后焊接接头宏观形貌

4.2.2　结果分析

由三种强化模型计算得出沿路径 P_1 的残余应力计算结果和中子衍射测试结果，如图 4-10 所示。沿路径 P_1 方向，三种模型预测的纵向残余应力、横向残余

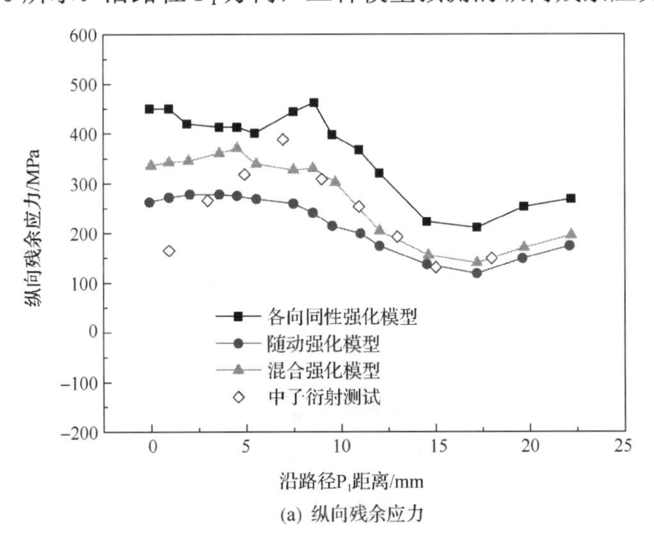

(a) 纵向残余应力

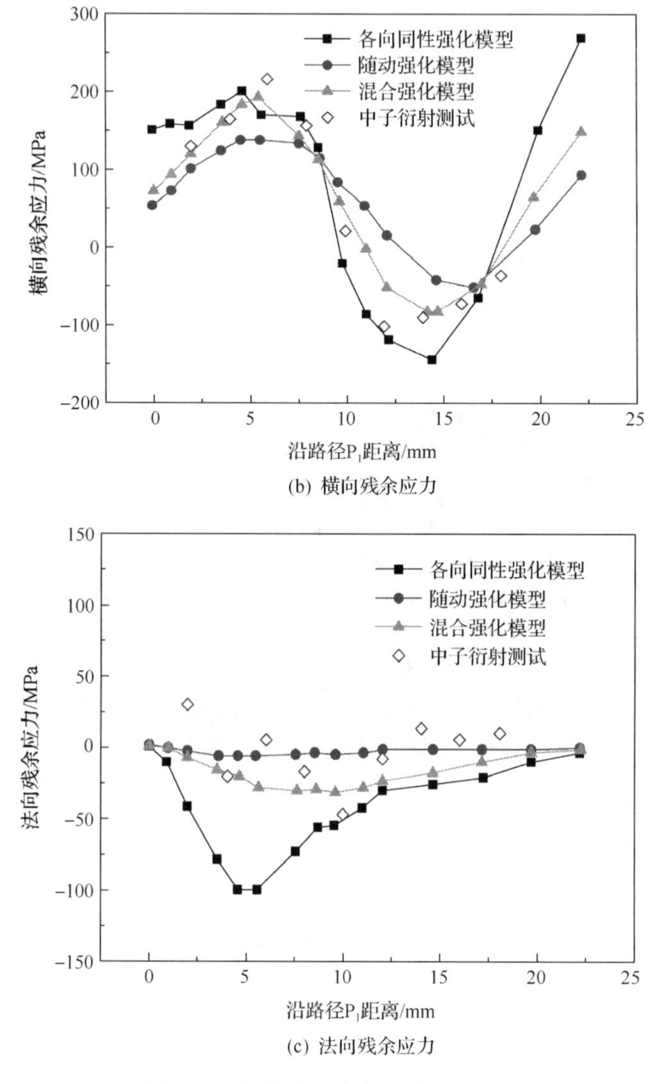

(b) 横向残余应力

(c) 法向残余应力

图 4-10　焊接残余应力沿路径 P_1 分布

应力、法向残余应力均有所差别。对于纵向残余应力，各向同性强化模型预测结果最大，混合强化模型次之，随动强化模型最小。各向同性强化模型、随动强化模型、混合强化模型和中子衍射测试获得的纵向残余应力最大值分别为 461MPa、276MPa、371MPa 和 386MPa，混合强化模型预测结果与中子衍射测试结果吻合程度较高，而各向同性强化模型会高估残余应力值，随动强化模型会低估残余应力值。对于横向残余应力，这三种模型的预测结果具有相同的分布趋势，且与中子衍射测试结果相差不大，混合强化模型的预测结果与中子衍射测试结果吻合度最高，各向同性强化模型预测值沿厚度方向变化幅度大，随动强化模型与测试结果变化幅度较小。对于法向残余应力，三种强化模型计算结果分布趋势与实验结果一致，随动强化模型与混合强化模型预测结果与中子衍射测试结果相差不大，各向同性强化模型预测结果与中子衍射测试结果相差较大。

图 4-11 给出了沿路径 P_2 的残余应力模拟和中子衍射测试结果比较曲线。可以看出三种强化模型的模拟计算结果分布规律与中子衍射测试结果规律一致。在焊缝和热影响区，三种强化模型的预测结果相差较大，远离焊缝和热影响区，三种强化模型的预测结果基本一致，这是因为远离焊缝和热影响区，材料未全部达到

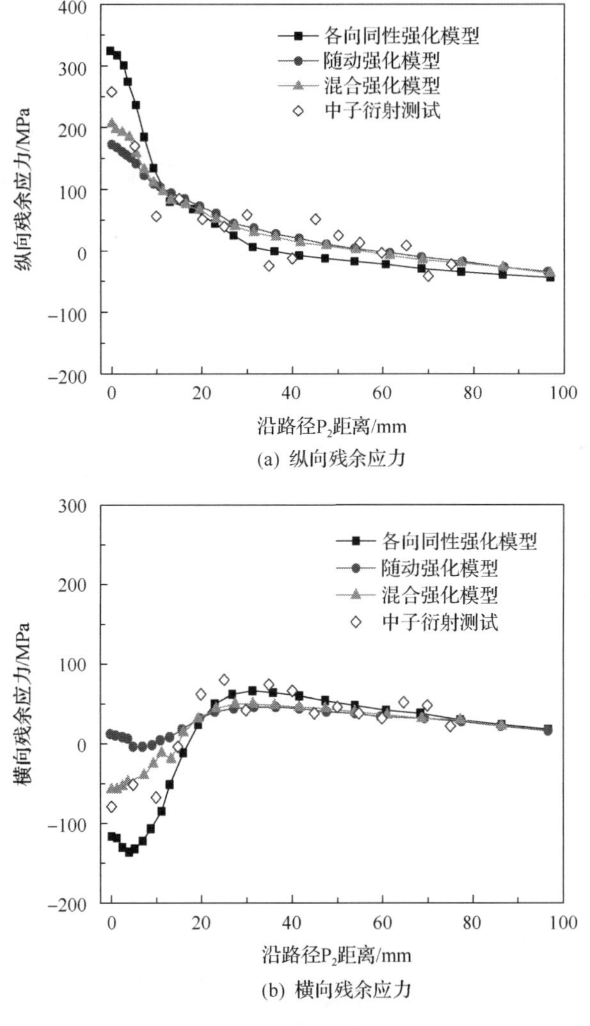

(a) 纵向残余应力

(b) 横向残余应力

图 4-11　焊接残余应力沿路径 P_2 分布

强化阶段，即材料强化现象不严重。在焊缝和热影响区，混合强化模型预测的纵向残余应力和横向残余应力与中子衍射测试结果吻合得最好，而另外两种强化模型的预测值则偏离测试值。综上所述，混合强化模型能较好地预测补焊焊接接头残余应力分布。

图 4-12 给出了沿路径 P_1 显微硬度和等效塑性应变分布，对比图 4-10 可以看出，显微硬度、等效塑性应变与残余应力分布情况一致，等效塑性应变从上表面到下表面先增大后减小，在热影响区显微硬度和等效塑性应变达到最大，这与残余应力的分布情况是一致的，证明残余应力和显微硬度与等效塑性应变有一定的关系。图 4-13 给出了图 4-9 中在位置 1、2、3、4、5、6、7、8 处的显微组织图片，观察界面焊缝显微组织可知其显微组织形貌是明显不同的，焊缝中最主要的显微组织是奥氏体和铁素体。从表层焊缝到底层焊缝，焊缝显微组织分别为细长状、骨骼状、树枝状和蠕虫状形貌。从表层到底层，铁素体含量逐渐增加，导致残余应力和显微硬度逐渐增加。焊缝下方的热影响区是由奥氏体、铁素体和黑色的碳化物颗粒组成的，第一层焊缝和第二层焊缝的显微组织是相同的，由奥氏体、细长的 δ 铁素体及碳化物颗粒组成，第一层焊缝和第二层焊缝经历了不同的热循环曲线，导致在焊缝界面处产生不同的形貌，当焊接第二层的时候，第一层焊缝经历了类似于热处理过程的热循环过程，冷却之后在第一层焊缝中留下更多的残余铁素体，因此第二层焊缝与第一层焊缝相比铁素体和碳化物颗粒较多，产生较大的残余应力和显微硬度。

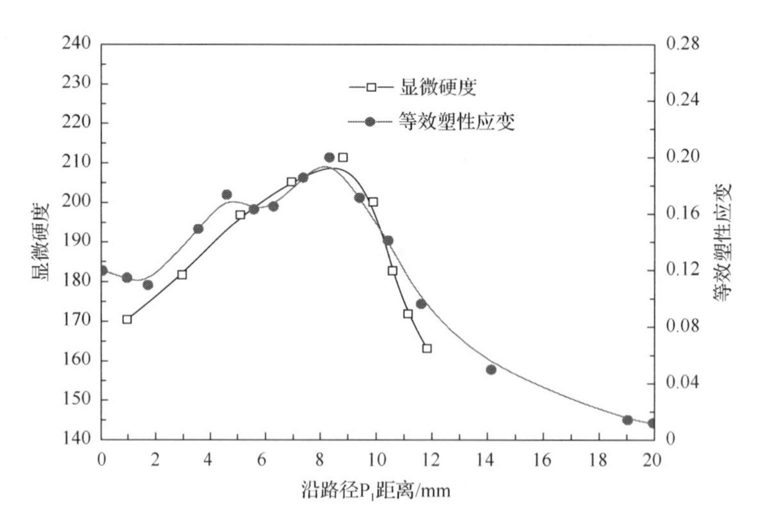

图 4-12 沿路径 P_1 的显微硬度和等效塑性应变分布

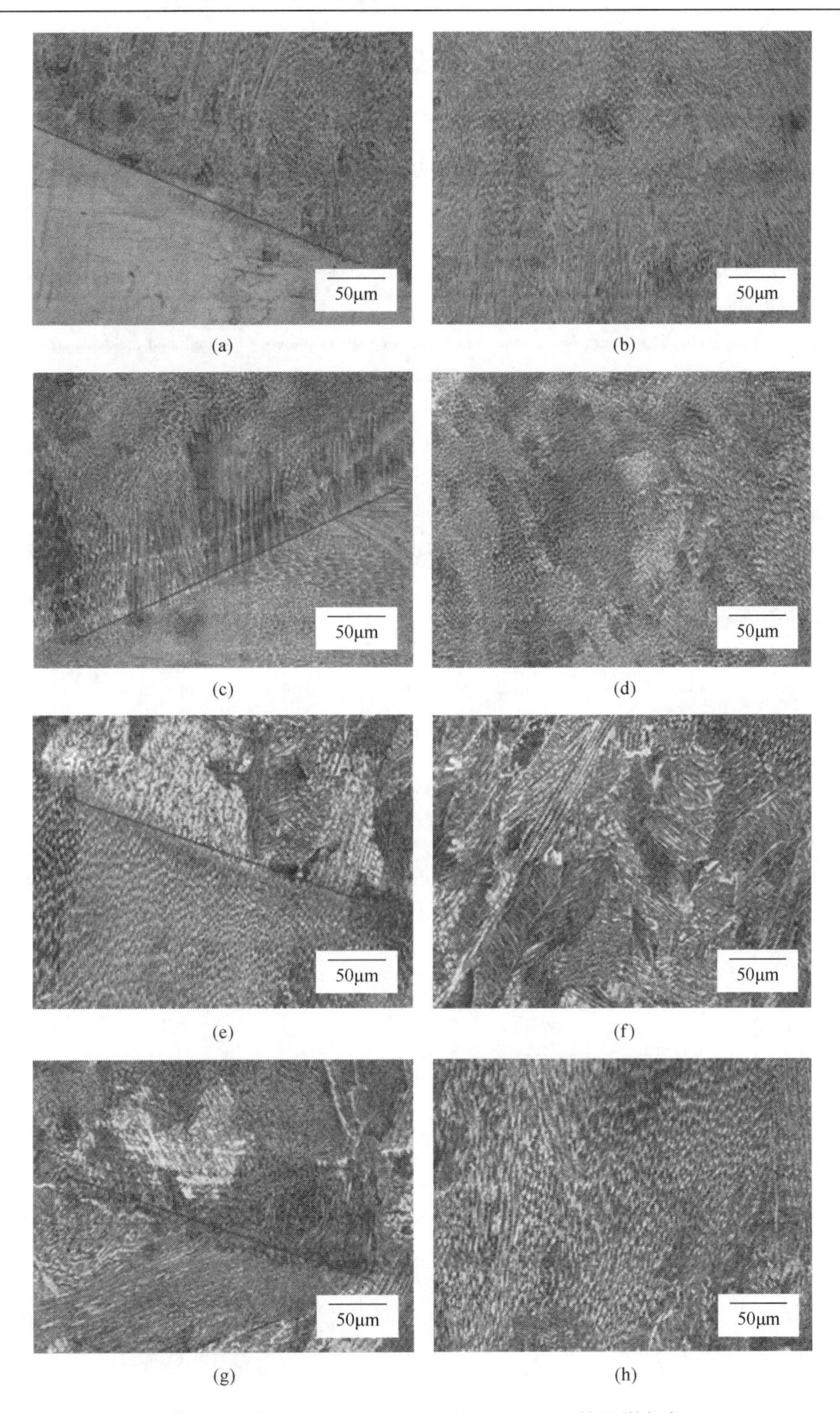

图 4-13　位置 1、2、3、4、5、6、7、8 处的显微组织

参 考 文 献

[1] Mullins J, Gunnars J. Deformation histories relevant to multipass girth welds: Temperature, stress and plastic strain histories[J]. Materials Science Forum, 2011, 681 (681) : 61-66.

[2] Smith M C, Bouchard P J, Turski M. Accurate prediction of residual stress in stainless steel welds[J]. Computational Materials Science, 2012, 54 (1) : 1325-1343.

[3] Wang Q, Liu X S, Wang P, et al. Numerical simulation of residual stress in 10Ni5CrMoV steel weldments[J]. Journal of Materials Processing Technology, 2017, 240: 77-86.

[4] Muránsky O, Hamelin C J, Smith M C, et al. The effect of plasticity theory on predicted residual stress fields in numerical weld analyses[J]. Computational Materials Science, 2012, 54 (1) : 125-134.

[5] Muránsky O, Smith M C, Bendeich P J, et al. Comprehensive numerical analysis of a three-pass bead-in-slot weld and its critical validation using neutron and synchrotron diffraction residual stress measurements[J]. International Journal of Solids and Structures, 2012, 49 (9) : 1045-1062.

[6] Hodge P G. A new method of analyzing stresses and strains in work-hardening plastic solids[J]. Journal of Applied Mechanics-Transactions of the ASME, 1956, 23: 493-496.

[7] Ziegler H. A modification of Prager's hardening rule[J]. Quarterly of Applied Mathematics, 1959, 17: 55-65.

[8] Lemaitre J, Chaboche J L. Mechanics of Solid Materials[M]. Cambridge: Cambridge University Press, 1994.

[9] Jiang W, Luo Y, Wang B Y, et al. Neutron diffraction measurement and numerical simulation to study the effect of repair depth on residual stress in 316L stainless steel repair weld[J]. Journal of Pressure Vessel Technology, 2015, 137 (4): 041406.

第5章 焊接残余应力在工作环境中的演化

在服役过程中，焊接残余应力与复杂的工作环境存在不可避免的交互作用，对设备安全产生重大的影响。研究焊接残余应力在不同工作环境中的演化规律对设备的可靠性设计和安全评估有着重大的工程意义。一般而言，温度变化对焊接残余应力影响较大，合理的热处理工艺将会显著降低焊接残余应力。然而，长期在高温下服役的设备，如板翅式换热器等，还将受到蠕变失效的威胁，因此承受焊接残余应力和高温蠕变共同影响的焊接接头必然成为设备最薄弱的环节。另外，对于频繁启停或服役过程中承受循环载荷的装备，疲劳断裂是其主要的失效形式，而由于残余应力的存在，焊接接头位置的疲劳寿命评估变得更复杂，因此研究残余应力在循环载荷下的演化规律有助于准确预测焊接结构的疲劳寿命。基于此，本章结合具体的工程实例，主要采用数值模拟的方法，深度研究焊接残余应力在高温蠕变和循环载荷下的演化规律，为焊接结构的强度设计提供技术支持。

5.1 焊接残余应力在高温环境中的演化规律

5.1.1 高温蠕变现象

长期在高温环境下服役的设备，蠕变是不可忽视的因素。蠕变是指在一定温度下，金属受持续应力的作用而产生缓慢塑性变形的现象。典型的蠕变断裂和蠕变曲线如图5-1所示。

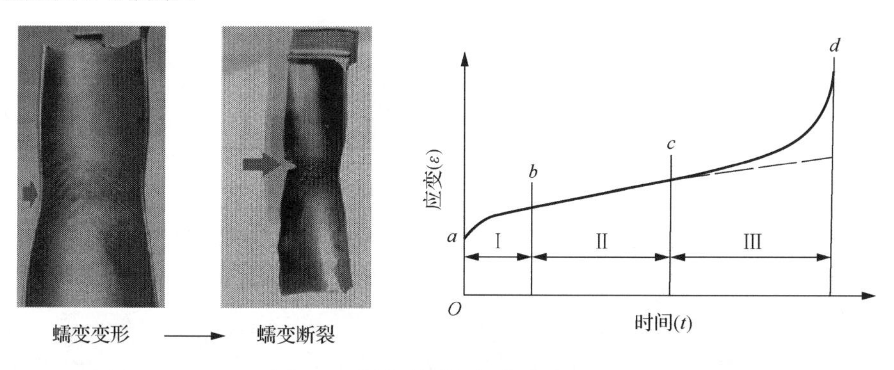

图5-1 蠕变断裂及蠕变曲线

如图5-1所示，典型蠕变曲线除去弹性变形外可以分为三个阶段：第一阶段，蠕变速率逐渐降低，即减速蠕变；第二阶段，蠕变速率近似为常数，即匀速阶段；第三阶段，蠕变速率急剧增加，并导致断裂，即加速阶段。

蠕变是材料温度激化的结果，因此蠕变强度对温度的依赖性是不言而喻的。一般认为蠕变与金属的熔点温度 T_m 有关，可根据工作温度是否高于 $0.5T_m$ 进行粗略判断，实际合金则多在(0.4～0.6) T_m。当工作温度高于 $0.5T_m$ 时，即使应力小于材料的屈服强度，蠕变也会发生。而当工作温度低于 $0.5T_m$ 时，若要产生蠕变，应力必须接近或者大于屈服强度，且蠕变曲线以第一阶段为主。

蠕变在高温下的变形机制一般可以分为两种：扩散蠕变和位错蠕变[1]。两种变形机制均和空位或位错运动相关。空位是晶格点缺陷的一种，一个原子从正常点阵上转移成为间隙原子，便产生一个空位；位错是线缺陷的一类，位错在晶格中运动的形式主要为滑移和攀移。

蠕变三个阶段的变形情况可做如下解释。

蠕变第一阶段，载荷的瞬间加载会造成材料晶体之间产生大量位错并出现滑移运动，从而使材料产生快速变形，随着材料产生应变硬化而减速，典型蠕变曲线中的斜率减小。

蠕变第二阶段，蠕变速率几乎不变，可以看作应变硬化和损伤弱化的平衡，即位错产生导致的材料强化速率和位错消失导致的材料软化速率相等。

蠕变第三阶段，由蠕变开裂机制确定，在第三阶段材料内部或外部的损伤过程开始发挥作用，孔洞或微裂纹的出现导致材料载荷抗力减小或净截面应力严重增加。损伤过程同时与第二阶段的弱化过程耦合，导致第二阶段所取得的平衡被打破，进入蠕变速率快速增长的阶段。

目前，描述材料高温蠕变现象的本构模型众多，但应用最为广泛的还是 Norton 方程，即稳态蠕变速率为

$$\dot{\varepsilon}_c = BR_r^{\ n} \tag{5-1}$$

式中，$\dot{\varepsilon}_c$ 为稳定阶段的蠕变速率；R_r 为应力水平；B、n 为蠕变材料参数。

5.1.2 不锈钢板翅结构钎焊残余应力高温下的演化规律

板翅式换热器结构紧凑，传热效率高，广泛应用在航空航天、电子、原子能、石油化工等领域。随着航空、节能等技术领域的迫切需求，板翅结构需要在更高的温度和压力下工作，具有良好耐高温和抗腐蚀性能的不锈钢板翅式换热器应运而生，其最高工作压力已达 14 MPa，最高温度达 850℃。另外，钎焊作为微小型化学机械系统的先进制造技术之一[2]，在不锈钢板翅式换热器的制造中得到了广泛的应用。由于钎料与母材之间的力学性能不匹配，在钎焊接头处产生较大的焊接残余应力[3, 4]，且实际钎焊工艺不进行焊后消除应力处理，高温环境下，残余应

力的存在势必会对结构的蠕变产生影响[5, 6]，成为影响不锈钢板翅式换热器可靠性和安全性的主要因素之一。本节以不锈钢板翅结构为研究对象，借助有限元法，深入分析其钎焊残余应力在高温环境下的演化规律[7]。

1. 有限元模型

典型逆流板翅结构尺寸如图 5-2 所示。四层隔板夹装三层平直翅片形成三层流体通道，翅片与隔板之间预置钎料箔片。隔板厚 1.1mm，热流通道翅片高 6.2mm，冷流通道翅片高 3.1mm，翅节距为 2.0mm，翅片厚 0.3mm，钎焊间隙为 0.05mm。简化的三维模型和网格划分如图 5-3 所示。单元类型为 C3D8R，通过网格无关性实验最终确定 40530 个单元和 46872 个节点，既能缩短运算时间又能保持计算精度。

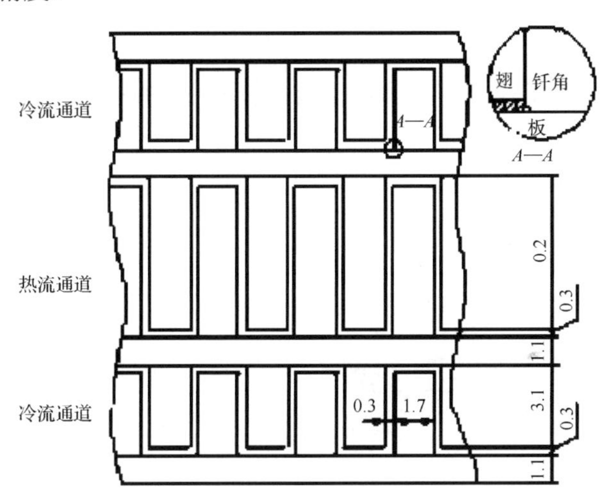

图 5-2　板翅结构(单位：mm)

(a) 整体

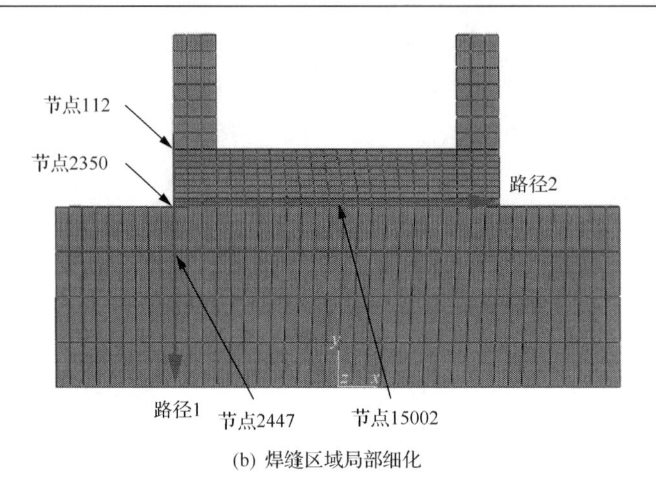

(b) 焊缝区域局部细化

图 5-3　网格划分

计算过程共分为两个步骤：①模拟残余应力，钎焊残余应力主要在降温的过程中产生，因此只需模拟从钎焊温度 1100℃降到环境温度 20℃时产生的残余应力。其中所需的 304 不锈钢和 BNi-2 钎料的力学参数如表 5-1[8]所示，材料参数考虑了随温度的非线性变化，钎焊工艺参数见文献[8]。②模拟 600℃下的蠕变松弛行为，得到稳态蠕变阶段的应力应变分布。蠕变本构方程采用 Norton 方程，即式(5-1)，600℃下材料的蠕变参数如表 5-2[9]所示。

表 5-1　304 不锈钢和 BNi-2 钎料的力学参数

材料	温度/℃	导热系数/(W/(m·℃))	比热容/(J/(kg·℃))	线膨胀系数/℃$^{-1}$	弹性模量/GPa	泊松比	屈服强度/MPa
304	20	15.26	504	16.1×10^{-6}	199	0.28	206
	400	20.2	582	18.1×10^{-6}	166	0.28	108
	900	26.7	712	19.7×10^{-6}	111	0.24	62
BNi-2	20	25.59	469.51	1.35×10^{-5}	205.1	0.296	424
	400	29.18	577.73	1.68×10^{-5}	183.2	0.306	368
	900	33.58	1161.34	2.13×10^{-5}	127.6	0.328	255

表 5-2　600℃下 BNi-2 钎料和 304 不锈钢的蠕变参数

材料	弹性模量/MPa	B	n
BNi-2	129.097	8.75×10^{-40}	14.75
304	91.621	1.56×10^{-25}	9.03

边界条件的确定如下。不锈钢板翅式换热器组装时，将钎料粘贴在隔板、翅

片及封条上，并将隔板、翅片交替叠置在模架内，为防止错位，用夹具夹持牢固。因此组装元件的自由度受到严格的限制。在模拟计算残余应力时，平行于 Oyz 平面的左右两侧面限制 x 方向的位移，底面 Oxz 面限制 y 方向的位移，由夹具施加的压力均匀作用在上表面。平行于 Oxy 平面的前后两个侧面限制 z 方向的位移(坐标系见图 5-3)。

2. 结果分析

为更好地对计算结果进行分析，分别取路径 1 和路径 2 对计算结果进行分析。如图 5-3 所示，路径 1 垂直钎缝，经过翅片、钎角及隔板。路径 2 平行且经过钎缝。另外，在钎角、钎缝、翅片及隔板上分别取节点编号为 2350、15002、112、2447 的四个节点进行分析。

1)初始焊接残余应力

图 5-4 描述了板翅结构初始焊接残余应力的分布情况，可以看出：最大残余应力值位于钎角位置，为 460MPa，已经超过材料的屈服强度，成为最薄弱环节。另外，从图 5-5 中路径 1 初始残余应力分布曲线可以看出，翅片和隔板位置的焊接残余应力虽然低于钎角位置，但其应力值也在 190MPa 左右。图 5-6 中路径 2 初始残余应力分布曲线揭示了沿着钎缝方向残余应力的分布情况，可以看出：整个钎缝位置都存在较大的焊接残余应力，钎角结构的不连续导致焊接残余应力比钎缝(约为 400MPa)略大。板翅结构在经历钎焊以后，整个结构中产生了不可忽略的焊接残余应力，钎角处的残余应力甚至远大于材料的屈服强度，这必对板翅结构长期安全稳定服役产生潜在危险。

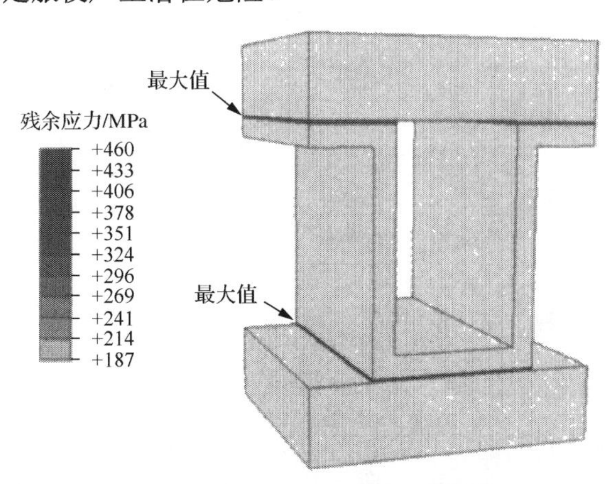

图 5-4　初始焊接残余应力分布云图

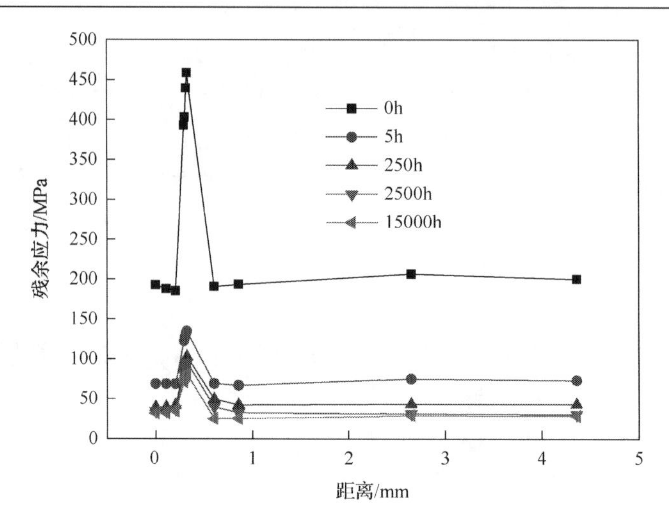

图 5-5　路径 1 在不同时刻的应力分布图

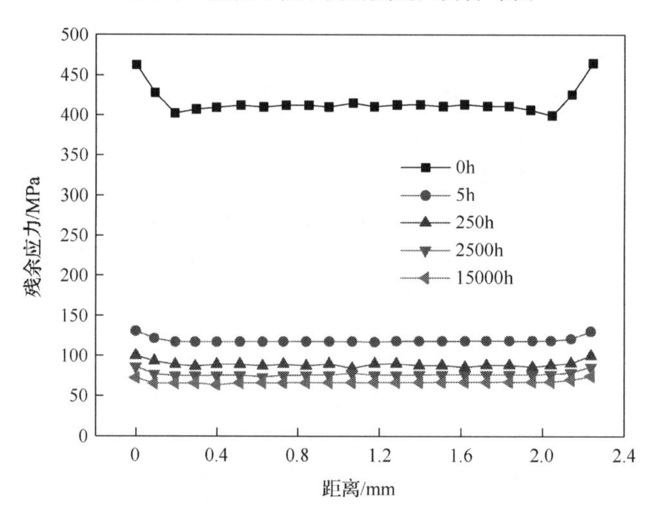

图 5-6　路径 2 在不同时刻的应力分布图

2) 钎焊残余应力在蠕变作用下的演化

为了清楚地展示焊接残余应力在高温蠕变作用下的演化规律，图 5-5 和图 5-6 分别给出了路径 1 和路径 2 在不同时刻的应力分布情况。如图 5-5 所示，路径 1 经过翅片、钎角及隔板，在不同时刻，钎角处的残余应力值始终大于翅片和隔板。如前所述，在 t=0 时刻，钎角处初始残余应力为 460MPa，而在翅片及隔板处仅为 190MPa 左右。随着时间的变化，残余应力快速释放，特别是在蠕变起始阶段，5h 以后，钎角处的残余应力值已经降为 130MPa 左右，仅仅为初始残余应力值的 28%。在稳态阶段(t=15000h)，钎角处残余应力降为 75MPa，而翅片和隔板处残余应力降到 30MPa 左右。钎角与隔板以及翅片的残余应力差别越来越小。路径 2

不同时刻的残余应力演化规律与路径 1 类似。如图 5-6 所示，在 t=0 的初始时刻，路径 2 的两端即钎角处的残余应力具有极值 460MPa，比中间钎缝处的残余应力值高出 50MPa 左右。随着时间的变化，残余应力值大幅度降低，在稳态阶段，钎角和钎缝中间区域的残余应力值差别越来越小，趋向均匀。

图 5-7 为不同位置节点(图 5-3)的残余应力随时间变化图。不难发现，其演化规律具有一致性，即残余应力在最初很短的时间内大幅度降低，然后保持稳定。在稳态蠕变阶段，钎缝仍然存在一定的蠕变残余应力，钎角处为 75MPa，钎缝中间约为 66MPa，同时，与隔板垂直的翅片部分残余应力为 33MPa，隔板以及与之平行的翅片部分残余应力为 24MPa。可以得出结论：虽然在高温蠕变作用下，焊接残余应力得到了大量地释放，但是钎缝处的残余应力仍然比其他位置大，依旧是最可能产生裂纹的位置。

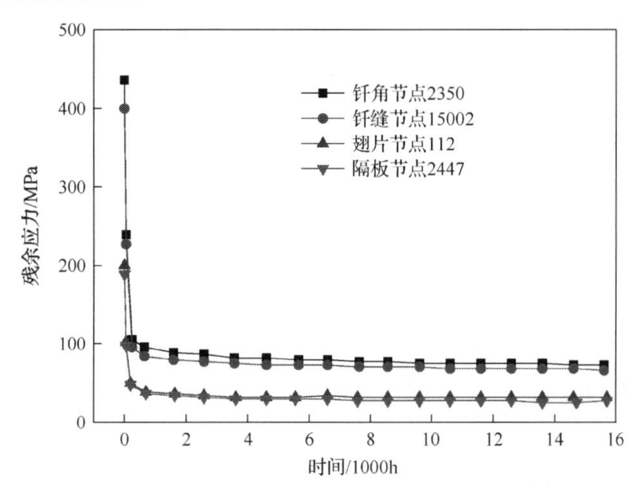

图 5-7 四个节点的残余应力随时间的变化图

3. 结论

板翅结构整体钎焊后在焊接接头处产生较大的残余应力，在高温环境的作用下，残余应力在最初很短的时间内大幅度降低，然后保持稳定。稳定阶段，钎角处仍然存在应力应变集中，成为最薄弱环节，裂纹很有可能从钎角产生。加上钎缝仍存在一定的残余应力且属于脆性材料，裂纹会沿着钎缝扩展，导致失效。

5.2 焊接残余应力在循环载荷下的释放规律

5.2.1 概述

焊接残余应力在循环载荷下的释放规律一直是国际难点问题[10]。国内外学者在研究不同形式残余应力(焊接残余应力、机械载荷导致的残余应力等)在循环载荷下的释放规律方面做了大量的工作，提出了不同形式的经验公式[11-13]，然而这些经验公式不但缺少理论支持，而且没有充分考虑各个因素对残余应力释放规律的影响。近些年，随着有限元法的广泛应用，基于实验和有限元数值模拟相结合的方法研究残余应力在循环载荷下的演化规律逐渐成为主流。其中，Laamouri 等[14]在研究 AISI 316L 表面机加工产生的残余应力在疲劳载荷下的演化时，借助三点弯曲实验和四点弯曲实验对表面机加工制造的试样加载疲劳载荷，并采用 X 射线测量不同时段的表面残余应力，同时以非线性随动强化模型作为循环本构进行数值模拟，并对稳定阶段试样表面残余应力实验值和模拟值进行比较，结果较为一致。但是残余应力随着循环周数的演化过程仍需深入研究。另外，也有部分工作借助有限元数值模拟方法研究焊接残余应力在疲劳载荷下的演化规律，例如，Dattoma 等[15]采用双线性等向强化模型研究焊接残余应力在正弦循环载荷下的演化规律，而 Lee 等[16]、Cho 和 Lee[17]采用非线性随动强化模型研究焊接残余应力在循环载荷下的释放规律，深入地分析了应力释放量与循环周数之间的关系。但这些工作缺少实验数据的支持，在此背景下，本书以表面单焊道的板试样为研究对象，采用实验和数值模拟相结合的方法研究残余应力在循环载荷下的释放规律[10]。

5.2.2　实验细节

1. 试样准备

为保证实验的准确性，避免焊接残余应力在机加工过程中的释放，首先加工光滑平板试样，然后进行单侧表面堆焊。光滑平板试样取自经过调质处理的板材，同时采用手工氩弧焊进行表面堆焊，焊接电流、电压和焊速分别为 75A、22V 和 1.3m/s，焊后平板试样的实物图和尺寸图如图 5-8 所示。母材采用 316L 不锈钢，其化学成分如表 5-3 所示[10]。

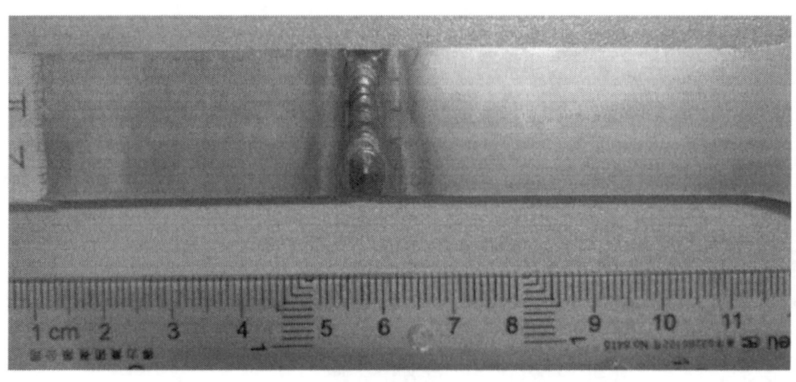

(a) 实物图

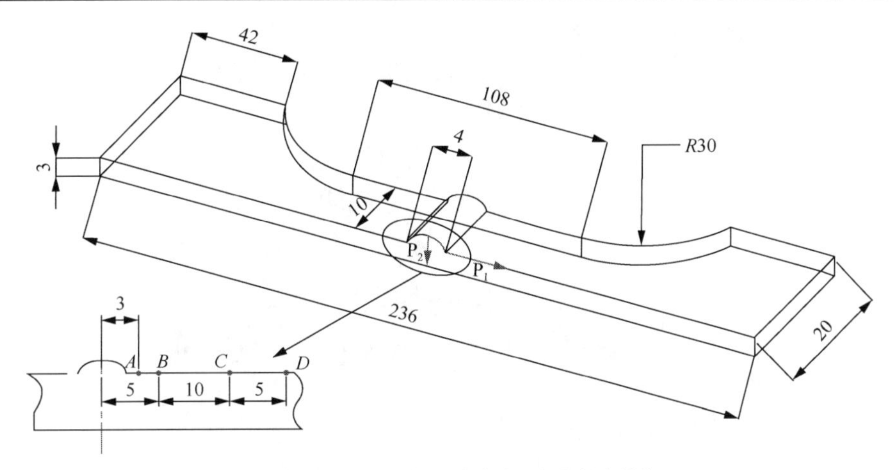

(b) 试样尺寸(1/2)及X射线残余应力测点分布图(单位：mm)

图 5-8　焊后平板试样

表 5-3　316L 不锈钢化学元素含量表　　(单位：%，质量分数)

C	Si	Mn	P	S	Ni	Cr	Mo	N
0.025	0.41	1.41	0.025	0.025	10.22	16.16	2.09	0.043

2. 焊接残余应力测量

选取试样表面的 *A*、*B*、*C*、*D* 四个点为残余应力测试点，其分布如图 5-8 所示。残余应力的测量采用 X 射线衍射法，该技术基于晶面间距的变化确定残余应力值，具有较高的测量精度。X 射线衍射法应力测定的基本原理是：在某一应力状态下，通过 X 射线对晶体晶格的衍射测出该应力状态下的晶面间距，并与无应力状态下的晶面间距比较，从晶面间距的变化量获得晶格应变，最终确定应力的数值。由布拉格方程和弹性理论可以推导残余应力计算公式如下：

$$\sigma_x = KM \tag{5-2}$$

$$K = -\frac{E}{2(1+\nu)} g \frac{\pi}{180} \cot\theta_0 \tag{5-3}$$

$$M = \frac{\partial(2\theta_{\psi x})}{\partial(\sin^2\psi)} \tag{5-4}$$

式中，K 为应力常数；M 为应力因子；$2\theta_0$ 为无应力状态下的衍射角；ψ 为衍射晶面法线与试样表面法线夹角。残余应力测试装置如图 5-9 所示。

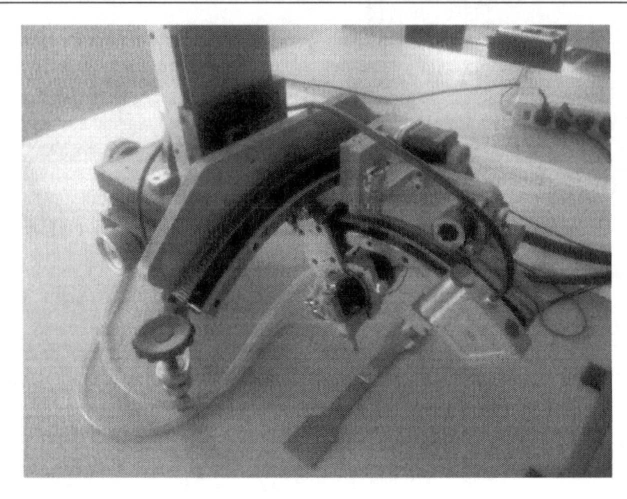

图 5-9　残余应力测试装置

3. 疲劳实验

焊接接头疲劳实验通过电液伺服疲劳实验机完成，装置如图 5-10 所示。实验温度为室温，控制应力比 R 为 0.1，载荷幅值为 80MPa，频率为 0.1Hz。疲劳实验与 X 射线残余应力测试实验相结合，依次测量初始残余应力及 1 个、10 个、50 个循环周数后的残余应力值，研究其在不同循环周数后的变化规律。

图 5-10　疲劳实验装置图

5.2.3　有限元数值模型

根据如图 5-8 所示的焊后板状试样的尺寸，建立 3D 实体有限单元模型，网格划分如图 5-11 所示。在焊缝附近进行网格细化，单元类型为 C3D8R。通过网格无关性实验，确定网格数为 18564 个、节点数为 24068 个时，既能节约计算时间又能得到精确的计算结果。

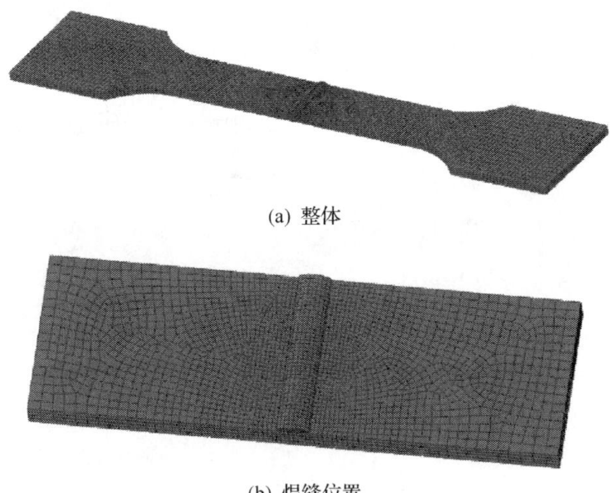

(a) 整体

(b) 焊缝位置

图 5-11　有限元模型网格划分图

有限元模拟过程共分为两步：①模拟焊接残余应力，基于顺次耦合法首先确定焊接温度场，进而计算残余应力场；②在残余应力场的基础上叠加疲劳载荷，使用混合强化模型作为疲劳本构方程模拟材料在循环载荷下的力学响应，研究焊接残余应力在循环载荷下的释放规律，详细的模型介绍见 4.1.3 节。母材和焊材使用相同的材料参数，如表 4-1 所示。

5.2.4　释放规律分析

1. *初始残余应力*

为了便于分析讨论，现规定平行于焊缝方向的应力为纵向残余应力，垂直于焊缝方向的应力为横向残余应力，由于板较薄，沿着厚度方向的残余应力较小，可以忽略不计，在此不做讨论。两条路径 P_1 和 P_2 分别沿着中间截面方向和厚度方向，如图 5-8(b)所示。

图 5-12 展示了不同循环周数 N 下残余应力沿着路径 P_1 分布的实验值和模拟值。当 N=0 时，横向残余应力在焊缝中心处为压应力，约为–100MPa。在热影响区，横向残余应力值急剧增加，转化为拉应力且最大值为 203MPa，然后逐渐减小，在远离焊缝的母材区域残余应力基本消失。而纵向残余应力在焊缝中心处就是拉应力，最大值为 216MPa，位于热影响区，然后逐渐减小为压应力，并在距

离焊缝中心 10mm 处达到最大压应力(–150MPa)。同样，在远离焊缝的母材区域，纵向残余应力值也逐渐减小为 0。比较初始残余应力的实验值和模拟值，不难发现：横向残余应力和纵向残余应力的测量结果与有限元计算结果具有较好的一致性，证明了有限元模拟方法的准确性。

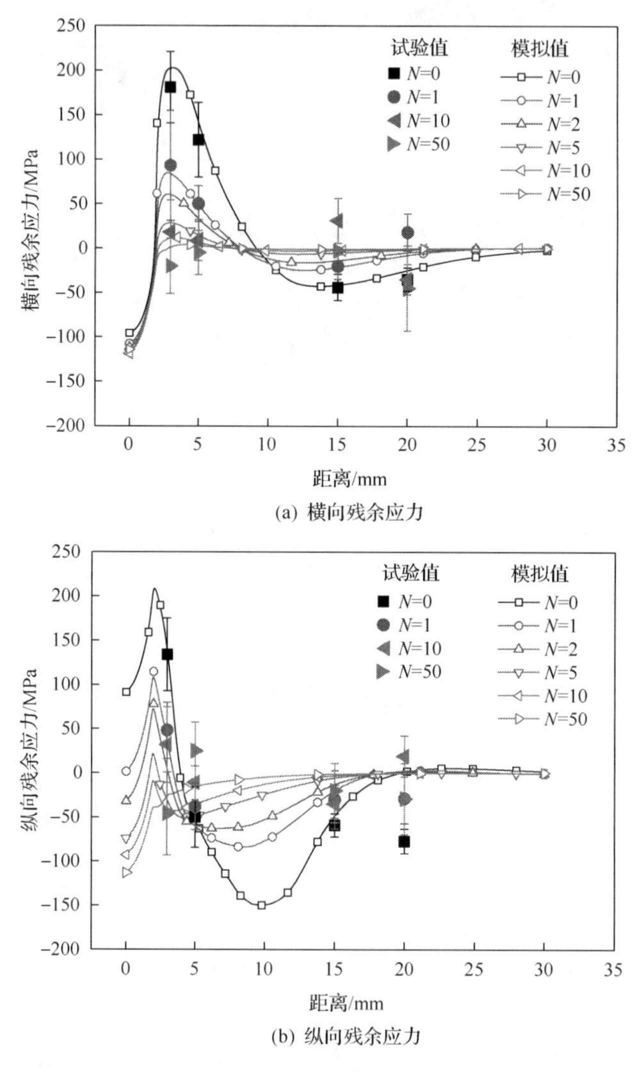

(a) 横向残余应力

(b) 纵向残余应力

图 5-12　不同循环周数后残余应力沿路径 P_1 分布图

然而，X 射线衍射法具有一定的局限性，只能测量试样表面的残余应力值，无法对试样内部的残余应力进行深入的分析。而有限元数值模拟却可以给出任何位置的残余应力分布。图 5-13 给出初始残余应力沿着路径 P_2 的分布情况，可以看出：纵向残余应力的分布呈现明显的驼峰状，最大值为 336MPa，位于距焊缝上表面 1mm 处，试样上、下表面纵向残余应力值分别为 90MPa 和 176MPa。而横向残余应力在焊缝上表面为压应力，约为–97MPa，自上而下逐渐转变为拉应力，最大值为 230MPa(距上表面 1.75mm 处)，在试样底部逐渐减小到 175MPa。最大的初始残余应力之所以出现在试样中间位置是因为中间位置的变形受到周围材料的约束作用。

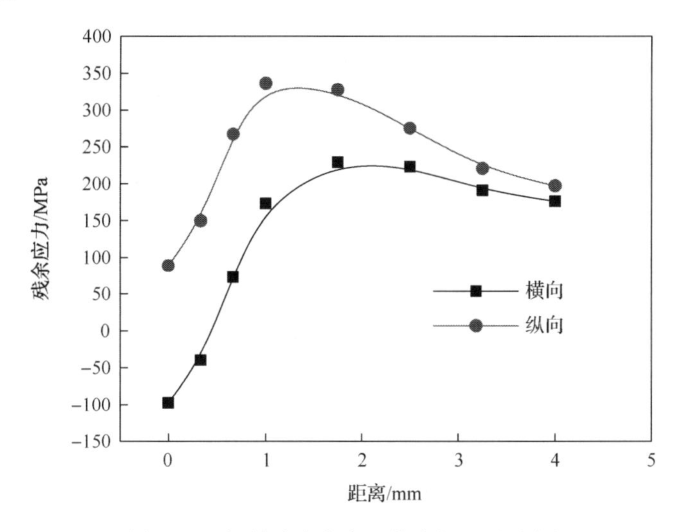

图 5-13 初始残余应力沿着路径 P_2 分布图

2. 焊接残余应力在循环载荷下的演化

图 5-12 同时给出了不同循环周数下残余应力沿着路径 P_1 的分布情况，可以看出：残余应力在循环载荷下得到了明显的释放。在路径 P_1 上，残余纵向和横向初始残余应力分别为 216MPa 和 203MPa。但在经历 1 个、10 个和 50 个循环周数后，最大纵向残余应力分别降低至 115MPa、12MPa 和 4MPa，最大横向残余应力分别降至 85MPa、12MPa 和 4MPa。1 个循环周数以后残余应力释放掉 45%～60%，但在随后的循环周数中，释放量却迅速减小。在 50 个循环周数后，焊缝中的残余应力转变为压应力，而热影响区和母材上的残余应力基本完全消失。在不同循环周数后的残余应力分布实验值与有限元模拟值非常一致，这证明了模拟方法的正确性。

图 5-14 描述了不同循环周数下焊接残余应力沿路径 P_2 的分布情况。同样可以看出：随着循环周数的增加，路径 P_2 上的残余应力也大幅度释放。1 个循环周数后，最大纵向和横向残余应力分别降低到 40%和 20%。而在 50 个循环周数之后，横向和纵向残余应力在焊缝表面处都表现为压应力，在距上表面 1.2mm 厚度处增加到最大拉应力(分别为 70MPa 和 140MPa)，然后分别在 1.9mm 和 4mm 处

减小到 0。总结概括为：50 个循环周数后，试样内部仍然存在相当大的残余应力，而表面上的残余应力基本完全释放。

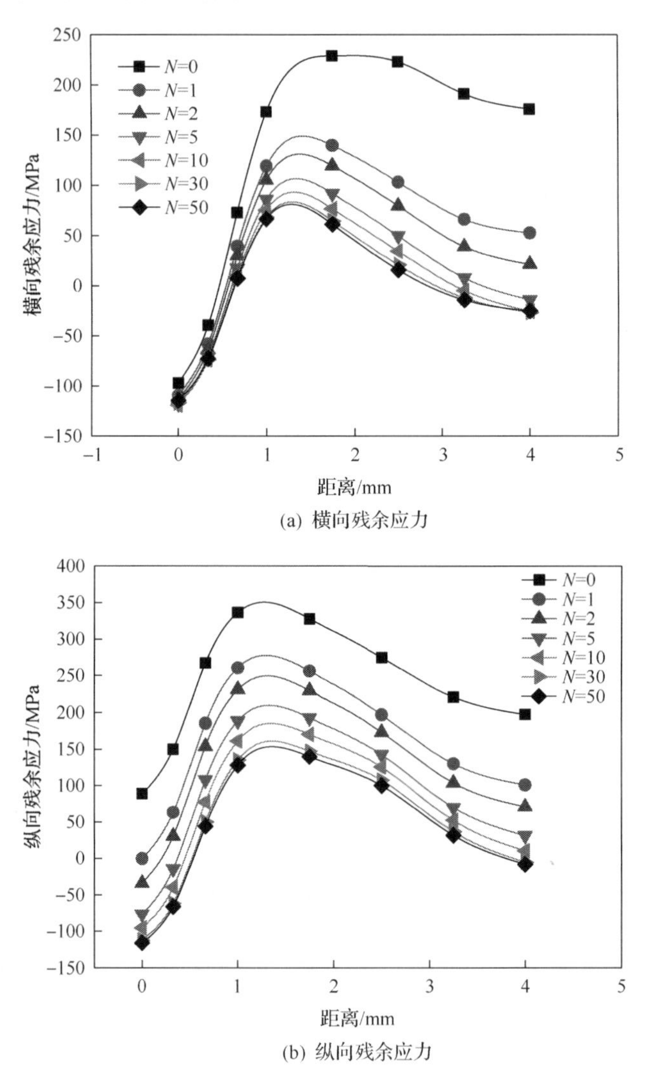

图 5-14　不同循环周数后残余应力沿路径 P_2 分布图

3. 残余应力释放机理

残余应力的释放机理可以用如图 5-15 所示的简化模型演示说明。其中，曲线 Ⅰ 表示初始残余应力的分布，σ_s 表示材料的屈服强度，σ_a 为外载荷，并假定材料符合理想弹塑性模型。当外载荷施加到初始残余应力场上时，将曲线 Ⅰ 向上平移 σ_a，得到初始残余应力与外载荷的线性叠加结果，即曲线 Ⅱ。由于材料符合理想弹塑性模型，超出屈服强度的应力(*AB* 段)将会被平衡到其他区域，从而得到曲线Ⅲ。当外载荷 σ_a 卸载时，按照弹性卸载的规律，曲线Ⅲ向下平移 σ_a，得到最终的应力分布曲线Ⅳ。显然，比较曲线Ⅰ和Ⅳ，可以清楚地看到残余应力在 1 个循环周数之后得到了释放。

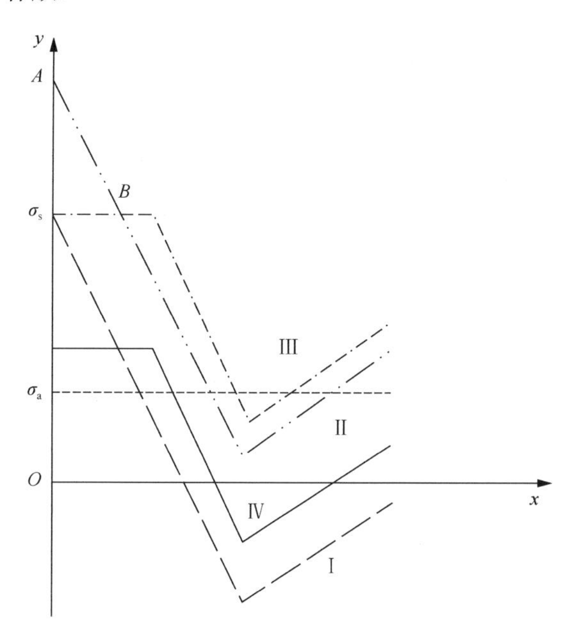

图 5-15　残余应力释放机理说明图

图 5-16 表明疲劳载荷作用下塑性应变沿路径 P_1 的演化情况，可以得出：不同循环周数后的塑性应变分布具有相似性，横向塑性应变在焊缝中心处是压应变，在距上表面 1.2mm 处急剧下降到最大压应变(约−2.2%)，在热影响区迅速转变为拉应变，远离焊缝的母材区域不存在塑性应变。而纵向塑性应变在焊缝附近也表现为压应变，且距离焊缝越远，压应变值越小，在距离焊缝中心 16mm 处，基本不存在塑性变形。比较分析疲劳载荷作用下路径 P_1 残余应力(图 5-12)和塑性应变(图 5-16)的演变图，发现：在距离焊缝中心 3～7mm 的位置，横向塑性应变显著增加，同时这个位置的横向残余应力也发生大幅度的松弛，类似的规律同样适用于纵向塑性应变和纵向残余应力。该路径上最大横向和纵向残余应力分别为 203MPa 和 216MPa，而在经过 1 个循环周数之后它们分别降低了 118MPa 和 101MPa，同时，其横向和纵向塑性应变分别增加了 0.11%和 0.1%。这表明由焊接残余应力和外载荷叠加产生的新塑性应变是应力松弛的主要原因。

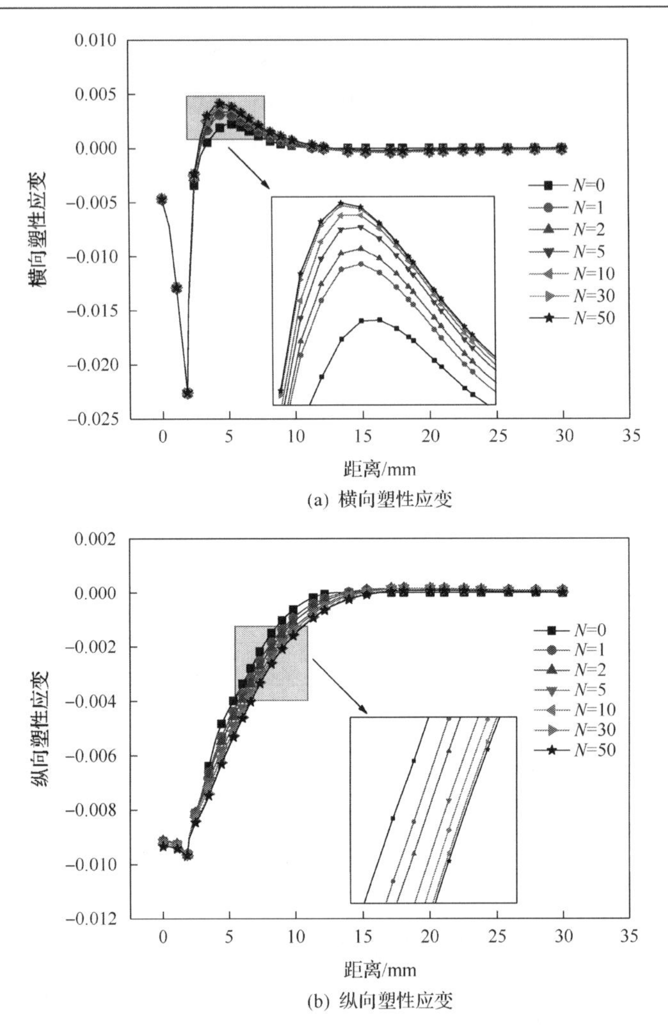

(a) 横向塑性应变

(b) 纵向塑性应变

图 5-16　疲劳载荷下塑性应变沿路径 P_1 的演化图

4. 疲劳载荷幅值的影响

图5-17描述了试样内部和表面处两个代表点的残余应力在不同疲劳载荷幅值下的松弛情况，所挑选的代表点都具有较大的初始残余应力，它们分别位于路径 P_1 距焊接中心 3mm 处和路径 P_2 距上表面 1.5mm 处。由图可以看出：疲劳载荷幅值对残余应力松弛的影响在试样内部和表面处具有相同的规律，即残余应力释放量随疲劳载荷幅值增大而增加。这是因为随着疲劳载荷幅值的增加，外载荷与初始残余应力叠加时产生的新塑性应变也会增加，所以残余应力释放量也会增加。另外，比较试样内部和表面位置残余应力释放规律可以看出：在 80MPa 的疲劳载荷幅值下，表面的横向残余应力在 20 个循环周数后就已完全释放，而在 50 个循

环周数后内部仍然存在一些残余应力(约 75MPa)，纵向残余应力也是如此，疲劳载荷幅值为 80MPa 时，在 10 个循环周数内，表面的纵向残余应力变为小的压应力，但内部的纵向残余应力在 120MPa 的幅值下，在 50 个循环周数后仍保持 50MPa。这充分说明试样内部的残余应力比在表面的残余应力更难释放。

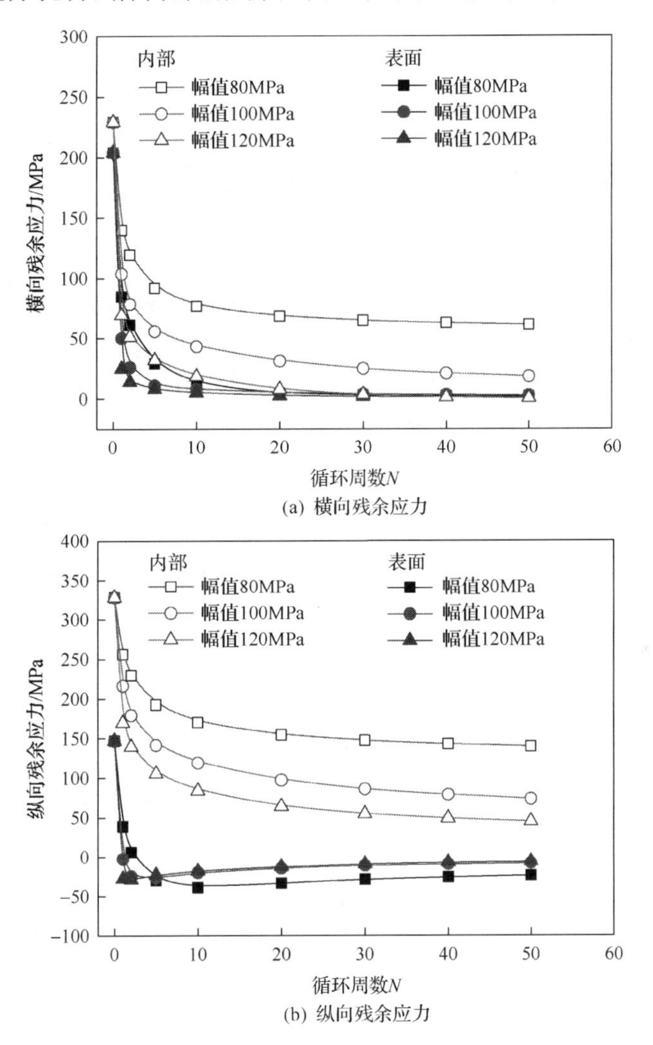

图 5-17　试样内部和表面残余应力在不同疲劳载荷幅值下变化图

5. 残余应力在循环载荷下释放的预测模型

结合残余应力释放机理，可以得出结论：疲劳载荷下残余应力松弛与初始残余应力值 σ_0、材料屈服强度 σ_s、疲劳载荷幅值 σ_a 和循环周数 N 有着密切的关系。为了更好地描述残余应力的释放程度，定义衰减比(S)：

$$S = \frac{\sigma_0 - \sigma_N}{\sigma_0} \times 100\% \tag{5-5}$$

式中，σ_N为N个循环周数后的剩余残余应力。当残余应力逐渐衰减为0时，衰减比S从0变为1。显然，衰减比S是σ_0、σ_a和N的函数，即

$$S = f(\sigma_a, \sigma_s, N) \tag{5-6}$$

图5-18展示了衰减比和循环周数的关系，不难看出，无论试样内部的点还是表面的点，衰减比与循环周数之间都符合幂律的关系，所以，式(5-6)可以表示为

$$S = f(\sigma_a, \sigma_s, N) = g(\sigma_a, \sigma_s)[\ln(N+1)^m] \tag{5-7}$$

式中，m为材料参数。考虑到残余应力松弛与材料高温蠕变现象有着相同的特性：都随着外载荷的增加而增加，且与作用时间有着密切的关系，所以类似于高温蠕变下的Norton方程，提出如下模型以反映应力松弛与外载荷的关系：

$$g(\sigma_a, \sigma_s) = a\left(\frac{\sigma_a}{\sigma_s}\right)^n + b \tag{5-8}$$

式中，a、b、n为材料参数。结合式(5-7)和式(5-8)，可以得到如下的循环载荷下残余应力释放预测模型：

$$S = \left[a\left(\frac{\sigma_a}{\sigma_s}\right)^n + b\right][\ln(N+1)^m] \tag{5-9}$$

根据有限元模拟值拟合式(5-9)可以得到常温下316L不锈钢焊接残余应力在循环载荷下的释放预测公式。

表面：

$$S_{TD} = \left[1.08\left(\frac{\sigma_a}{250}\right)^{0.52} + 0.69\right][\ln(N+1)^{0.29}] \tag{5-10}$$

$$S_{LD} = \left[53.7\left(\frac{\sigma_a}{250}\right)^{0.01} - 52.4\right][\ln(N+1)^{0.32}] \tag{5-11}$$

内部：

$$S_{TD} = \left[100.4\left(\frac{\sigma_a}{250}\right)^{0.005} - 99.3\right][\ln(N+1)^{0.27}] \tag{5-12}$$

$$S_{\mathrm{LD}}=\left[179.7\left(\frac{\sigma_{\mathrm{a}}}{250}\right)^{0.003}-178.8\right]\left[\ln(N+1)^{0.4}\right] \tag{5-13}$$

式中，σ_a 的单位为 MPa。这样，只要确定了初始残余应力值，利用式(5-10)～式(5-13)就可以得到在不同循环载荷幅值下的演化情况，图 5-18 给出了该预测模型与实验值的对比，可以看出，实验值与预测值具有较强的一致性，说明了预测模型的准确性。

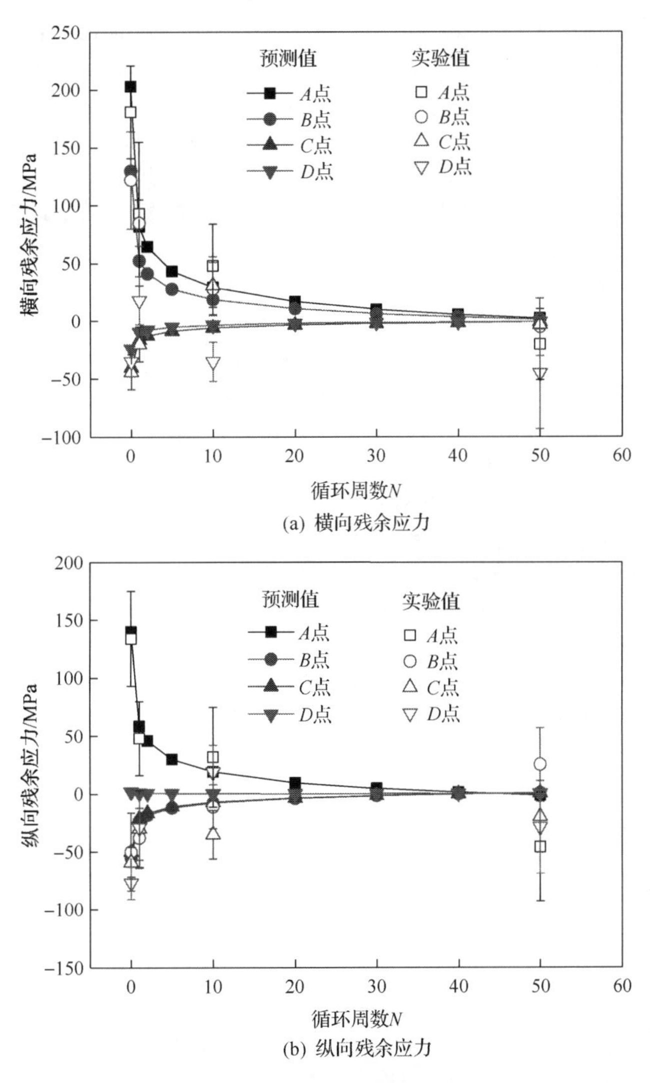

(a) 横向残余应力

(b) 纵向残余应力

图 5-18　预测模型与实验值的对比图

参考文献

[1] 涂善东. 高温结构完整性原理[M]. 北京：科学出版社, 2003.

[2] 涂善东, 周帼彦, 于新海. 化学机械系统的微小化与节能[J]. 化工进展, 2007, 26(2): 253-261.

[3] Hu C, Gong J M, Tu S T. Finite element prediction of residual stress and thermal distortion in a brazed plate-fin structure[C]. International Conference of Fracture Mechanics, Zhengzhou, 2005.

[4] Galli M, Botsis J, Janczak R J. Relief of the residual stresses in ceramic-metal joints by a layered braze structure[J]. Advanced Engineering Materials, 2006, 8(3): 197-201.

[5] Aiyangar A K, Neuberger B W, Oberson P G, et al. The effects of stress level and grain size on the ambient temperature creep deformation behavior of an alpha Ti-1.6% wt pct V alloy[J].Metallurgical and Materials Transactions A (Physical Metallurgy and Materials Science), 2005, 36(3): 637- 644.

[6] Jiang W C, Gong J M, Tu S T. Finite element creep analysis of brazed stainless steel plate-fin structure[C]. International Conference of Fracture Mechanics, Nanjing, China, 2006.

[7] 蒋文春, 巩建鸣, 陈虎, 等. 不锈钢板翅结构钎焊残余应力及其高温蠕变松弛行为三维有限元分析[J]. 焊接学报, 2007, 28(7): 17-20.

[8] Jiang W C, Gong J M, Chen H, et al. Finite element analysis of the effect of brazed residual stress on creep for stainless steel plate-fin structure[J]. Journal of Pressure Vessel Technology, 2008, 130: 041203.

[9] 史进, 涂善东, 巩建鸣. 铸态镍基钎料高温蠕变特性的试验研究[J]. 机械工程材料, 2005, 29(7): 20-24.

[10] Xie X F, Jiang W C, Yun L, et al. A model to predict the relaxation of weld residual stress by cyclic load: Experimental and finite element modeling[J]. International Journal of Fatigue, 2017, 95: 293-301.

[11] Maximov J T, Duncheva G V, Mitev I N. Modelling of residual stress relaxation around cold expanded holes in carbon steel[J]. Journal of Constructional Steel Research, 2009, 65(4): 909-917.

[12] Liu J, Yuan H. Prediction of residual stress relaxations in shot-peened specimens and its application for the rotor disc assessment[J]. Materials Science and Engineering: A, 2010, 527: 6690-6698.

[13] Zaroog O S, Aidy A, Sahari B B, et al. Modeling of residual stress relaxation of fatigue in 2024-T351 aluminium alloy[J]. International Journal of Fatigue, 2011, 33(2): 279-285.

[14] Laamouri A, Sidhom H, Braham C. Evaluation of residual stress relaxation and its effect on fatigue strength of AISI 316L stainless steel ground surfaces: Experimental and numerical approaches[J]. International Journal of Fatigue, 2013, 48(2): 109-121.

[15] Dattoma V, Giorgi M D, Nobile R. Numerical evaluation of residual stress relaxation by cyclic load[J]. Journal of Strain Analysis Engineering, 2004, 39(6): 663-672.

[16] Lee C H, Chang K H, Do V N V. Finite element modeling of residual stress relaxation in steel butt welds under cyclic loading[J]. Engineering Structures, 2015, 103: 63-71.

[17] Cho J, Lee C H. FE analysis of residual stress relaxation in a girth-welded duplex stainless steel pipe under cyclic loading[J]. International Journal of Fatigue, 2016, 82: 462-473.

第 6 章 低温马氏体相变对残余应力的影响

低温相变(LTT)焊材是通过调配合金成分/含量来降低马氏体相变开始温度，达到利用马氏体相变的体积膨胀效应抵消部分或全部热收缩变形、降低残余拉应力的目的[1]。这种方法无需焊前预热和焊后热处理，不仅能在焊接的过程中有效降低焊接残余应力，节约生产成本，还在提高接头疲劳强度、抗应力腐蚀及抗裂纹性能方面展现了潜在的优势。

本章利用 EH40 高强度船用钢厚板焊接研究 LTT 合金的多质、多相、多种物理行为交互作用。基于有限元分析，开发考虑固态相变效应的温度-组织-应力/应变多场耦合的综合物理模型，可高精度地预测 LTT 合金的焊接残余应力/组织的形成与演化趋势。实验与模拟结果表明：焊接降温阶段，焊缝处由低温马氏体相变所导致的体积膨胀效应可以抵消焊件冷却收缩过程中的残余拉应力累积，降低焊接残余拉应力并在焊缝形成稳定的压应力区段。

6.1 基于低温马氏体相变效应的残余应力调控原理

6.1.1 焊接过程的固态相变

钢在固态时因加热和冷却发生的晶体结构之间的转变称为固态相变(solid state phase transformation，SSPT)，它是钢通过热处理来改变材料微观结构和性能的理论基础。焊接热循环具有加热温度高、冷却速度快等特点，因而金属焊接实质上是一种特殊的热处理过程，焊接接头的组织变化对残余应力的形成与分布带来了一系列的特殊性。按自由能曲线的特点，固态相变可以分为一级相变(first-order transition)、二级相变(second-order transition)和三级相变(third-order transition)；根据固态相变过程中是否存在原子的迁移扩散，固态相变又可以分为扩散相变和非扩散相变(切变相变)及介于两者的贝氏体相变[2]。如图 6-1 所示，LTT 合金在焊接热循环范围内发生的固态相变类型包括奥氏体相变和马氏体相变。

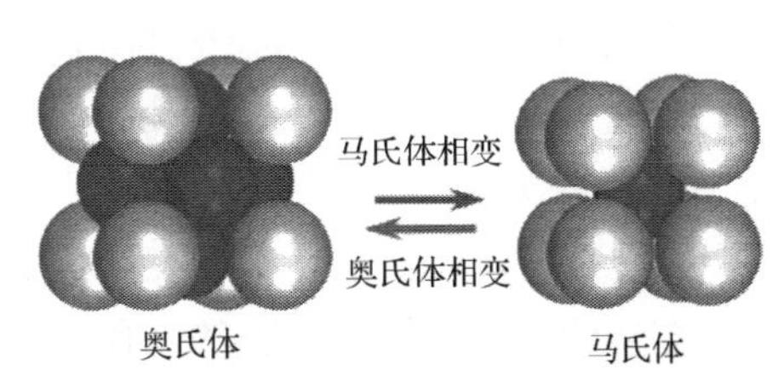

图 6-1 固态相变时的晶体结构变化

1. 奥氏体相变

焊缝金属在加热过程中发生的由初始相到奥氏体相的转变称为奥氏体相变，也称为奥氏体化(austenitizing)。奥氏体相变主要包括形核、长大、残余碳化物的溶解和奥氏体成分的均匀化[3]。如图 6-1 所示，奥氏体化过程实质上是体心立方结构的 α-Fe 转变为面心立方结构的 γ-Fe 的过程，体积收缩，致密度增大[4]。

2. 马氏体相变

常用钢焊缝的一次结晶组织大多数是呈柱状的奥氏体组织，冷却过程中，焊缝金属将发生进一步的组织转变[5]。对于 LTT 合金来说，焊接冷却过程中的低温相变属于马氏体相变。马氏体相变是一种无扩散相变，它通过切变由一种晶体结构转变为另外一种晶体结构而不需原子进行长距离的迁移[6]，其相变是通过母相(奥氏体相)的切变而获得的[7]。LTT 焊条具有较高的合金含量及较快的焊接冷却速度，从而避免了扩散型相变，因此焊缝金属的高温相均发生马氏体相变。如图 6-1 所示，母相(奥氏体相)为面心立方结构，生成相(马氏体相)为体心立方结构，相变过程具有较为明显的体积变化[8]，引起的弹性应变能很大，从而在其周围形成一定的相变应力场。如果此时马氏体相变开始温度高于金属的塑性温度，焊缝金属处于完全的塑性状态，比体积变化完全转化为材料的塑性变形，而不会影响最终的残余应力分布[9]。LTT 合金的相变温度远低于材料的塑性温度，因而相变所产生的体积膨胀不仅可以抵消焊接冷却过程中的热收缩变形，降低残余拉应力，而且有可能产生较大的压应力。

6.1.2　焊接过程的固态相变效应

焊接过程中固态相变效应可以分为两类[10]：①相变对焊接热过程的影响，即相变潜热对温度场的影响；②相变对应力/应变场的影响，主要包括体积膨胀和相变塑性(transformation induced plasticity，TRIP)。

一般来说，相变潜热对焊接温度场的影响较小，且其影响范围仅限于焊缝及焊缝附近的高温热影响区。同时，高温焊接过程尤其是熔池内热过程的计算精度难以量化，考虑相变潜热对温度场影响的意义不大。

相变塑性是指逐步进行的马氏体相变所导致的材料塑性升高的现象。相变塑性具有超塑性的特征，但是只发生在非恒定的相变试验条件下[11]。相变塑性应变与相变速率及偏应力成正比。考虑相变塑性应变增量 $\Delta\varepsilon_{\text{trip}}$ 与马氏体相变量 f_{M} 及偏应力张量的关系，多轴条件下的相变塑性应变增量可以表示为[12]

$$\Delta\varepsilon_{\text{trip}} = 3K(1 - f_{\text{M}})\Delta f_{\text{M}} S_{ij} \tag{6-1}$$

式中，K 为相变塑性系数，其值可以通过实验或者显微组织计算确定。对于合金钢的马氏体相变来说，其范围一般为 $3\times10^{-5}\sim12\times10^{-5}$MPa。但是式(6-1)的不足之处在于忽略了相变塑性部分是一种黏塑性现象，因此在简化算法中，可以直接用相变温度范围内屈服强度的大幅度降低(同时取相变温度范围内的应变硬化参数为零)来描述相变塑性。与相变体积膨胀和屈服强度变化相比，相变塑性对残余应力及变形的影响较小，一般情况下可以将其忽略[13]。而体积膨胀效应对焊接应力/应变场的影响是不可忽略的。

6.1.3　相变温度确定

奥氏体冷却到一定温度时就会发生马氏体相变，此开始温度用 M_s 表示。马氏体相变开始温度主要取决于合金成分，大部分合金元素如 C、Mn、Cr、Ni、V、Cu、Mo、W、Si 都可以降低马氏体相变开始温度，其中 C、Mn、Cr、Ni、Mo 对 M_s 的影响最大，即使少量的添加也会显著影响马氏体相变开始温度，本章介绍的 LTT 合金就是通过添加 Cr、Ni 来降低马氏体相变开始温度[14]。需要注意的是，由于 LTT 合金中添加了大量的 Cr，为了防止晶间贫铬的出现及热影响区硬脆的马氏体组织生成，同时为了保证焊缝具备足够的韧性，必须严格控制 LTT 合金中的碳含量，一般来说其碳的质量分数不应超过 0.03%，名为“B206”的 LTT 焊条的碳的质量分数甚至低于 0.01%[15]。

关于马氏体相变开始温度 M_s，使用统计方法可以求得不同的经验公式[16]。考虑到合金元素对 M_s 的影响，可以用式(6-2)表示[16]：

$$M_s(℃) = T_0 - \sum C_x w_x \tag{6-2}$$

式中，T_0 为初始马氏体相变开始温度；w_x 为合金元素的质量分数(%)；C_x 为合金元素对 M_s 的折减系数。

由于不同合金的化学组成各不相同，同一合金元素对 M_s 的影响也就存在差异，并且高合金体系中合金元素的相互作用不可忽略，而一般公式缺乏相互作用项，除此之外，M_s 的影响因素还包括动力学因素，如晶粒度、奥氏体化温度、峰值温度、冷却速率、残余应力等，同一成分不同条件的 M_s 可能差异较为明显，而不同成分不同条件下的 M_s 不具有显著可比性，因而到目前为止对于 M_s 的计算仍未形成一致的观点，线性拟合公式显然不能完全适用于高合金 LTT 焊条。

目前主要通过焊接热模拟实验(Satoh 实验)来测定相变温度，实验装置如图 6-2 所示[10]。实验时，将试样两端固定，先将其整体加热到固态相变温度以上的某一个温度(如 1200℃)，再以一定速率冷却到室温，即可根据样品等温面直径随温度变化的数据获得膨胀曲线[17]。如图 6-3 所示，根据测试得到的 LTT 合金降温过程的膨胀曲线，可以观察到叠加在膨胀曲线上的由相变引起的比体积变化，通过切线法确定的曲线上的两个拐点即马氏体相变温度区间(M_s，M_f)，其中 M_f 为马氏体相变结束温度。除此之外利用杠杆定律，还可以计算得到奥氏体相与马氏体相的体积分数随温度变化的曲线，其结果可以用于相变动力学方程的优化，计算公式如下[17]：

$$f_A = \frac{a}{a+b}$$
$$f_M = \frac{b}{a+b} \tag{6-3}$$

式中，f_A 为奥氏体的体积分数；f_M 为马氏体的体积分数。

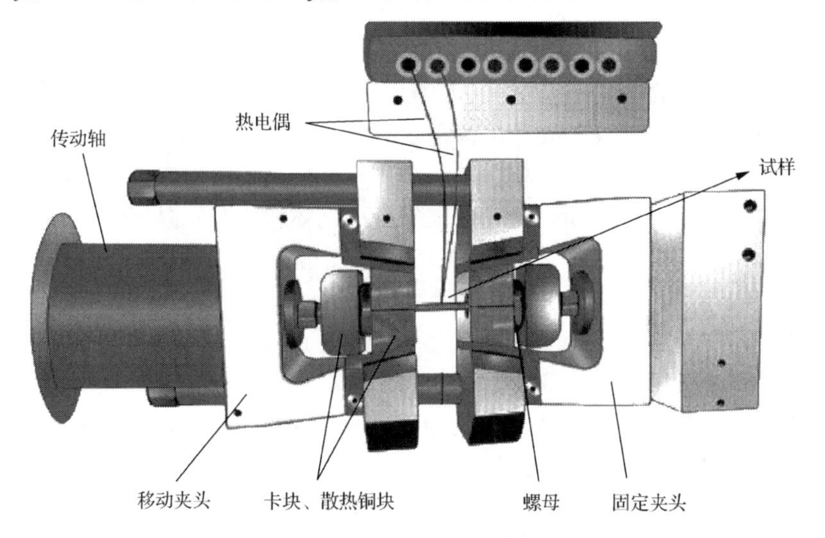

图 6-2　热模拟实验机结构简图

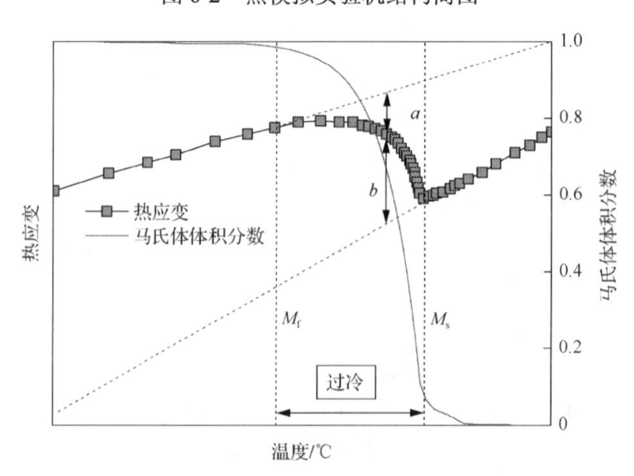

图 6-3　相变温度的确定示意图

6.1.4　相变过程分析

如图 6-4 所示，为了简化计算，可以将一个完整焊接热循环过程分成四个阶段，即加热阶段、奥氏体化阶段、冷却阶段和马氏体相变阶段。在加热阶段及冷却阶段没有发生固态相变，而只考虑焊缝金属的弹塑性变形对残余应力影响，在奥氏体化阶段和马氏体相变阶段需要考虑固态相变体积变化对残余应力的影响。各个阶段基于相变的本构模型可以通过插值计算得到[18]

$$\sigma=\begin{cases}\sigma_{\mathrm{M}}, & \text{加热阶段}\\(1-f_{\mathrm{A}})\sigma_{\mathrm{M}}+f_{\mathrm{A}}\sigma_{\mathrm{A}}, & \text{奥氏体化阶段}\\\sigma_{\mathrm{A}}, & \text{冷却阶段}\\(1-f_{\mathrm{M}})\sigma_{\mathrm{A}}+f_{\mathrm{M}}\sigma_{\mathrm{M}}, & \text{马氏体相变阶段}\end{cases} \tag{6-4}$$

式中，f_{A}、f_{M} 分别为奥氏体与马氏体的体积分数；σ_{M}、σ_{A} 分别为马氏体与奥氏体的流动应力。

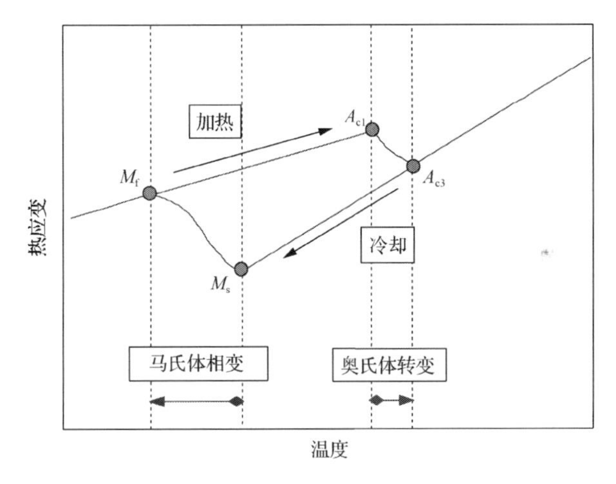

图 6-4　相变过程

A_{c1} 和 A_{c3} 分别为奥氏体相变的开始和结束温度

奥氏体化阶段的相变曲线通常采用线性模型或 Kamamoto 模型[13]。线性模型假设奥氏体的体积分数在相变区间是均匀增加的，其相变速率不随温度变化，因此仅需测得奥氏体相变的开始与结束温度便可求解得到相应温度下的奥氏体体积分数[13, 14]，其数学表达式如下：

$$f_{\mathrm{A}}=\begin{cases}0, & T<A_{c1}\\\dfrac{T-A_{c1}}{A_{c3}-A_{c1}}, & A_{c1}<T<A_{c3}\\1, & T>A_{c3}\end{cases} \tag{6-5}$$

式中，T 为温度；A_{c1} 和 A_{c3} 可以根据合金元素的质量分数使用经验公式(6-6)计算得到[19]

$$
\begin{aligned}
A_{c1} &= 712 - 17.8W_{Mn} + 20.1W_{Si} - 19.1W_{Ni} + 11.9W_{Cr} + 9.8W_{Mo} \\
A_{c3} &= 871 - 254.4\sqrt{W_C} + 51.7W_{Si} - 14.2W_{Ni}
\end{aligned} \tag{6-6}
$$

Kamamoto 模型属于扩散型相变模型，模拟焊接热影响区连续冷却转变(simulated heat affected zone continuous cooling transformation，SH-CCT)图可以用来描述扩散阶段的铁素体、珠光体和贝氏体相变[20]。同时 Kamamoto 模型可以用于奥氏体相变的数学计算，其表达式可以写为[21, 22]

$$f_A = 1 - \exp(-k\tau^n) \tag{6-7}$$

$$\tau = \frac{A_{c1} - T}{A_{c1} - A_{c3}} \tag{6-8}$$

式中，f_A 为相变温度为 T 时奥氏体的体积分数；k 和 n 为与相变类型与合金成分有关的相变常数，其值可以通过焊接热模拟实验求得的相变温度区间的两组数据(T_1，f_1)、(T_2，f_2)代入式(6-9)和式(6-10)计算得到[13]

$$k = \exp\frac{\ln\tau_1 \ln[-\ln(1-f_2)] - \ln\tau_2 \ln[-\ln(1-f_2)]}{\ln\tau_1 - \ln\tau_2} \tag{6-9}$$

$$n = \frac{\ln[-\ln(1-f_1)] - \ln k}{\ln\tau_1} \tag{6-10}$$

式中，$\tau_i = \dfrac{A_{c1} - T_i}{A_{c1} - A_{c3}}$。

降温过程中的马氏体相变阶段属于非扩散型转变[13, 23]，相变程度取决于温度的变化而与时间无关。相变量与温度的关系可以用 Koistinen-Marburger 方程来描述[24, 25]，其表达式为

$$
f_M = \begin{cases}
1, & T < M_f \\
1 - \exp[-\alpha(M_s - T)], & M_f < T < M_s \\
0, & T > M_s
\end{cases} \tag{6-11}
$$

式中，f_M 为马氏体的体积分数；T 为温度；α 为反应相变速率的特征参数，可以通过焊接热模拟实验求得，对于碳含量较低而铬、镍元素含量较高的 LTT 合金来说，α 通常为 1.75×10^{-2}～$1.90\times10^{-2}K^{-1}$。

6.2 LTT 焊丝焊接接头组织及性能表征

本章焊接试样的几何尺寸如图 6-5(a)所示。采用船舶建造中常用的 EH40 钢

作为性能测试实验材料，其化学成分如表 6-1 所示。沿试板长度方向用线切割的方法加工角度为 30°的 V 形坡口，根部间隙为 6mm。为与普通埋弧焊丝进行有效的对比，焊接过程中分别使用 LTT 焊丝与普通焊丝 AWS A6.23，两类焊丝的化学成分如表 6-1 所示。如图 6-5(c)所示，焊接过程中共分 12 道，其中第 1～3 道采用普通焊丝 AWS A6.23，第 4～12 道采用本章所开发的 LTT 焊丝，焊接工艺参数详见表 6-2。

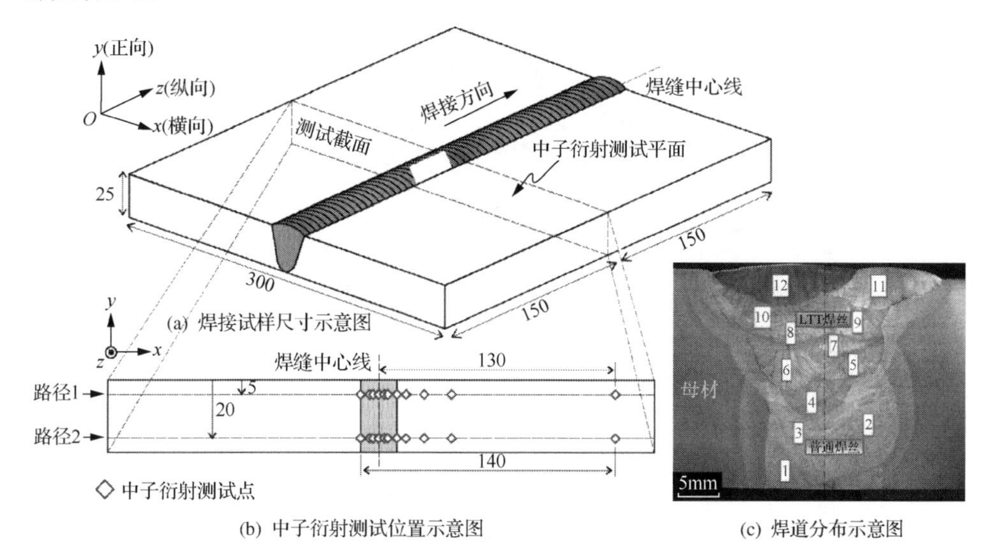

(b) 中子衍射测试位置示意图　　(c) 焊道分布示意图

图 6-5　焊接试样图(单位：mm)

表 6-1　母材与两类焊丝化学成分　(单位：%，质量分数)

材料	C	Si	Mn	Ni	Cr	S	P	Fe
EH40	0.05	0.1	1.2	—	—	—	0.01	余
AWS A6.23	0.04	0.37	1.32	—	—	0.006	0.016	余
LTT	0.05	0.4	1.55	10.2	9.6	—	—	余

注：“—”表示“无”。

表 6-2　焊接工艺参数

焊缝金属	焊接道数	电压/V	电流/A	焊接速度/(mm/min)	热输入/(kJ/mm)	根部间隙/mm
AWS A6.23	1～3	30	650	650	1.80	6
LTT	4～12	28	400	400	1.68	

6.2.1　中子衍射测试

根据焊件的材料、形状及尺寸特点，结合中子注量率和应力分析谱仪分辨性能，确定以下中子衍射参数，中子衍射测试现场图如图 6-6 所示。

环境温度：20℃。

环境湿度：50%。

波长：1.56Å。

测量晶面/峰位：(211)/83.8°。

峰强计数/本底比：800/(8∶1)。

入射狭缝/距离：4mm×4mm/100mm。

衍射狭缝/距离：4mm×4mm/100mm。

限定的衍射体积：4mm×4mm×4mm=64mm³。

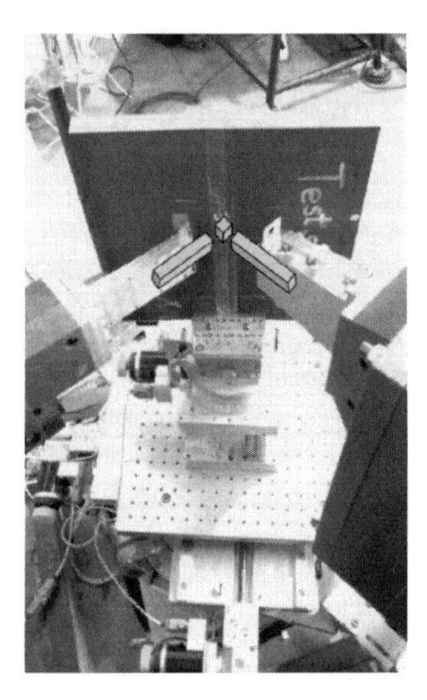

图 6-6　中子衍射测试现场图(正向残余应力测定)

中子衍射测试点位于焊件的中部截面，共两条测试路径，测试路径分别位于LTT焊丝与普通焊丝焊接区，每条测试路径共12个测试点，具体的测试位置如图6-5所示。

对于焊接试样的无应力晶面间距 d_0，将采取测量从大块焊接材料上切下包含焊接热影响区的试样，用电火花加工方式将切下的试样做成梳子状的小块，如图6-7所示。

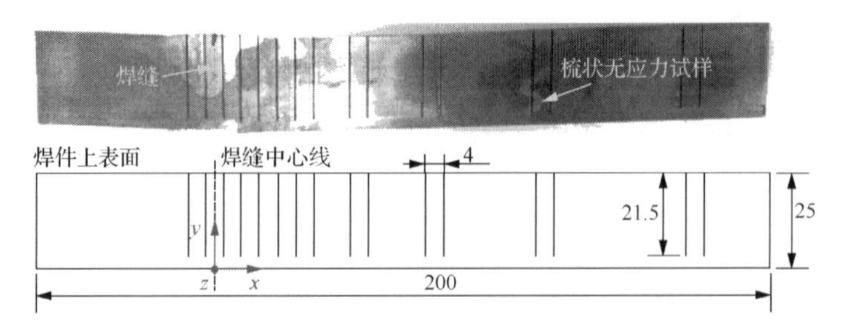

图 6-7　无应力试样几何尺寸示意图(单位：mm)

6.2.2　焊接过程中冶金力学行为的数值模拟

对于焊接过程来说，材料除在加热过程发生奥氏体相变以外，随着温度的进一步升高，还会经历再结晶和熔化，甚至气化的过程。为了更加准确地模拟焊接过程，设计如图 6-8 所示的计算流程[26]，具体计算子程序见附录 2-4。其中考虑低温固态相变效应(相变塑性、相变体积膨胀/收缩)的热弹塑性模型如下[18, 27]：

$$\mathrm{d}\varepsilon^{\mathrm{total}}=\mathrm{d}\varepsilon^{\mathrm{e}}+\mathrm{d}\varepsilon^{\mathrm{th}}+\mathrm{d}\varepsilon^{\mathrm{p}}+\mathrm{d}\varepsilon^{\mathrm{vol}}+\mathrm{d}\varepsilon^{\mathrm{tp}} \tag{6-12}$$

式中，$\mathrm{d}\varepsilon^{\mathrm{total}}$ 为总应变；$\mathrm{d}\varepsilon^{\mathrm{e}}$、$\mathrm{d}\varepsilon^{\mathrm{p}}$、$\mathrm{d}\varepsilon^{\mathrm{th}}$ 分别为弹性、塑性与热应变增量；$\mathrm{d}\varepsilon^{\mathrm{vol}}$ 与 $\mathrm{d}\varepsilon^{\mathrm{tp}}$ 分别为由相变导致的相变体积膨胀/收缩应变与相变塑性应变增量，计算如下[28,29]：

$$\mathrm{d}\varepsilon^{\mathrm{vol}}=\begin{cases} f_{\mathrm{A}}\ (T<M_{\mathrm{S}})\ \mathrm{d}f_{\mathrm{M}}\beta_{\mathrm{A\text{-}M}} & \text{马氏体相变} \\ f_{\mathrm{M}}\ (A_{\mathrm{c1}}<T<A_{\mathrm{c3}})\ \mathrm{d}f_{\mathrm{A}}\beta_{\mathrm{M\text{-}A}} & \text{奥氏体化阶段} \end{cases} \tag{6-13}$$

$$\begin{cases} \beta_{\mathrm{A\text{-}M}}=\dfrac{\rho_{\mathrm{A}}^{0^\circ\mathrm{C}}-\rho_{\mathrm{M}}}{\rho_{\mathrm{A}}^{0^\circ\mathrm{C}}} \\ \beta_{\mathrm{M\text{-}A}}=\dfrac{\rho_{\mathrm{M}}^{0^\circ\mathrm{C}}-\rho_{\mathrm{A}}}{\rho_{\mathrm{M}}^{0^\circ\mathrm{C}}} \end{cases} \tag{6-14}$$

式中，$\rho_{\mathrm{A}}^{0^\circ\mathrm{C}}$ 与 $\rho_{\mathrm{M}}^{0^\circ\mathrm{C}}$ 分别为 0℃时奥氏体相与马氏体相的相密度；马氏体相变膨胀系数 $\beta_{\mathrm{M\text{-}A}}$ 与奥氏体相变收缩系数 $\beta_{\mathrm{A\text{-}M}}$ 分别设为 5.8×10^{-3}、2.28×10^{-3}；df_{M} 与 df_{A} 分别为马氏体与奥氏体的相体积分数增量；f_{A} 为焊接冷却阶段 M_{s} 温度点下残余奥氏体相的体积分数；f_{M} 为奥氏体化温度区间(A_{c1}～A_{c3})内马氏体相的体积分数。

$$d\varepsilon^{\mathrm{tp}}=\frac{3}{2}KF\left(f_{\mathrm{M}}\right)\Delta f_{\mathrm{M}}\boldsymbol{S}_{ij} \tag{6-15}$$

式中，$F(f_{\mathrm{M}})$ 为塑性归一化函数；Δf_{M} 为马氏体体积分数增量；$\boldsymbol{S}_{ij}$ 为偏应力张量；K 为相变动力学参数。

本章采用顺次耦合的方式进行计算。先进行温度场计算，在考虑焊接热输入、热传导、相变潜热及熔化潜热的基础上，计算得到焊接的温度场分布及变化历程，然后通过相变模型计算得到焊接过程中的应力应变结果。

具体来说就是，首先定义材料的性能和边界条件，然后进行温度场计算和组织场计算。在温度场和组织场结果的基础上，考虑加工硬化和混合相力学性能并

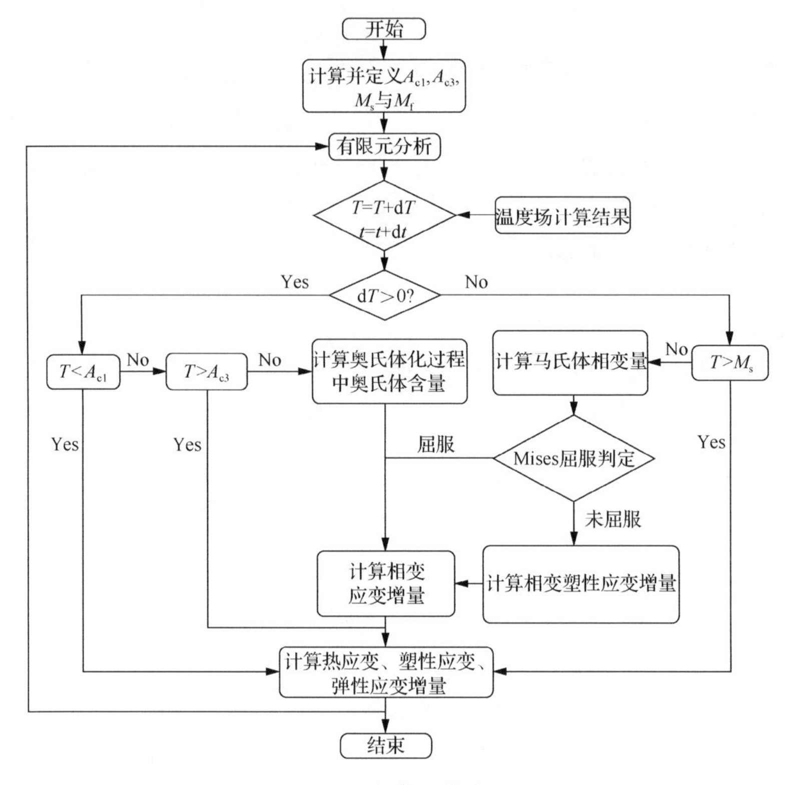

图 6-8　子程序计算流程图

重新定义材料性能，接着进行应力场计算。此时，如果计算结果不收敛，则将进行再次迭代重新计算直至收敛；如果计算结果收敛，则进行下一增量步的计算，直至焊接过程计算结束。

根据实际焊接板尺寸，建立如图 6-9 所示的几何模型。为了提高计算精度和

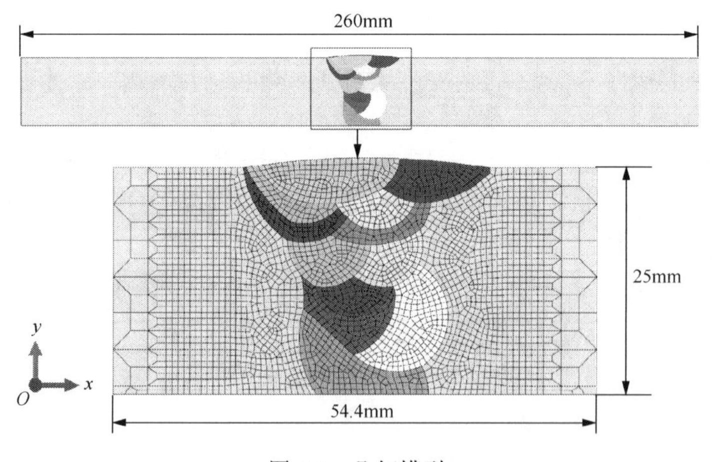

图 6-9　几何模型

控制计算时间，采用结构化网格，使焊板网格整体排列规则，并采用过渡网格和渐变种子分布，使网格分布均匀合理，焊缝及附近区域网格划分较密，远离焊缝网格分布较为稀疏。此模型中共 3408 个节点，3307 个单元，焊接热模拟中选择 DC2D4/DC2D3 单元类型，焊接力模拟选择广义平面应变 CPEG3/CPEG4R 单元类型。

由于焊接件在厚度方向上的横向收缩量随着填充金属量的增加而增加，这将会导致对接焊缝产生角变形。随着焊接件的厚度增加，在厚度方向上的温度分布不均，温度较高的一侧受热膨胀将受到温度较低一侧的约束，所以在温度较高侧将会产生压缩塑性变形，随着温度降低，沿着厚度方向将出现不均匀的收缩，产生角变形。除了角变形，在焊接过程中还会出现纵向收缩、纵向弯曲等刚性位移现象。为了阻止焊接过程中焊接件的这些刚性位移，必须对焊接件施加约束。施加约束如果不能限制焊接件的刚性位移，将导致焊接件的刚度矩阵产生数值奇异或者非正定，以致无法进行计算。同时不能施加过多的约束，否则将会导致焊接过程中所产生的热应力不能自由释放，影响焊接件的正常自由变形，造成过约束，并在约束点处产生严重的应力集中，影响正常计算。本书根据实际情况，采用的约束只用来限制刚体的刚性移动，选取焊接件底部两个边界节点，限制其在 x、y 方向上的平动。

6.2.3　残余应力数值预测结果及分析验证

焊件上表面的纵向、横向与正向的残余应力分布云图如图 6-10 所示，在采用 LTT 焊丝焊接区存在明显的压应力，并且在焊缝中心区域形成了比较稳定的压应力区段，随着与焊缝距离的增加，压应力急剧下降，并在热影响区部位产生拉应力，从焊缝中心的压应力，到焊件边沿处逐渐变为无应力状态，拉应力和压应力在整个中央截面上达到了应力的平衡状态。

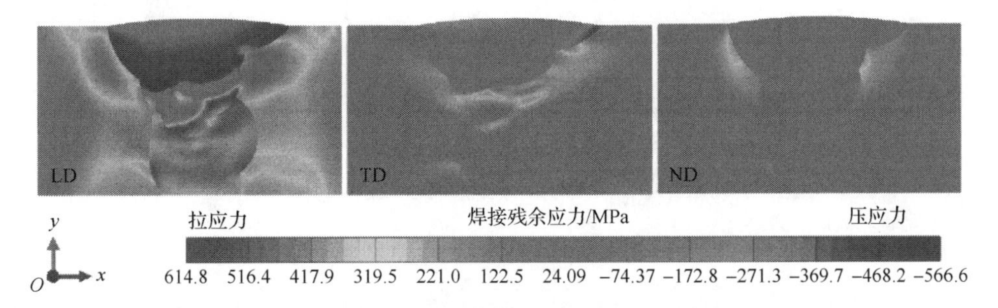

图 6-10　残余应力分布云图

LD-纵向残余应力；TD-横向残余应力；ND-正向残余应力

由LTT焊丝与普通焊丝的预测结果相对比可以得出，两者在板的边沿上受到的都是近似无应力状态，差别不大。而在焊缝的中心两者存在明显的差别，使用普通焊丝的焊缝及其热影响区附近存在残余拉应力，并且呈稳定分布。而在使用本章开发的LTT焊丝的焊接部位，焊缝及近焊缝区的纵向残余应力有所下降，并在中心处产生压应力。两种情况下在焊缝及近焊缝区的纵向残余应力状态存在明显差异的原因是在冷却过程中发生由奥氏体到马氏体的固态相变。由于奥氏体与马氏体的比体积及晶格类型存在差异，在发生低温马氏体相变时，将会发生体积膨胀，并且马氏体相变开始温度越低、马氏体的相变量越大，马氏体体积膨胀所产生的影响就越大。

如图6-11和图6-12所示，由中子衍射测试与数值预测结果的对比曲线可以发现，中子衍射测试结果整体分布规律和有限元模拟结果基本一致，验证了有限元方法的

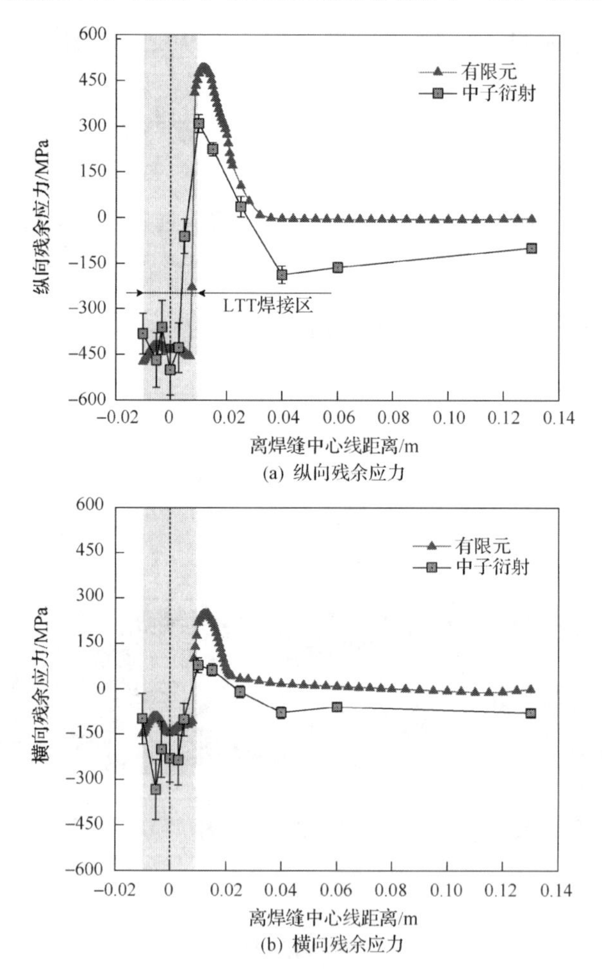

(a) 纵向残余应力

(b) 横向残余应力

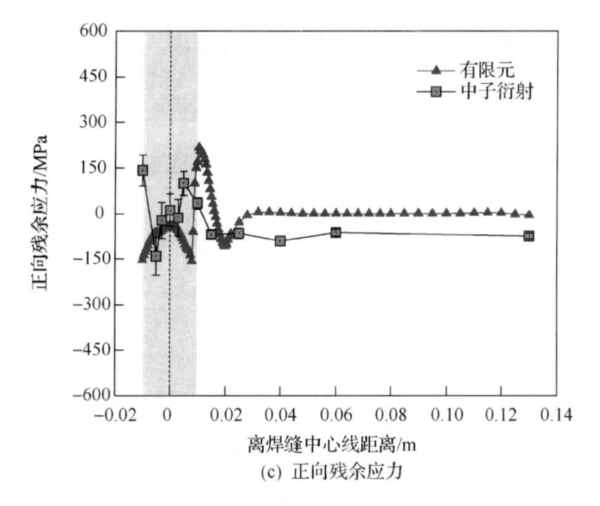

(c) 正向残余应力

图 6-11　上表面残余应力预测结果与中子衍射测试结果的对比

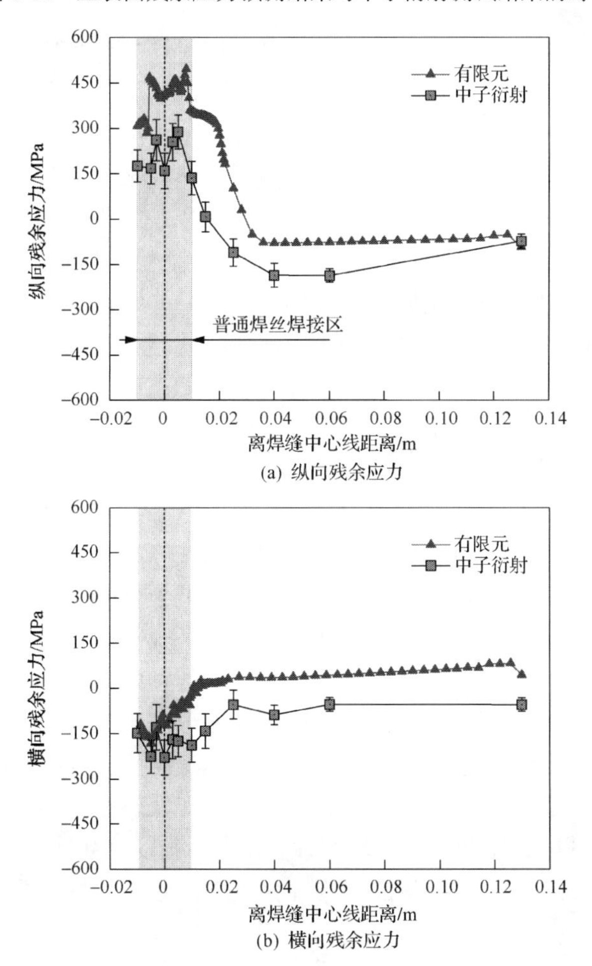

(a) 纵向残余应力

(b) 横向残余应力

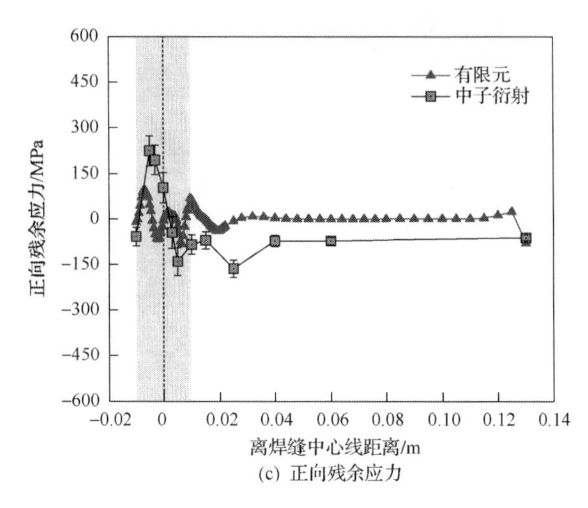

(c) 正向残余应力

图 6-12 下表面残余应力预测结果与中子衍射测试结果的对比

正确性。中子衍射测试结果稍有偏小，这是由衍射误差造成的，这种偏差是可以接受的。在使用普通焊丝的情况下焊缝及近焊缝区的纵向残余应力为拉应力，主要是因为在焊缝中心区域经历高温循环，升温过程中产生压缩变形，并转化为塑性变形，在降温过程中冷却收缩，所以产生较大的残余拉应力，为了保持整体平衡，在远离焊缝的区域形成残余压应力。而在采用 LTT 焊丝的情况下，在焊缝与近焊缝区既存在拉应力也存在压应力，在临近母材的热影响区出现拉应力的最大值，并且离焊缝中心越近，拉应力越小，最终在焊缝中心出现压应力。

两类焊丝在焊缝及近焊缝区残余应力演变趋势存在差异的主要原因是，焊缝金属在冷却过程中，当温度降低到马氏体相变开始温度时，由过冷奥氏体到马氏体的相变抵消了冷却过程中所产生的残余拉应力。

图 6-13 为第四与第七焊缝中心点处温度、组织、纵向残余应力演化曲线，由该图可以分析相变对应力演化过程的影响。图 6-13(a) 为相变开始温度为 200℃时第四焊缝中心点温度、组织、纵向残余应力演化曲线，可以看出焊接热源中心扫过之后一段时间内，热循环历史中有很大部分均低于 200℃，此时有固态相变发生，残余应力水平较低；后续焊道再热过程中，考察点温度超过奥氏体化温度，但时间极短，在此后的热循环过程中，固态相变继续发生，马氏体相增多，残余应力水平积累增加，在焊接完成之前，固态相变已基本完成，焊接结束之后，随着温度的降低，拉应力持续累积，达到材料的屈服强度；焊接过程中许多材料已经发生固态相变，而马氏体相的强度较高，因此，发生相变部分的材料残余应力将增大，焊接区域应力应变场的不均匀性将增强，难以进行整体的协调和均匀化，这将导致焊接区域最终残余应力的不均匀性较大，使 LTT 焊丝焊接区域的底部出现拉应力。

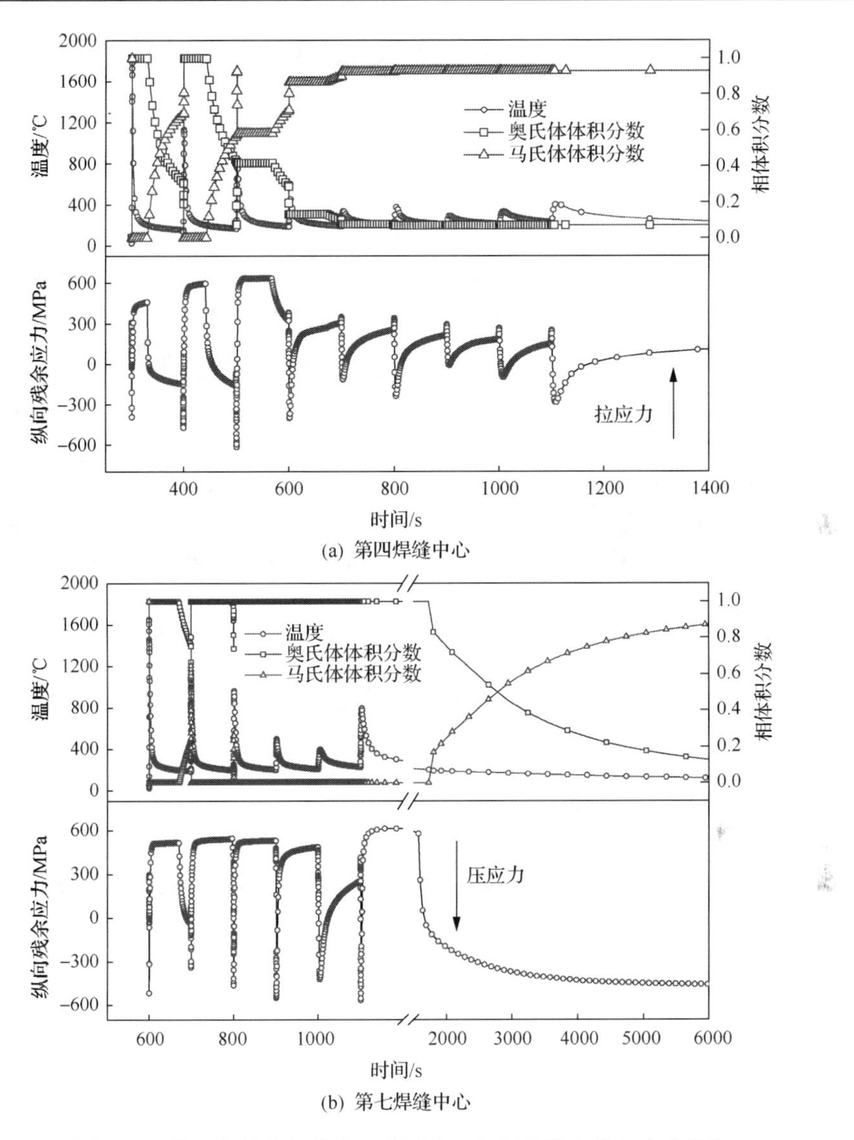

(a) 第四焊缝中心

(b) 第七焊缝中心

图 6-13　第四与第七焊缝中心点温度、组织及纵向残余应力演化

如图 6-13(b)所示，焊接开始之后，基体的温度逐渐升高，当热源中心经过时最高温度超过 1500℃，此后一直到焊接结束之后，该考察点温度均高于材料的固态相变点，该点应力极限受限于对应温度下的屈服强度和硬化系数，残余应力一直较小，焊接过程结束后，随着温度的降低，残余应力有一定的累积，当温度降低到固态相变温度时，由于固态相变效应，残余拉应力得到释放，并且由于周围材料的限制，出现压应力。

参 考 文 献

[1] Chen X Z, Fang Y, Li P, et al. Microstructure, residual stress and mechanical properties of a high strength steel weld using low transformation temperature welding wires[J]. Materials and Design, 2015, 65: 1214-1221.

[2] 郑子樵.材料科学基础[M]. 长沙: 中南大学出版社, 2013.

[3] 左汝林. 金属材料学[M]. 重庆: 重庆大学出版社, 2008.

[4] Kang S H, Im Y T. Three-dimensional thermo-elastic-plastic finite element modeling of quenching process of plain-carbon steel in couple with phase transformation[J]. International Journal of Mechanism Science, 2007, 49: 423-439.

[5] 张文钺. 焊接物理冶金[M]. 天津: 天津大学出版社, 1991.

[6] 王瑞军, 赵素英, 张礼刚, 等. 马氏体相变的取向关系及变体[J]. 河北师范大学学报(自然科学版), 2009, 33(4): 482-484.

[7] 张书奎, 罗植廷. 浅析焊接残余应力及其消除方法[J]. 冶金动力, 1996, (6): 38-41.

[8] Rong Y M, Lei T, Xu J J, et al. Residual stress modelling in laser welding marine steel EH36 considering a thermodynamics-based solid phase transformation[J]. International Journal of Mechanical Sciences, 2018, 46(147): 180-190.

[9] 杨小坡. 固态相变对马氏体不锈钢焊接残余应力影响的有限元分析[D]. 重庆: 重庆大学, 2012.

[10] 任新星. 考虑固态相变效应的 403 不锈钢焊接残余应力的研究[D]. 哈尔滨: 哈尔滨工业大学, 2018.

[11] 李尧. 金属塑性成形原理[M]. 北京: 机械工业出版社, 2013.

[12] Rong Y M, Mi G Y, Xu J J, et al. Laser penetration welding of ship steel EH36: A new heat source and application to predict residual stress considering martensite phase transformation[J]. Marine Structures, 2018, 61: 256-267.

[13] 刘永. 考虑固态相变效应的高强钢焊接/补焊力学行为研究[D]. 哈尔滨: 哈尔滨工业大学, 2016.

[14] 谷臣清. 材料工程基础[M]. 北京: 机械工业出版社, 2004.

[15] Ooi S W , Garnham J E , Ramjaun T I . Review: Low transformation temperature weld filler for tensile residual stress reduction[J]. Materials and Design, 2014, 56: 773-781.

[16] 李朋. 低温相变(LTT)焊丝研制及其对高强钢焊接残余应力的影响[D]. 镇江: 江苏大学. 2014.

[17] 陈睿恺. 30Cr2Ni4MoV 钢低压转子热处理工艺的研究[D]. 上海: 上海交通大学, 2012.

[18] Deng D. FEM prediction of welding residual stress and distortion in carbon steel considering phase transformation effects[J]. Materials and Design, 2009, 30(2): 359-366.

[19] Hamelin C J, Murúnsky O, Smith M C, et al. Validation of a numerical model used to predict phase distribution and residual stress in ferritic steel weldments[J]. Acta Materialia, 2014, 75: 1-19.

[20] 刘振宇, 许云波, 王国栋. 热轧钢材组织[M]. 沈阳: 东北大学出版社, 2004.

[21] 王苹, 刘永, 李大用, 等. 固态相变对 10Ni5CrMoV 钢焊接残余应力的影响[J]. 焊接学报, 2017, 38(5): 125-128, 134.

[22] Bok H H, Kim S N, Suh D W, et al. Non-isothermal kinetics model to predict accurate phase transformation and hardness of 22MnB5 boron steel[J]. Materials Science and Engineering: A, 2015, 626: 67-73.

[23] 林建平, 唐会君, 郭夏阳, 等. 硼钢板相比例控制试验方法及试验参数的确定[J]. 同济大学学报(自然科学版), 2016, 44(12): 1889-1893, 1901.

[24] Koistinen D P, Marburger R E. A general equation prescribing the extent of the austenite-martensite transformation in pure iron-carbon alloys and plain carbon steels[J]. Acta Metallurgica, 1959, 7(1): 59-60.

[25] Ma N, Cai Z, Huang H, et al. Investigation of welding residual stress in flash-butt joint of U71Mn rail steel by numerical simulation and experiment[J]. Materials and Design, 2015, 88: 1296-1309.

[26] Jiang W C, Chen W, Woo W, et al. Effects of low-temperature transformation and transformation-induced plasticity on weld residual stresses: Numerical study and neutron diffraction measurement[J]. Materials and Design, 2018, 147: 65-79.

[27] Hemmesi K, Farajian M, Boin M. Numerical studies of welding stresses in tubular joints and experimental validations by means of X-ray and neutron diffraction analysis[J]. Materials and Design, 2017, 126: 339-350.

[28] Wei Z Q, Jiang W C, Song M, et al. Effects of element diffusion on microstructure evolution and residual stresses in a brazed joint: Experimental and numerical modeling[J].Materialia. 2018, 4: 540-548.

[29] Deng D , Murakawa H . Prediction of welding residual stress in multi-pass butt-welded modified 9Cr-1Mo steel pipe considering phase transformation effects[J]. Computational Materials Science, 2006, 37(3): 209-219.

第7章　残余应力测试取样尺寸的确定

从人类开始采用实验室试样对材料的性能进行研究开始，就不可避免地涉及试样切割这一过程。在实际应用中，焊接结构往往过于庞大，为了调查其整体结构的残余应力分布状态，需要从实际结构中取样测试，但要保证对试样的测试值能够代表实际结构的数值。例如，在进行中子衍射残余应力测试时，样品的尺寸必须减小到满足测试仪器的要求，一方面，中子衍射要求测试样品不能与入射狭缝和衍射狭缝接触，另一方面，中子衍射对测试样品的最大重量有要求，使测试台面可以安全地支撑试样并保证其准确移动。但是，切割能够改变试样内部约束状态，从而改变接近切割面的应力状态，引起实际结构残余应力部分释放。与实际结构相比，残余应力明显降低，这将会在实际评价中明显低估焊接残余应力对结构完整性的影响。因此，准确掌握切割位置及取样尺寸对残余应力的影响，获取每一次测试样品最佳的测试尺寸对焊接残余应力测试评价起着至关重要的作用。

国内外已有一些学者研究取样尺寸对残余应力的影响，Prime 等[1]从一个457mm长的搅拌摩擦焊接接头上切割下一个54mm长的试样，通过中子衍射测试其残余应力，发现测试试样中残余应力降低了25%。Altenkirch 等[2]研究发现如果试样切割长度是其原来长度的40%，试样中心的应力将会明显降低。Law 等[3]研究发现，为了保证被测试试样的残余应力达到原始试样残余应力的95%，切割试样的长度应当长于11.78倍的焊缝宽度。可以看出，不同的切割位置及尺寸会产生不同的残余应力测试效果。

在切割取样时，为了保证试样测试方便，有时候在试样的横向(垂直焊缝方向)和纵向(平行焊缝方向)上都需要切割，而不同的切割方向势必对残余应力造成不同的影响。本章在前人成果和作者研究成果的基础上总结概括，分别从纵向切割和横向切割两个方面介绍切割对焊接残余应力的影响，并对切割尺寸提出建议。

7.1　纵向切割方案的确定

Altenkirch 等[4]研究了纵向切割对对接焊接试样残余应力的影响，材料为S355，切割宽度 W 选用60mm、100mm、140mm、200mm、300mm、400mm，焊接选用脉冲熔化极惰性气体保护焊，焊接接头原始尺寸为 500mm×400mm×4mm，切割位置如图7-1所示。

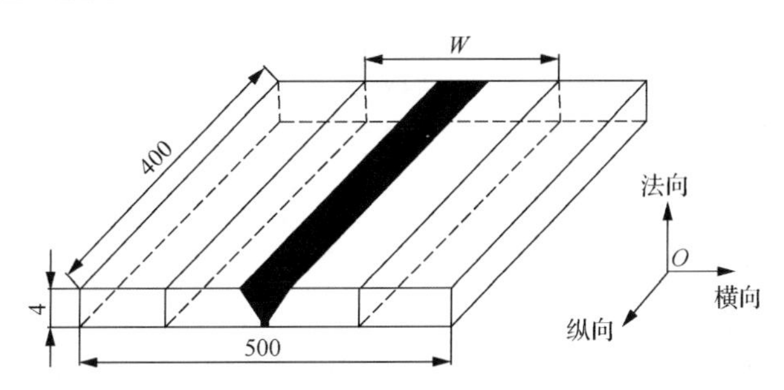

图 7-1　对接焊接接头切割位置示意图(单位：mm)

采用中子衍射测试试样中心沿纵向的残余应力分布，得到不同切割位置下的残余应力分布规律，如图 7-2 所示。可以看出，当试样宽度小于 300mm 时，残余应力呈降低趋势。当试样宽度从 300mm 降低到 60mm 时，焊缝平均残余应力从 480MPa 降低到了 300MPa，焊缝中心的弹性应变从 2.15×10^{-6} 减小到了 1.3×10^{-6}。一般来说，有两种方式可以降低残余应力：一种是减少本身材料的不匹配系数，另一种是减少受到周围材料所提供的约束。本身材料的不匹配系数可以通过焊缝或者母材的塑性变形减少，而受周围材料的约束可以通过减小板的宽度来降低。残余应力释放主要由弹性变形引起，而不是塑性变形。

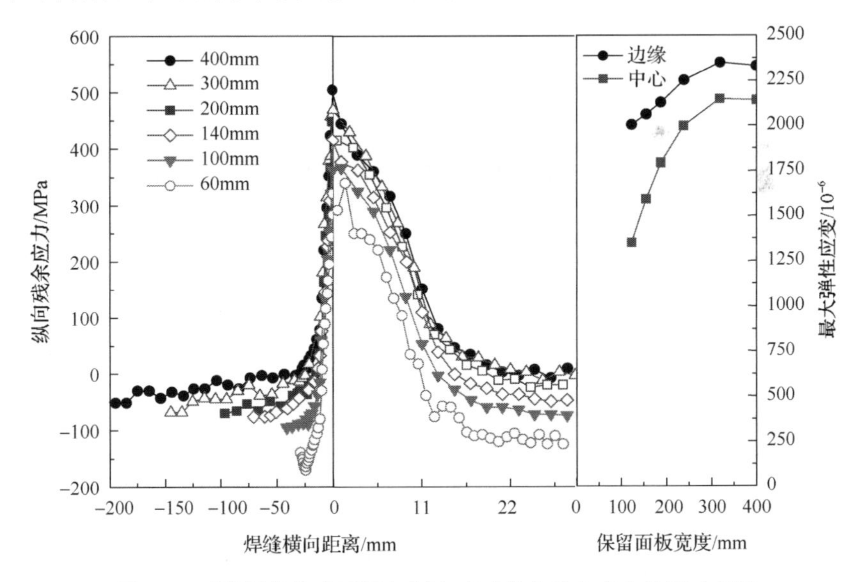

图 7-2　对接焊接接头不同切割宽度对纵向残余应力的影响规律

纵向切割后的最大纵向残余应力可以用如下公式来表示[4]：

$$\sigma=\sigma_0\left(1-\frac{W_{\mathrm{t}}}{W}\right) \tag{7-1}$$

式中，σ_0 为切割前的纵向残余应力；W 为试样宽度；W_t 为残余拉应力的宽度。根据实验结果，从图 7-2 可以看出，σ_0 大约为 500MPa，W_t 为 33mm，将其代入式(7-1)中，得到的残余应力释放预测曲线如图 7-3 所示，从图中很明显可以看出，残余应力释放预测曲线与实验结果具有很好的一致性，证明式(7-1)能够较好地预测残余应力在纵向切割下的变化规律。

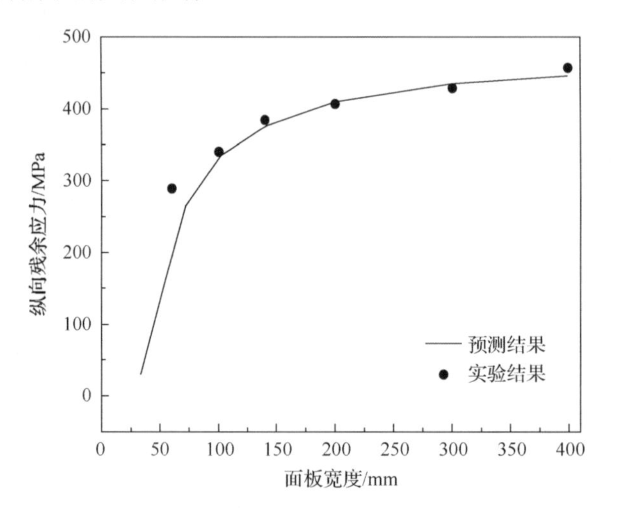

图 7-3　纵向残余应力随试样宽度变化的预测结果与实验结果比较

7.2　横向切割方案的确定

笔者使用有限元法和中子衍射测试，研究了横向切割尺寸对测试结果的影响规律[5]，材料牌号为 EH40，如表 7-1 所示。所采用的焊接试样及有限元模型如图 7-4 所示。

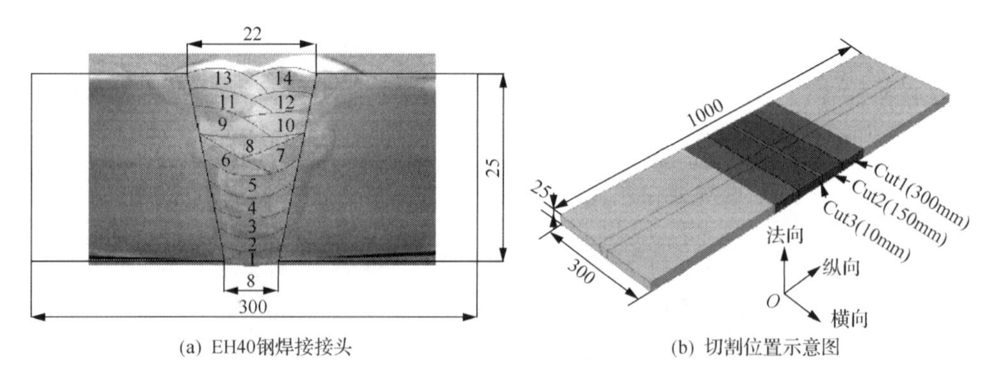

图 7-4　EH40 钢焊接接头及切割位置示意图(单位：mm)

数字 1～14 表示焊缝顺序；Cut1、Cut2、Cut3 分别表示三种切割位置

表 7-1　EH40 钢热物性力学性能参数

温度/℃	比热容 C /(J/(kg·℃))	导热系数 K /(W/(m·℃))	热膨胀系数 α /10^{-6}℃$^{-1}$	弹性模量 E/GPa	泊松比 ν
20	52.5	440	11.7	205.0	0.29
100	52.1	460	12.3	201.0	0.30
200	51.2	492	12.8	197.0	0.32
300	48.3	520	13.1	188.7	0.35
400	44.5	555	13.6	180.2	0.36
500	43.0	600	13.9	173.4	0.41
600	39.4	670	14.5	162.4	0.41
700	35.9	745	14.9	120.5	0.41
800	31.0	111	12.6	81.3	0.41
900	26.3	818	12.4	38.9	0.41
1000	26.5	625	13.4	18.2	0.41
1100	26.7	630	14.2	16.6	0.41
1200	28.6	628	14.8	14.2	0.41
1300	29.5	637	15.5	13.2	0.41
1400	30.5	640	16.1	13.2	0.41
1500	105.4	640	16.7	13.2	0.41
2000	105.4	643	16.6	11.4	0.41
3000	105.4	643	16.6	11.9	0.41

图 7-5 给出了不同切割长度(10～1000mm)焊缝表面沿焊缝中心至母材残余应力变化规律。从图 7-5(a)可以看出，当切割长度从 1000mm 减小到 300mm 时，

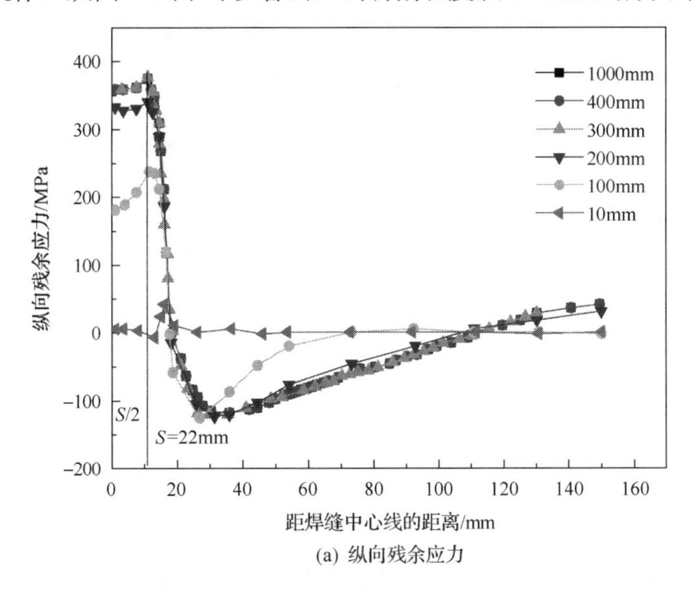

(a) 纵向残余应力

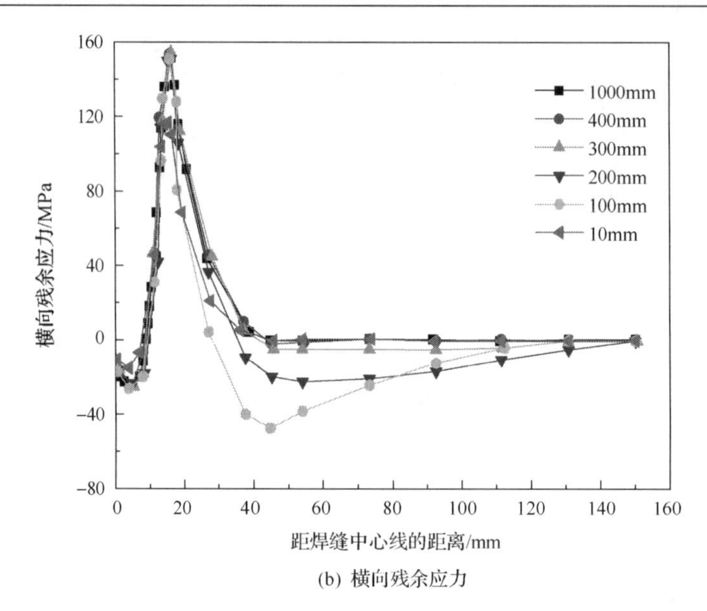

(b) 横向残余应力

图 7-5　不同切割长度下焊缝表面沿焊缝中心至母材纵向残余应力及横向残余应力分布

纵向残余应力基本不发生变化，而当切割长度从 300mm 降低到 100mm 时，纵向残余应力降低明显。这就意味着存在一个临界的切割长度，使整个切割试样的残余应力维持在 370MPa(焊态值)。图中显示最大拉应力的宽度(*S*)约为 22mm。从图 7-5(b)可以看出，最大横向残余应力位于距离焊缝中心约 20mm 处。当切割长度大于 100mm 时，横向残余应力分布基本不变；反之，横向最大残余应力则有所降低。

不同切割长度下纵向残余应力沿焊缝长度方向分布如图 7-6 所示。在焊缝的中心区域呈现较大的拉应力，而在试样边缘区域由于试样应力自平衡关系呈现残

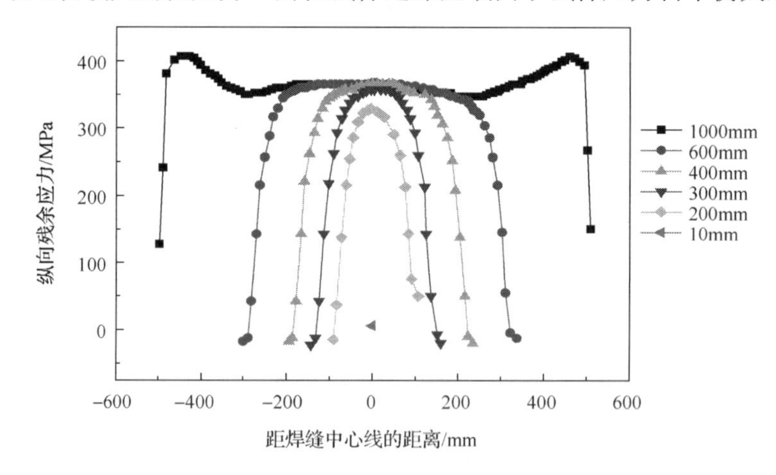

图 7-6　不同切割长度下沿焊缝长度方向纵向残余应力分布

余应力急剧降低。很明显，残余应力在切割长度为 200mm 时得到了很大程度的降低。例如，在纵向残余应力沿焊缝方向±100mm 范围内，切割试样长度为 300mm 时，残余应力大约为 350MPa；切割长度为 200mm 时，残余应力小于 320MPa。

图 7-7 给出了最大纵向残余应力与切割长度的关系曲线，图中最大纵向残余应力和切割长度分别通过初始最大应力和初始板长度归一化。当切割长度和初始板长度比大于 0.3 时，释放的残余应力在 10%以内，超过此临界值，剩余的残余应力服从如下指数形式衰减规律：

$$\sigma=\sigma_0\left(1-\mathrm{e}^{-\frac{d-d_{\mathrm{relax}}}{d_{\mathrm{char}}}}\right)=\sigma_0\left(1-\mathrm{e}^{-\frac{d-0.023}{0.066}}\right) \tag{7-2}$$

式中，d 为切割后试样剩余长度；d_{relax} 为零应力试样焊缝长度，简称释放长度；d_{char} 为特征长度。同样，特征长度和释放长度用最大应力宽度表示，可得到如下表达式：

$$\sigma=\sigma_0\left[1-\mathrm{e}^{\frac{1}{2.87}\left(1-\frac{d}{S}\right)}\right]\approx\sigma_0\left[1-\mathrm{e}^{\frac{1}{2.87}\left(1-\frac{d}{W}\right)}\right] \tag{7-3}$$

以上关于残余应力随切割长度的变化规律可用圣维南原理进行解释。圣维南[6]提出了一种“特征距离”的概念，圣维南原理将它定义为：与对一根梁的自由端静态负载表述一样，在一个很大的距离内，残余应力不会发生变化，这个距离就是特征距离。它和能保证残余应力不发生变化的最大长度有关，如果试样残余应力主要通过厚度变化，特征距离就被假定为试样厚度[1]。

Toupin[7]对圣维南原理提供了一种数学解释，对于一根长 l 的圆柱横梁，在距离梁末端距离为 s 的地方，每单位体积的弹性存储能表示如下：

$$U(s)\leqslant U(0)\exp\left[-\frac{s-l}{s_{\mathrm{c}}(l)}\right] \tag{7-4}$$

式中，$U(0)$ 为总存储能；$s_{\mathrm{c}}(l)$ 为无量纲衰减长度常数，它与材料的弹性参数相关。式(7-4)反映了自平衡的残余应力在一个较短距离内呈衰减指数关系。

Law 等[3]和 Altenkirch 等[4]也得出这样的指数函数关系，但他们的研究对象板厚为 5～12mm，而本书基于 25mm 厚的板试样，得出 $d_{\mathrm{relax}}/d_{\mathrm{char}}$ 为 3.0，与前述得出的 2.86 有着一定的一致性。为了证实不同板厚试样切割对焊接残余应力的影响，笔者对 50mm 和 70mm 厚的焊接试样进行研究，其最大纵向残余应力随切割长度的变化曲线同样如图 7-7 所示，与 25mm 厚的试样相比，对于同样的切割长度，厚试样的残余应力释放程度更为明显，对于 50mm 和 70mm 厚的试样，其 d_{relax}/d_{char} 值分别为 1.82 和 1.78。由此可得出，试样的应力释放程度依赖于试样厚度，试样越厚，释放的残余应力越大。

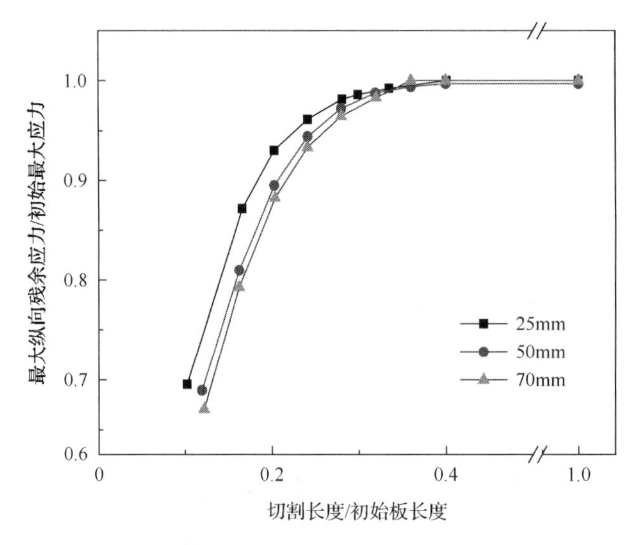

图 7-7　归一化最大纵向残余应力和切割长度的关系

图 7-8 给出了三种切割长度试样中部截面中心位置的三向残余应力分布。总体上，有限元模拟结果与残余应力测试结果吻合得较好，证明有限元方法能较好地模拟切割对残余应力释放的影响。

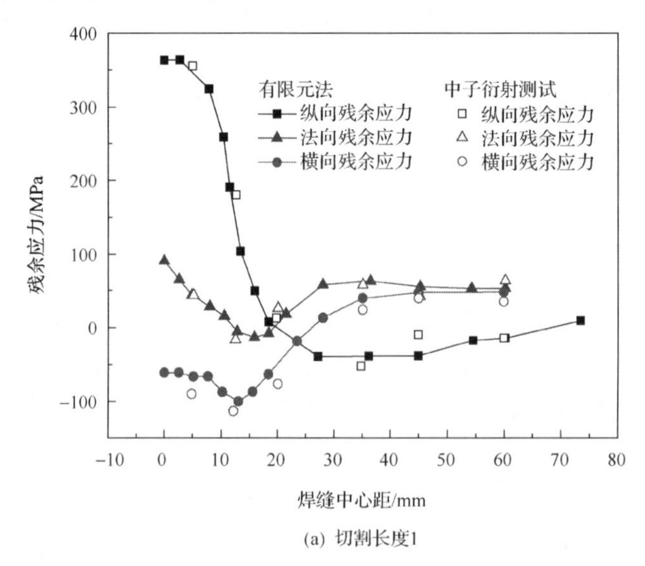

(a) 切割长度1

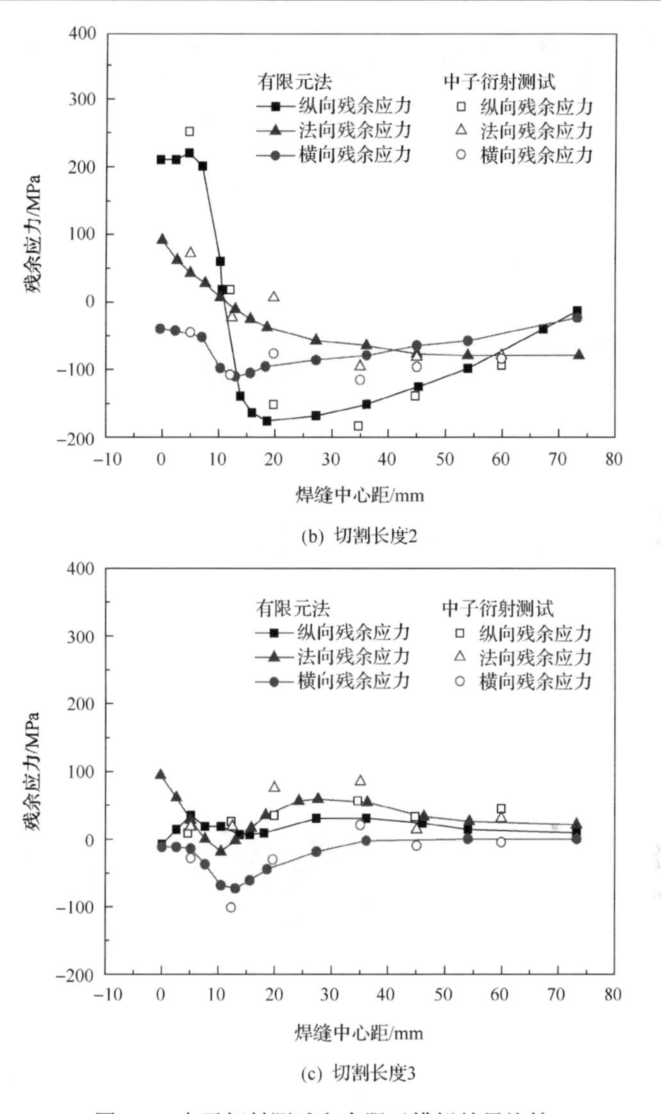

(b) 切割长度2

(c) 切割长度3

图 7-8　中子衍射测试和有限元模拟结果比较

参 考 文 献

[1] Prime M B, Thomas G H, Baumann J A et al. Residual stress measurements in a thick, dissimilar aluminum alloy friction stir weld[J]. Acta Materialia 2006, 54(15): 4013-4021.

[2] Altenkirch J, Steuwer A, Peel M. The effect of tensioning and sectioning on residual stresses in aluminium AA7749 friction stir welds[J]. Materials Science Engineering: A, 2008, 488(1-2): 16-24.

[3] Law M, Kirstein O, Luzin V. An assessment of the effect of cutting welded samples on residual stress measurements by chill modelling[J]. The Journal of Strain Analysis Engineering Design, 2010, 45(8): 567-573.

[4] Altenkirch J, Steuwer A, Peel M J, et al. The extent of relaxation of weld residual stresses on cutting out cross-weld test-pieces[J]. Powder Diffraction, 2009, 24(S1): S31-S36.

[5] Jiang W, Woo W, An G B, et al. Neutron diffraction and finite element modeling to study the weld residual stress relaxation induced by cutting[J]. Materials and Design, 2013, 51(5): 415-420.

[6] Qian Z Y, Chumbley S, Johnson E. The effect of specimen dimension on residual stress relaxation of the weldments[J]. Advanced Materials Research, 2014, 996: 820-826.

[7] Toupin R A. Saint-Venant principle[J]. Archives for Rational Mechanics and Analysis, 1965, 18(2): 83-96.

第 8 章　厚板焊接残余应力的简化计算方法

厚板焊接结构广泛应用于石油化工、核电、船舶、建筑等工业领域中，正确评估厚板焊接残余应力对结构完整性有极为重要的意义。在厚板残余应力有限元计算中，若按照厚板实际尺寸进行三维模型的建立，并使用常规的移动热源子程序模拟焊接温度场，将由于瞬态热-力耦合计算存在的高度非线性求解过程，以及焊缝及其附近的大量网格和节点，导致厚板有限元计算模型庞大，计算复杂，求解耗时长[1]，极大地降低了计算效率，影响工程应用，因此需提出厚板焊接残余应力简化计算方法以提高焊接残余应力有限元数值模拟的计算效率。下面将集中介绍几种比较典型的简化方法。

8.1　二维内生热源简化算法

通过将三维模型简化为二维模型进行计算，可避免由焊缝温度的瞬时升高而造成的不收敛问题，可以大大提高计算效率。将模型简化为垂直于焊接方向的二维截面，通过使用内生热源将热通量逐渐施加于有限元模型中，以幅值的定义实现有限元中热通量随时间的变化，如图 8-1 所示[2]。

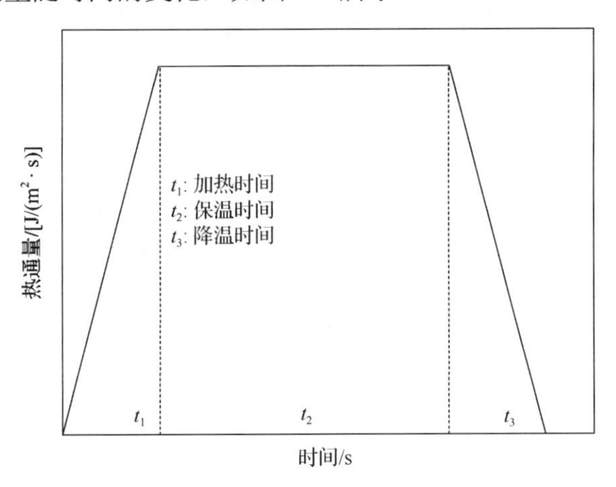

图 8-1　热通量-时间曲线

图 8-1 显示了热通量随时间的变化规律。t_1 为加热时间，t_2 为保温时间，t_3 为降温时间，将 t_1+t_3 定义为热通量变化时间。由图 8-2 可知[2]，当热通量变化时间占总时间的 20%时，有限元模拟温度场的结果与实验测得温度变化趋势吻合效

果最好。

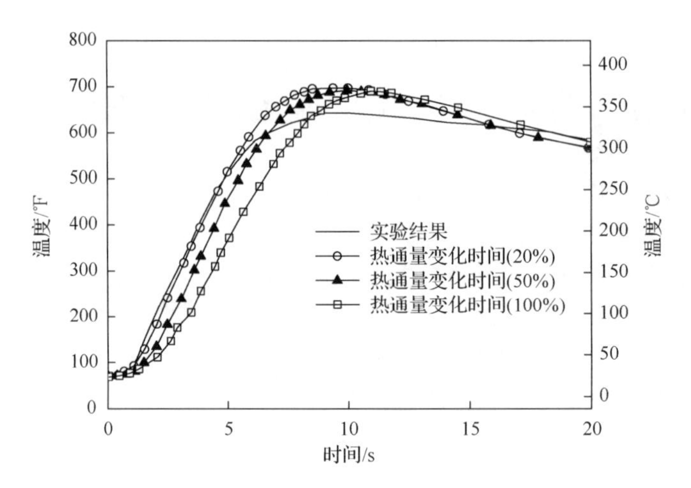

图 8-2　不同热通量变化时间的有限元计算结果与温度场实验测试结果对比

其内生热率的计算公式为[3]

$$\mathrm{DFLUX}=\frac{UI\eta}{V} \tag{8-1}$$

式中，η 为电弧热效率；U 为电压；I 为电流；V 为焊缝体积。

然而，V 是一个直接受热流影响的焊缝部分的有效体积，是一个三维参数。在二维焊接计算中，如何确定 V 值呢？

假设加热区域的厚度为 1，按照 $V=S\times 1$ 来计算(S 为加热区域的面积)，模拟得到的温度值过大，不符合实际焊接过程：

$$\mathrm{DFLUX}=\frac{UI\eta}{S\times 1} \tag{8-2}$$

因此，为计算二维模型中的内生热率，通常使用估算方法。使用一个近似 V 值进行内生热率的第一次估算，并检查在熔合区和热影响区的温度是否合适，如果计算得到的温度不能达到满意的效果，再调整 V 值，以此得到较为符合实际的有限元计算结果。

8.2　焊道集成法

对于厚板的多层多道焊接模拟，将多个焊道进行分组合并，使计算模型的焊道数量少于实际焊道数量的焊道集成法能大幅提高计算效率。

下面以 80mm 厚板的残余应力计算为例，分析不同焊道集成法的计算效率。

首先，将此模型进行逐道焊接模拟，即不合并任何焊道，根据实际焊缝顺序和数量，焊缝被逐道加热，如图 8-3 所示，不同颜色表示不同的焊道。

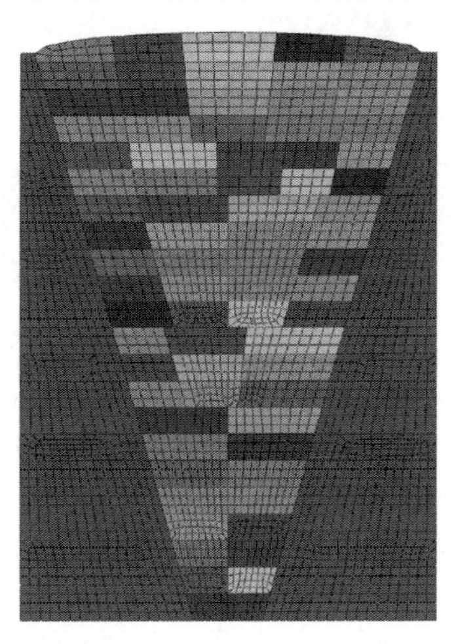

图 8-3　逐道焊接模型

随后，按照焊道集成法进行焊接模拟。如图 8-4 所示，简化模型 1～4 分别将两道焊缝、一层焊缝、两层焊缝、三层焊缝简化为一道焊缝进行焊接模拟；简化模型 5 是后三层为逐道焊接，其余为每一层焊缝简化为一道焊缝进行焊接模拟。分别将 5 种简化模型与逐道焊接模型、中子衍射测试结果进行对比，其横向残余应力与纵向残余应力结果如图 8-5 所示，可以发现，除逐道焊接模型外，简化模型 5 的有限元计算结果最接近测试结果，其余简化模型在近表面处的横向残余应力模拟结果与测试结果相差较为明显。每种模型残余应力的有限元计算时间如表 8-1 所示，简化模型 5 能在符合计算精度的同时大幅度节省计算时间。因此，按照简化模型 5 进行计算(即接近上表面焊缝逐道焊接，其余焊缝逐层合并)是厚板焊接残余应力计算中能够保证精度并且提高计算效率的有效简化方法。

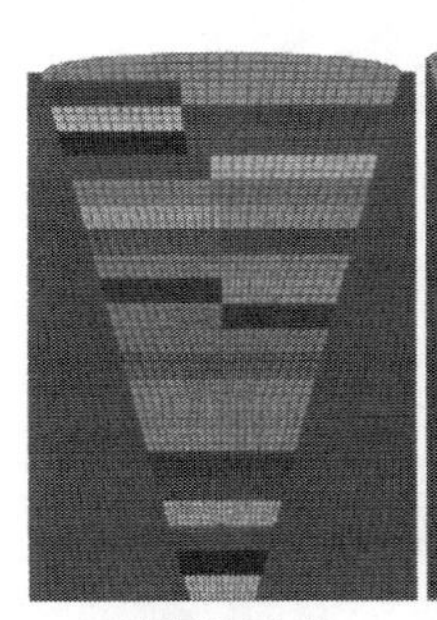

两道焊缝合并
简化模型1

一层焊缝合并
简化模型2

两层焊缝合并
简化模型3

三层焊缝合并
简化模型4

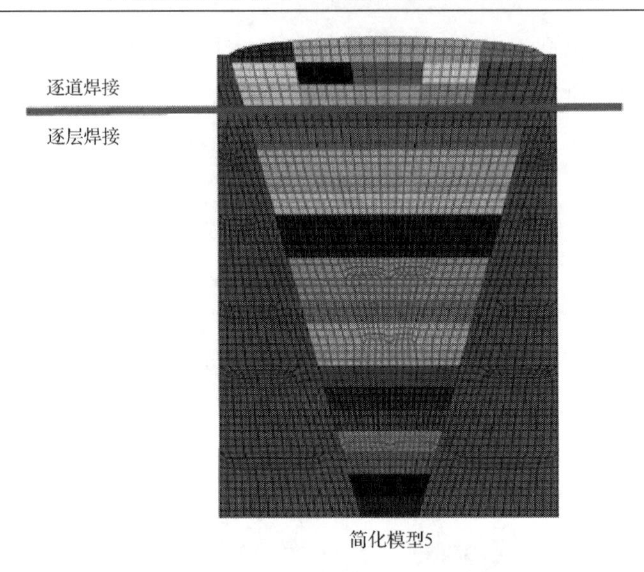

图 8-4　5 种焊道集成简化模型

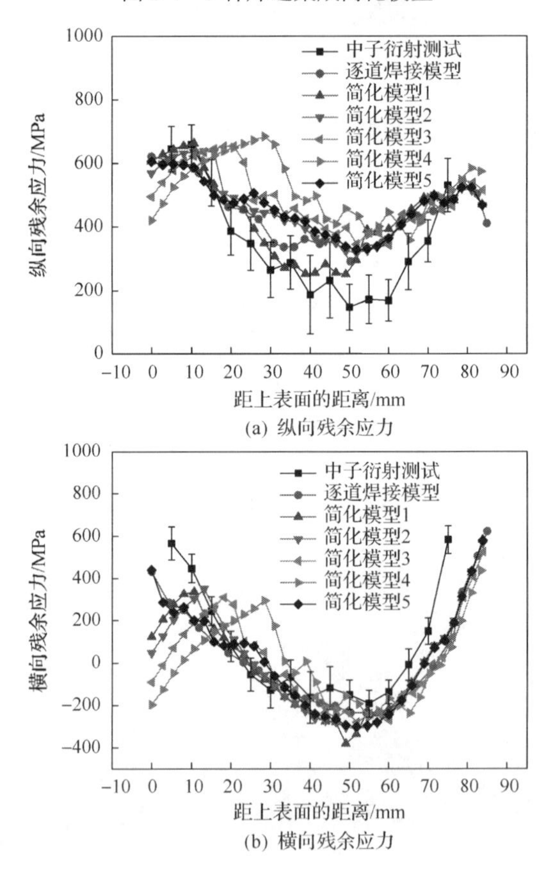

图 8-5　测试结果与有限元简化模型结果比较

表 8-1　不同模型残余应力有限元计算时间　(单位：min)

模型	温度场计算时间	应力场计算时间	总时间
逐道焊接模型	103	56	159
简化模型 1	47	30	77
简化模型 2	28	20	48
简化模型 3	15	13	28
简化模型 4	11	10	21
简化模型 5	40	26	66

8.3　可变长度热源简化算法

针对厚板多层多道焊接模拟，可采用可变长度热源模型来缩短计算时间，即在三维计算模型中，采用等密度的体积热源来模拟焊接热输入，沿焊道平行方向将模型分成 N 等份，逐段加热来模拟焊接移动热源，可大幅缩短计算时间。

根据 Deng 等[4]的研究，应用于每道焊缝的热源为等密度的体热源。在垂直于焊接方向的截面上，熔点以上的温度覆盖范围应超过每道焊缝的宏观截面面积；其长度可与实际熔池长度尺寸相当，也可覆盖整个焊缝长度，先焊焊缝可使用较大的热源长度，后焊焊缝可缩短长度，即增加焊缝分段加热次数以更接近瞬间热源加热状态，可依据计算精度、效率等具体需求选择热源长度。

如图 8-6 所示，以尺寸为 1000mm(长度)×300mm(宽度)×25mm(厚度)的厚板焊接模型为例，介绍可变长度热源简化算法的使用[5]。该模型焊道总数为 14，若使用子程序模拟移动热源来实现温度场的计算，将造成热弹塑性有限元模拟的计算时间过长。为了提高计算效率，可使用可变长度热源，即将整条焊缝分成多段，如图 8-7 所示，每段分别采用内生热源进行加热。

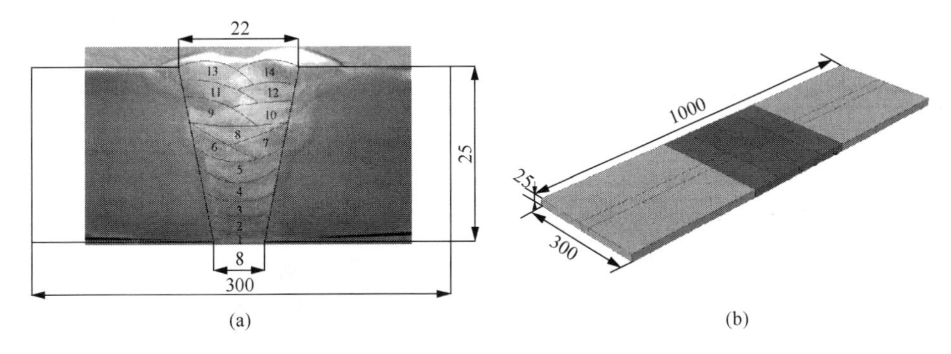

(a)　(b)

图 8-6　25mm 厚板焊接模型(单位：mm)

数字 1～14 表示焊接顺序

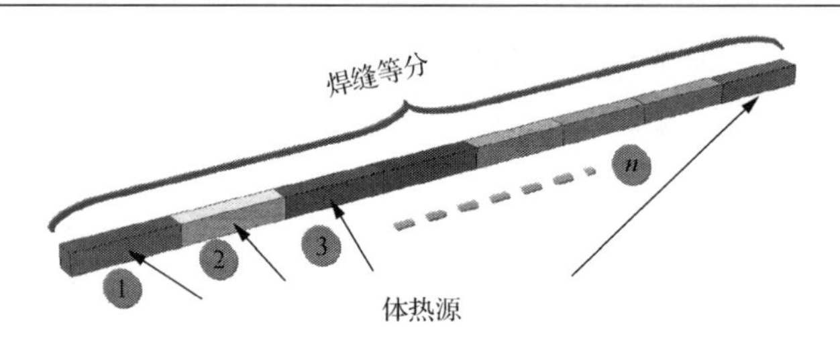

图 8-7　可变长度热源模型

先焊接的焊道(包括焊道 1～5)可采用热源长度等于模型长度 1/6 的可变长度热源进行模拟;位于厚度中心的焊缝(包括焊道 6～10)可将焊缝长度分割为 12 段,即通过 12 次加热完成每道焊缝的焊接过程;靠近上表面的焊缝(包括焊道 11～14)可采用长度较短的热源，为模型长度的 1/24，来尽量贴近移动热源的特性。

在以可变长度热源模型进行焊接温度场模拟的过程中，焊接温度合理化的实现和添加方法与二维内生热源模型近似。如式(8-3)所示，需在每一道焊缝对应的每一分段的热输入量 H 保持不变的情况下,通过在合理范围内不断调整焊接电流、电弧电压和焊接速度等焊接参数[6]，使热源能达到的最高温度超过熔点并使相应位置的温度接近实测焊接温度曲线。

$$H=\eta UI / v \tag{8-3}$$

式中，H 为单位长度的热输入量；v 为焊接速度；η 为电弧热效率；U 为电弧电压；I 为焊接电流。

8.4　厚板焊接残余应力的简化公式

由于厚板焊接残余应力的有限元计算过程复杂，计算时间冗长，若能提出厚板焊接残余应力的简化计算公式，即将已知部分参数代入公式就可得到模型中任一位置的应力分布，将能极大地提升工程应用效率。以 EH40 钢厚板焊接残余应力计算为例进行有限元模拟[7]，试样厚度分别为 50mm、70mm、80mm、100mm，试样的焊接剖口为 V 形剖口，剖口角度均为 60°。

通过有限元分析，可得到 50mm、70mm、80mm、100mm 厚板的焊接残余应力分布，取其焊缝中心线处的残余应力分布曲线，并将纵坐标的残余应力值、横坐标的厚度值进行归一化处理，得到厚板焊接残余应力随厚度变化的分布规律，与 70mm、80mm 厚板的中子衍射测试的残余应力数据进行比较(图 8-8)。

由图 8-8 可知，不同厚度下的残余应力分布规律基本一致，可认为板厚对于厚板残余应力分布规律几乎没有影响，有限元模拟值与中子衍射测试结果也基本吻合(除靠近表面位置处，此误差由中子衍射测试中过大的采样体积造成，采样体

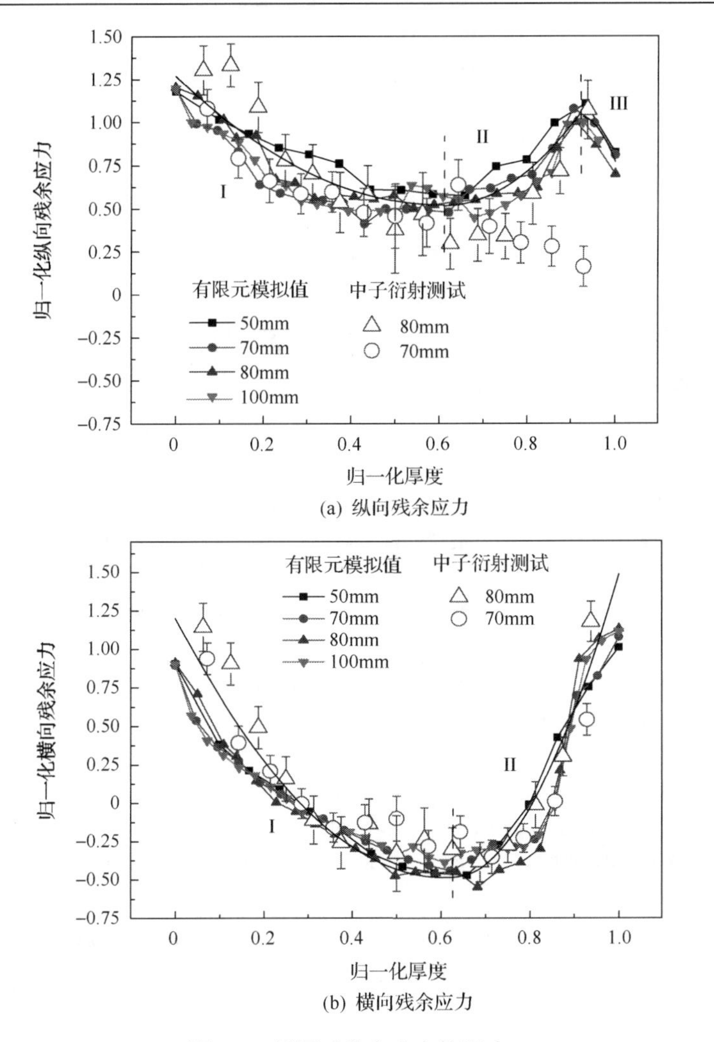

(a) 纵向残余应力

(b) 横向残余应力

图 8-8　板厚对残余应力的影响

积远大于焊缝宽度，因而有限元模拟得到残余应力值较小)，将几条残余应力分布曲线数据拟合可得如下沿厚度方向残余应力分布计算公式：

$$\frac{\sigma_{\mathrm{LD}}}{\sigma_{\mathrm{s}}}=\begin{cases}2.01\left(\dfrac{x}{t}-0.61\right)^2+0.52, & 0\leqslant x\leqslant 0.61t\\ 5.52\left(\dfrac{x}{t}-0.61\right)^2+0.52, & 0.61t<x<0.89t\\ -40.44\left(\dfrac{x}{t}-0.93\right)^2+1.03, & 0.89t\leqslant x\leqslant t\end{cases}\tag{8-4}$$

$$\frac{\sigma_{TD}}{\sigma_s}=\begin{cases}4.54\left(\dfrac{x}{h}-0.61\right)^2-0.5, & 0\leqslant x\leqslant 0.61t\\ 13.14\left(\dfrac{x}{h}-0.61\right)^2-0.5, & 0.61h< x\leqslant h\end{cases} \tag{8-5}$$

式中，x 为沿着焊缝中心距上表面的距离；σ_{LD} 和 σ_{TD} 分别为 x 位置处的纵向残余应力和横向残余应力；h 为试样厚度；σ_s 为母材的屈服强度。

利用式(8-4)和式(8-5)，已知样品厚度值和屈服强度值便可计算 50～100mm V 形剖口厚板的焊接残余应力。

参 考 文 献

[1] 张建勋, 刘川, 张林杰. 焊接非线性大梯度应力变形的高效计算技术[J]. 焊接学报, 2009, 30(6): 107-112, 118.

[2] Shim Y, Feng Z, Lee S, et al. Determination of residual-stresses in thick-section weldments[J]. Welding Journal, 1992, 71(9): S305-S312.

[3] 蒋文春, Wanchuck W, 王炳英, 等. 中子衍射和有限元法研究不锈钢复合板补焊残余应力[J]. 金属学报, 2012, (12): 1525-1529.

[4] Deng D, Kiyoshima S, Ogawa K, et al. Predicting welding residual stresses in a dissimilar metal girth welded pipe using 3D finite element model with a simplified heat source[J]. Nuclear Engineering and Design, 2011, 241(1): 46-54.

[5] Jiang W C, Woo W, An G B, et al. Neutron diffraction and finite element modeling to study the weld residual stress relaxation induced by cutting[J]. Materials and Design, 2013, 51(5): 415-420.

[6] 邓德安, 清岛详一. 用可变长度热源模拟奥氏体不锈钢多层焊对接接头的焊接残余应力[J]. 金属学报, 2010, 46(2): 195-200.

[7] Jiang W C, Woo W, Wan Y, et al. Evaluation of through-thickness residual stresses by neutron diffraction and finite-element method in thick weld plates[J]. Journal of Pressure Vessel Technology, 2017, 139(3): 031401.

第9章　焊接残余应力调控

根据作用原理，焊接残余应力调控方法主要分为焊后热处理和机械形变法两大类。焊后热处理是最常用的方法之一，它将焊件在一定温度下保温一段时间，再进行缓冷，从而使焊件达到低应力或应力释放的状态；但它存在一些负面效果，如焊件发生变形、材料的屈服强度降低、产生高温应变脆化现象、残留合金元素发生偏析脆化现象、出现热应力裂纹和再热裂纹等。机械形变法包括过载处理、爆炸处理、喷丸处理等。喷丸处理是一种应用广、效率高的表面强化技术，它通过加速粒子直接高速冲击工件表面，在受冲击的金属表面造成循环塑性变形，产生表面硬化层，从而消除焊接残余应力、生成残余压应力。喷丸处理包括传统喷丸处理、水射流处理和超声冲击处理等。

水射流处理和超声冲击处理是近年来应用较多、发展较好的处理方法，本章着重介绍这两种处理方法，并以这两种方法为例讲解降低焊接残余应力处理的模拟过程，给读者的学习过程提供思路。随着研究技术的发展，处理方法进一步改进，有限元模拟的准确度也有很大提升，读者若有兴趣可阅读其他文献资料进行学习。

9.1　水射流处理

水射流处理是近年来迅猛发展的一项新技术、新工艺，它的应用从煤炭、采矿、建筑、机械发展到环保、医疗、航天航空、有色金属、工艺品加工等众多领域，用于切割、清洗、除锈和破碎等作业。20世纪80年代末，Zafred[1]首先提出了利用水射流强化金属表面的思想，从而开始了水射流喷丸强化技术的研究，随后，水射流处理也应用于焊后处理，用来降低焊接残余应力[1, 2]。

9.1.1　水射流处理的原理与特点

水射流处理降低焊接残余应力的基本原理，是将携带巨大能量的水射流以某种特定的方式高速喷射到金属构件的焊缝表面上，使构件表层材料在再结晶温度下产生塑性形变，获得一定厚度的表面硬化层，从而实现组织结构的细化和残余应力的再分布，达到降低焊接残余应力的目的[2, 3]。图9-1为水射流处理降低焊接残余应力示意图。

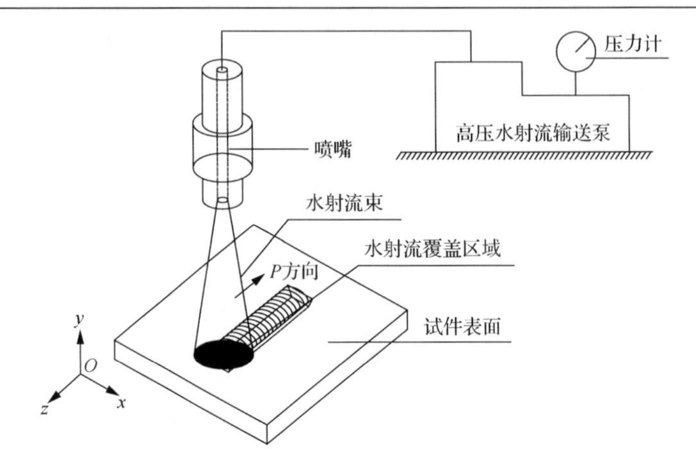

图 9-1　水射流处理降低焊接残余应力示意图

水射流处理除了可以获得冷作硬化层，进行组织强化和应力强化外，还可以提高焊件的疲劳强度。焊缝是结构中较为薄弱的环节，而工件的疲劳破坏都是先从表面形成裂纹开始的，所以当工件受交变拉应力的作用时，焊缝表面极易出现疲劳破坏。水射流处理后会在工件表面产生塑性变形层，当塑性变形与焊接产生的残余拉应力抵消后，表面会形成残余压应力，这部分压应力可以抵消一部分构件在工作过程中产生的拉应力，从而达到延长零件疲劳寿命的效果[2-4]。

焊接残余应力的降低也可从微观位错理论得到解释。处于焊态的焊缝在微观上是一种位错结构的宏观构造，它们不同的排列组合形态对应着不同的宏观残余应力分布。焊缝表面金属多存在残余拉应力，这种位错形态处于不稳定的高能形态，且位错密集区就是应力的集中分布区。水流高速撞击材料表面，材料表面吸收这种能量后，在微观上必然伴随位错结构的改变，位错在切应力的作用下运动，使晶体内的位错发生滑移，晶体内位错的反复滑移和攀移导致金属晶格发生畸变及严重的塑性变形。金属晶体通过位错运动产生的微观塑性变形会使最大残余应力得以释放，从宏观的表现形式上来看，残余应力就会重新分布，故残余应力水平大大降低且均匀化，即构件的残余应力得到释放。

与其他降低焊接残余应力的方法相比，水射流处理有以下特点[4]。

(1) 对加工对象要求不高，可以有效地处理其他方法难以到达的微小零件表面及存在狭窄部位、深凹槽部位的零件表面，易于实现全覆盖率和多表面同时加工。

(2) 被处理表面较为光滑，减少了应力集中现象，处理效果更好。

(3) 纯水射流处理的工作介质为水，易于获取，无固体弹丸废弃物，属于绿色材料。

(4) 介质将冲击产生的热量带走，使整个过程温度保持恒定，属于冷加工处理，不存在材料的相变问题。

(5) 介质来源广泛，生产成本低，生产效率高，强化效果好。

(6)操作简单方便，易于实现自动化和数控化。

(7)喷头体积小，移动方便，易于实现小型化。

(8)整套水射流装置体积不大，可以用机动车装载进行远距离操作和外场作业。

(9)无尘、无毒、无味、噪声低、安全、卫生，保护环境，对操作者的健康无害，属于绿色生产。

9.1.2　水射流处理的分类

水射流处理按照射流形式的不同可以分为连续水射流、脉冲水射流和空化水射流。

1. 连续水射流

连续水射流是最普遍的水射流处理形式，包括高压纯水射流和磨料水射流等。

高压纯水射流的工作介质只有水，采用高速水流喷射构件，利用水流的冲击力使构件表面发生塑性变形来改变构件的应力分布。其工作流程如图 9-2 所示。有研究表明，在高压纯水射流处理中，起主导作用的是射流的滞止压力和水的弹性冲击波产生的动态压力[4]。高压纯水射流喷丸强化技术出现最早，研究最多。美国的 Kunaporn 等[5]建立了高压纯水射流的数学模型，并研究了高压纯水射流产生残余应力的有限元模型，研究结果表明模型计算结果与实验测量结果基本吻合，为水射流处理降低焊接残余应力的数值模拟打下基础。国内的罗小玲和周桂[6]也对高压纯水射流技术进行了研究，结果表明水射流处理效果要优于传统喷丸处理效果。

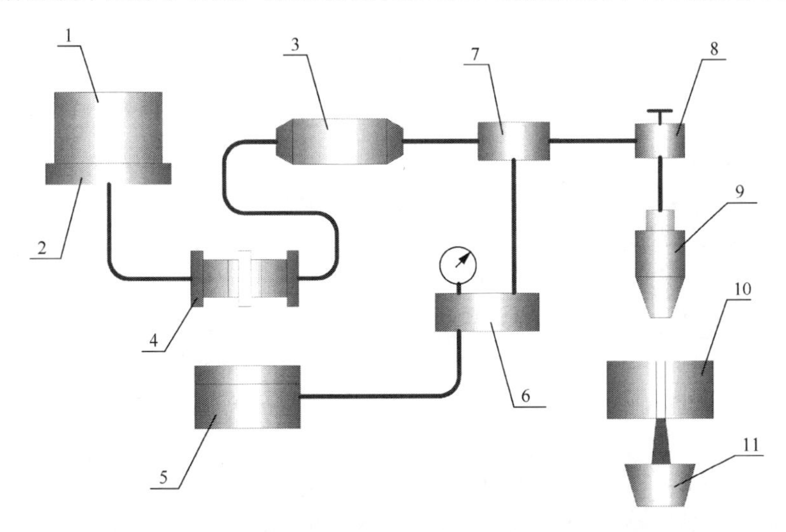

图 9-2　高压纯水射流工作流程图

1-供水器；2-过滤器；3-泵；4-蓄能器；5-增压器；6-液压装置；7-控制器；8-阀；9-喷嘴；10-工件；11-水槽

磨料水射流是将磨料粒子与喷射水流混合，形成高能束射流射向构件表面，混合射流的高冲蚀作用使构件表面发生塑性变形，产生残余压应力，同时改善构件的疲劳性能。磨料水射流工作流程如图 9-3 所示。射流中混合的磨料粒子在一定程度上改变了其流动特性和作用方式，有研究表明，磨料水射流处理中，起主导作用的是磨料冲击的法向力和切向力。水射流作为磨料的载体，将其动能传递给磨料粒子，把水射流的静压作用转变为磨料粒子的高频冲蚀作用，提高了射流的效率[4]。

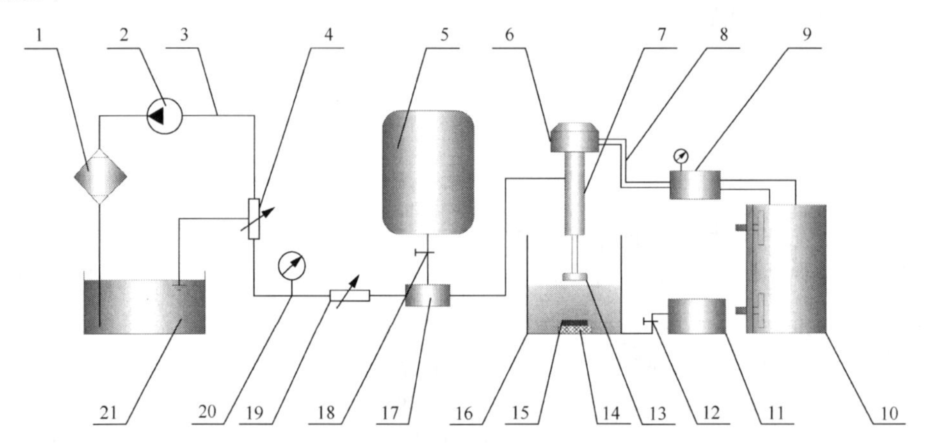

图 9-3　磨料水射流工作流程图

1-过滤器；2-高压泵组；3-高压胶管；4-调压阀；5-磨料罐；6-液压马达；7-磨料射流喷射装置；8-进出油管；9-液压控制装置；10-电控箱；11-磁选机；12-出口阀；13-射流喷头；14-夹持装置；15-工件；16-工作箱；17-混合室；18-磨料截止阀；19-节流圈；20-压力表；21-水箱

根据磨料粒子的混合方式，磨料水射流可以分为后混合式磨料水射流和前混合式磨料水射流[3]。后混合式磨料水射流是在水流喷出后与磨料粒子混合，其设备简单，操作方便，但由于混合时间较短，磨料粒子与水流速度有一定差异，不易进入射流中心，能量传递效率较低，冲蚀能力不强，使用较少。后混合式磨料水射流的喷头是关键部件，主要由水射流喷嘴、混合室和磨料射流喷嘴组成，按水射流的股数可分为单股射流喷头和多股射流喷头，按磨料输入方位又可分为磨料侧进式射流喷头、中进式射流喷头和切向进给式射流喷头，图 9-4 为简单的单射流侧进式喷头。前混合式磨料水射流是在水流喷出前与磨料粒子混合，能量传递效率较高，可以使磨料粒子达到水流速度，在相同条件下工作

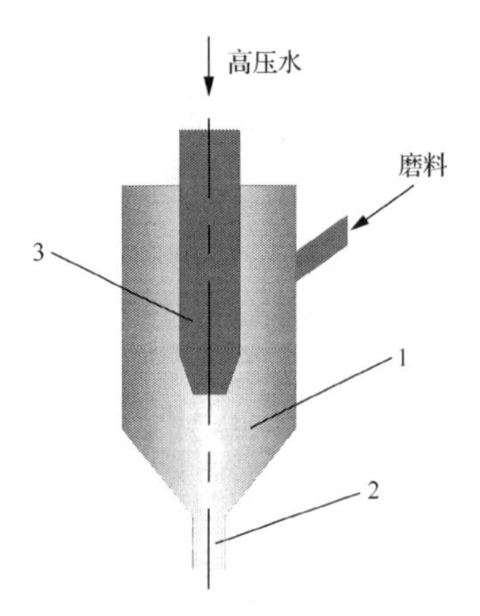

图 9-4　单射流侧进式喷头

1-混合室；2-磨料射流喷嘴；3-水射流喷嘴

能力比前者高 3 倍以上。图 9-3 为一种前混合式磨料水射流[3]。

2. 脉冲水射流

脉冲水射流属于冲击射流，它通过装置将能量储存并间歇传递给高压水束，冲击射流射向靶体，水流的水锤效应拥有巨大的能量，细化金属的表面组织，并产生残余压应力。有研究表明，脉冲水射流加工过程中，起主要作用的是弹性冲击波产生的动态压力和液体横向分流对表面的剪切作用。脉冲水射流的冲击压力可以瞬间达到最高值，其大小远远超过一般连续水射流的滞止压力，因此十分高效[2,4]。

冲击射流与连续射流的区别为冲击射流是间断的。产生冲击射流的方法包括纯挤压式(图 9-5)、爆炸式(图 9-6)、冲击聚能式及将连续射流截断成脉冲射流等[3,7]。俄罗斯学者设计了一种电液压脉冲射流喷丸设备，其脉冲放电产生 180～360MPa 的脉冲压力，使喷出的水流速度达到了 150～700m/s，三家机器制造企业的工业性实验表明，其喷丸强化效果好，适用于复杂表面，可以应用于工业生产[2]。

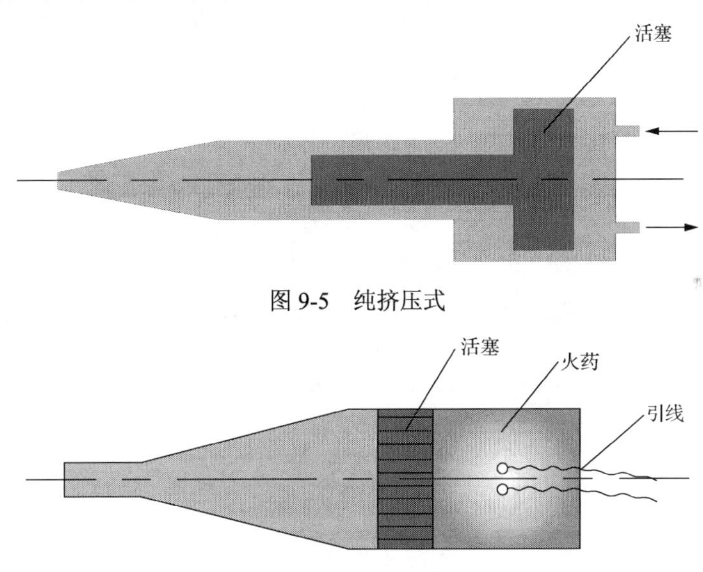

图 9-5　纯挤压式

图 9-6　爆炸式

3. 空化水射流

20 世纪 60 年代末，空化现象首次被提出。空化水射流是在高速水流内诱发由空气、水蒸气或混合气体产生的初生气泡，通过对喷嘴直径和靶距的控制，使气泡在运动过程中长大，气泡在射流冲击到构件时破碎，造成对材料表面的二次冲击，使其受到空蚀破坏，从而产生塑性变形，生成残余压应力。有研究表明，空化水射流处理中起主要作用的是气泡溃灭产生的冲击。由于气泡溃灭的冲击并非固体冲击，空化水射流处理的表面更加光滑。此外，因为空化水射流具有局部增压和能量集中的特点，所以在相同泵压和流量条件下，其效果优于普通水射流[3,4]。

空化水射流的形成主要依靠喷嘴结构，其形式有中心体式空化喷嘴(图 9-7)、旋转叶片式空化喷嘴(图 9-8)、角形空化喷嘴、细长管空化喷嘴、文丘里空化喷嘴等[3]。

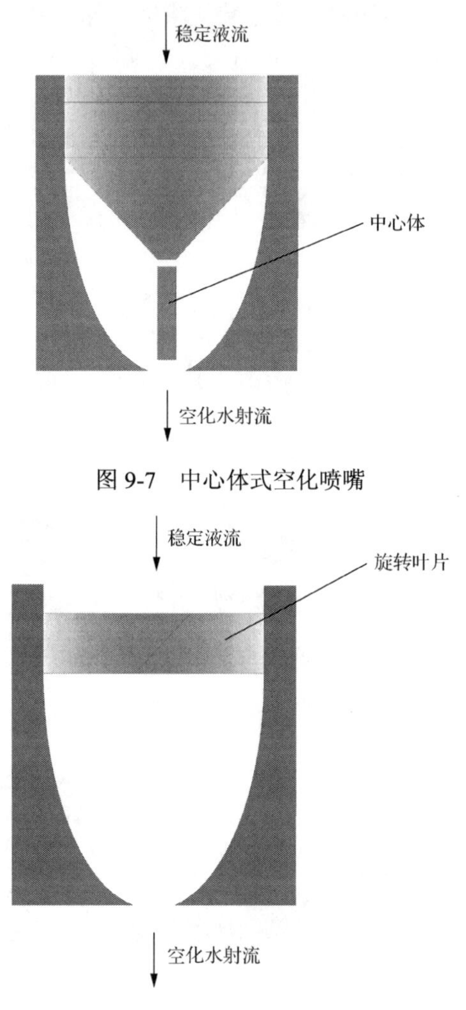

图 9-7　中心体式空化喷嘴

图 9-8　旋转叶片式空化喷嘴

9.1.3　水射流处理的数值模拟

目前研究的水射流处理数值模拟中，基本运用以下假设。

(1) 由于喷嘴的运动速度远小于射流速度，忽略喷嘴移动对射流的影响，按固定喷嘴进行模拟。

(2) 射流为平行直线且对构件表面垂直冲击，忽略射流的横向速度。

(3) 射流对构件表面施加非线性轴对称分布载荷。

(4) 忽略射流的冲击作用，用准静态压力分布替代瞬态冲击压力分布。

(5) 构件表面为理想光滑平面。

(6) 构件材料为均质的各向同性体。

水射流处理数值模拟建立在焊接残余应力场的基础上，即在焊接残余应力分析步后添加水射流分析步。在水射流处理数值模拟的过程中，忽略水的流体性质，将水射流的作用定义为静载荷，该载荷的作用区域为圆形，载荷于圆心处为最大值，分析和确定载荷模型参数，在此基础上编写移动载荷子程序 DLOAD，移动载荷子程序包含所施加载荷的大小、作用范围以及载荷的移动轨迹。将水射流与焊接残余应力场的模拟结果进行比较，可以分析水射流处理降低焊接残余应力的效果。

水射流模型对于水射流处理数值模拟的准确性极为重要。高压纯水射流对工件的冲击压力随冲击半径的增大而减小，最后降为零，其分布曲线如图 9-9 所示。压力载荷分布公式如下：

$$P(r) = P_{\mathrm{m}}(1-3\eta^2+2\eta^3) \tag{9-1}$$

式中，P_{m} 为轴心动压，

$$\eta = \frac{r}{r_0} \tag{9-2}$$

式中，r 为计算位置处的射流半径；r_0 为射流半径。用加载于焊缝表面的具有函数分布的载荷模拟高压纯水射流的作用，用 FORTRAN 语言将压力载荷分布公式和水射流移动路径编写为高压纯水射流移动载荷子程序 DLOAD，在有限元软件中调用子程序，并在焊接残余应力的基础上进行模拟计算，得到经高压纯水射流处理后的残余应力分布。

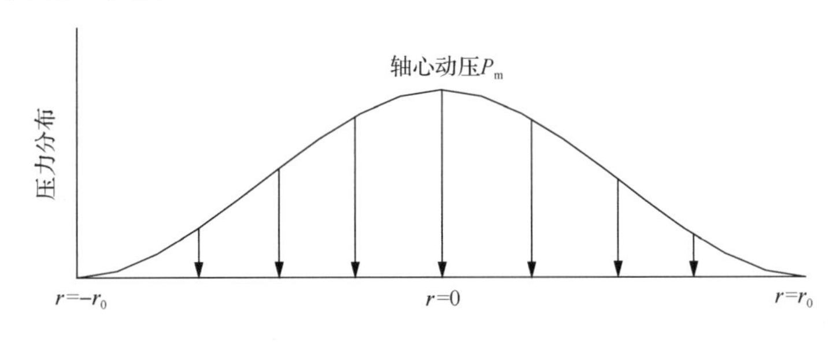

图 9-9　冲击压力分布曲线

以下介绍两个高压纯水射流降低焊接残余应力的有限元实例。

(1) 水射流处理降低环焊缝焊接残余应力的模拟。

如图 9-10 所示，模型为管道的环焊缝，材料为 316 不锈钢，管道外径为 165mm，壁厚为 4.5mm，环焊缝的坡口为梯形坡口，外壁开口 5mm，内壁开口 2mm。由

于模型关于焊缝中心线对称，分析模型选择管道的 1/2 以减少计算量。焊接模拟过程见第 3 章。

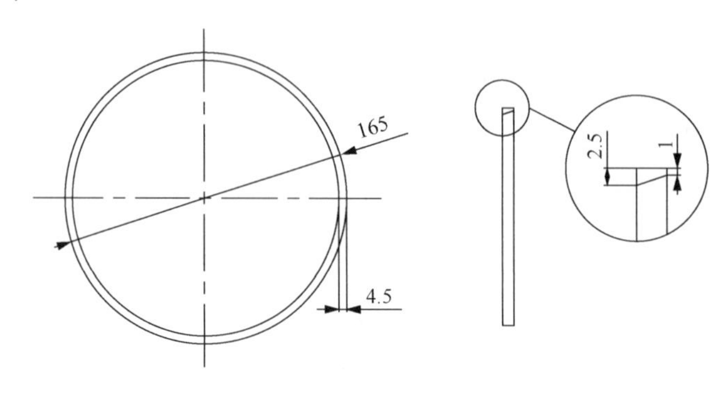

图 9-10　几何模型(单位：mm)

水射流模型以应力模型的计算结果为基础，保持边界条件不变，代表水射流作用的载荷用移动载荷子程序进行计算，可以模拟出水射流前后残余应力场的变化情况。通过水射流设备和几何模型确定水射流作用范围及轴心动压，其相关参数在移动载荷子程序中设置。此次模拟中取轴心动压为 100MPa，冲击半径为 1.3mm。在移动载荷子程序中设置水射流路径，要求压力载荷沿焊缝按一定速度移动，经过一周由起始点终止，载荷垂直于焊缝表面，载荷中心设置于 1/2 个焊缝的中心处，相当于一道焊缝并列两道水射流进行喷射。

水射流分析步设置于焊接残余应力分析步后，分为加载阶段和载荷及边界条件释放阶段。水射流沿圆周路径一周的喷射时间为 52s，随后以极短的时间进行载荷及边界条件的释放，结束时刻的应力场即经水射流处理后的应力场，可与焊接残余应力场进行比较，分析其作用效果。

取焊接 0°、90°、180°、270°位置垂直于焊缝的内壁和外壁共 8 条路径进行分析。图 9-11 和图 9-12 分别为 4 个焊接位置上水射流前后圆筒内壁和外壁的环向残余应力曲线，图 9-13 和图 9-14 分别为 4 个焊接位置上水射流前后圆筒内壁和外壁的轴向残余应力曲线。由图可知，由于高压纯水射流直接作用于焊缝，其在焊缝的作用效果最明显，基本可消除焊接残余应力，甚至将有害的残余拉应力转变为有利的残余压应力；在焊缝周边区域存在较大的焊接残余应力，但由于不受高压纯水射流的直接作用，其受水射流的影响较焊缝小，但焊接残余应力仍有明显的降低现象；在远离焊缝的部分，焊接残余应力较小，受水射流作用也很小，残余应力基本趋近于零。

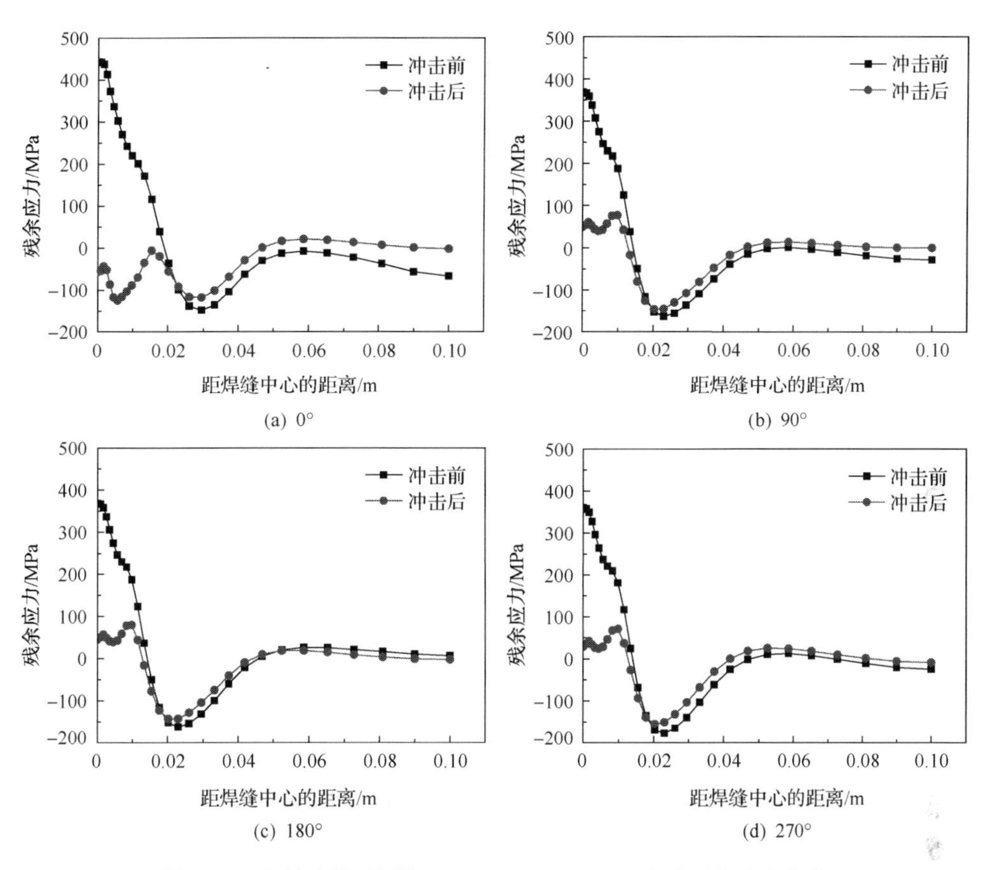

图 9-11　水射流前后焊接 0°、90°、180°、270°内壁环向残余应力

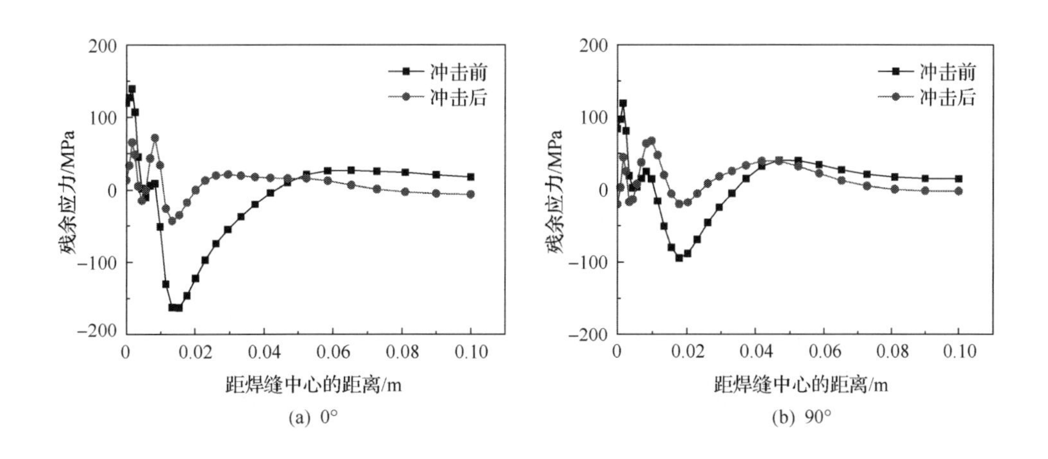

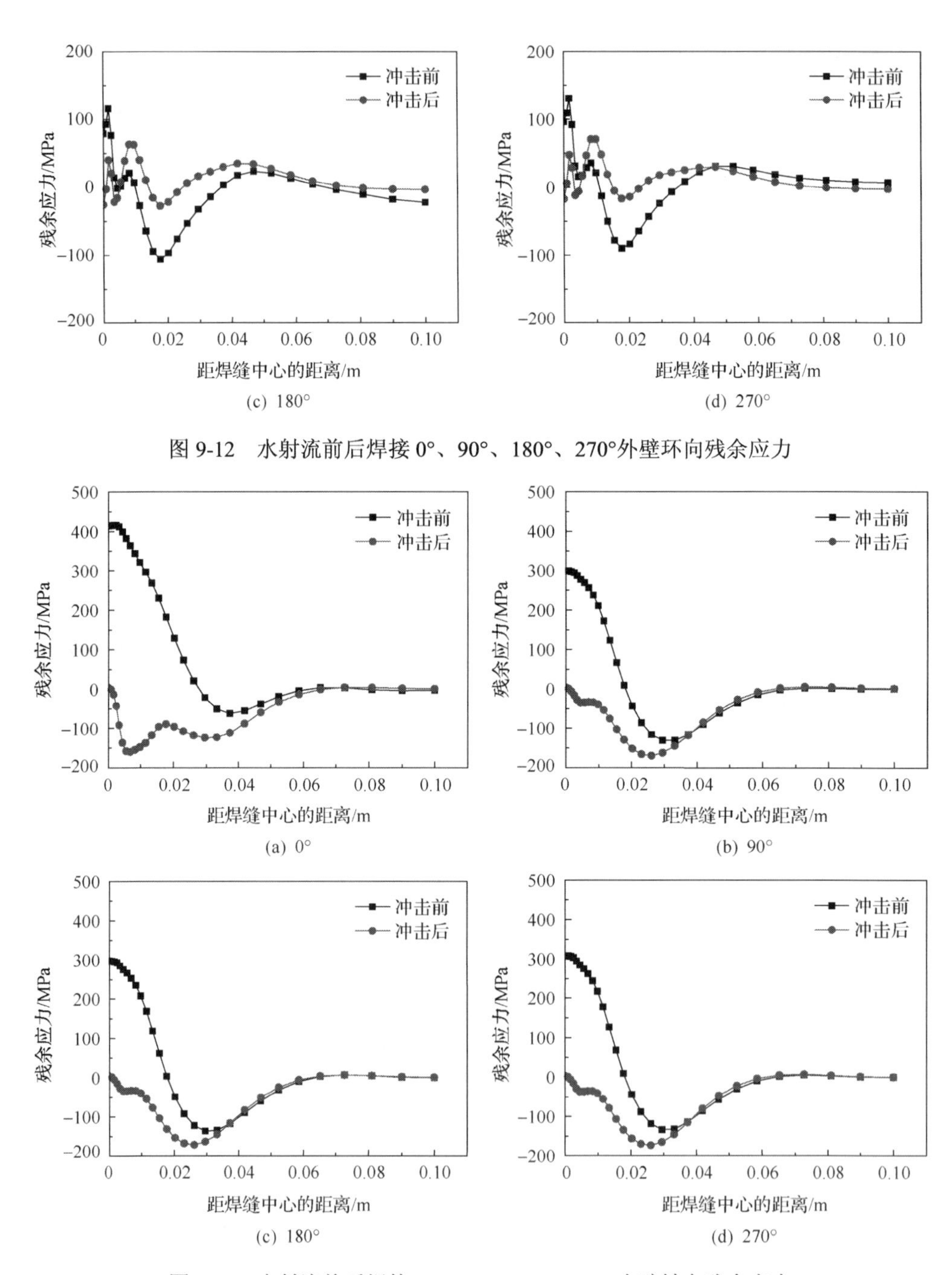

(c) 180°　　(d) 270°

图 9-12　水射流前后焊接 0°、90°、180°、270°外壁环向残余应力

(a) 0°　　(b) 90°

(c) 180°　　(d) 270°

图 9-13　水射流前后焊接 0°、90°、180°、270°内壁轴向残余应力

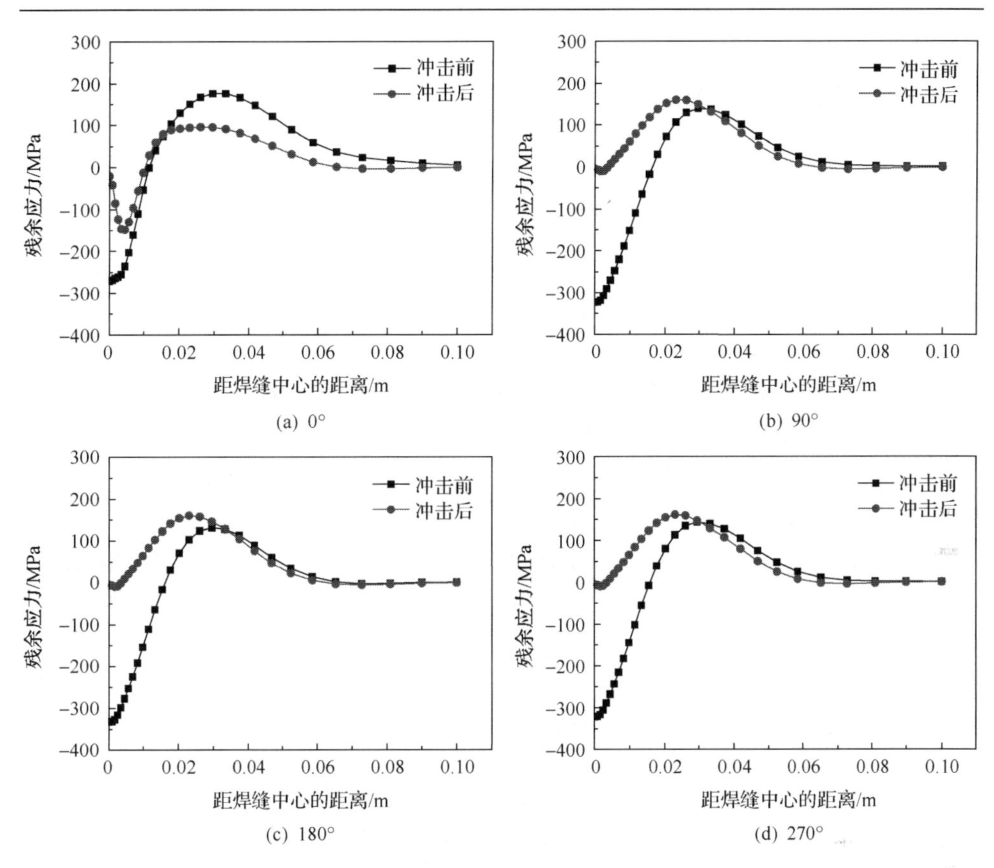

图 9-14　水射流前后焊接 0°、90°、180°、270°外壁轴向残余应力

(2)水射流处理降低补焊残余应力的模拟。

图 9-15 为不锈钢复合板补焊接头模型。覆材为 304 不锈钢，基材为 Q345R 钢，

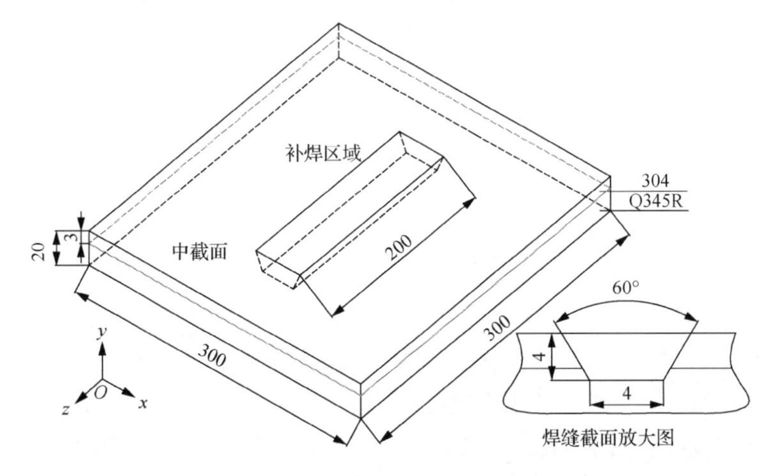

图 9-15　几何模型(单位：mm)

厚度分别为 3mm 和 17mm，复合板尺寸为 300mm×300mm×20mm。在覆材中间位置进行补焊，补焊深度为 4mm，其中基层刨深 1mm，坡口角度为 30°。焊接模拟过程可参考第 3 章。

本次模拟取喷嘴直径为 1 mm，射流喷丸压力为 750MPa，根据文献计算得射流作用于复合板上的冲击半径为 1.291mm，射流作用于复合板上的冲击中心处轴心动压 P_m 为 500MPa。为与实际喷丸条件吻合，取射流冲击半径为 1.3mm。本模型中焊缝宽度为 4.5mm，为使水射流能够加载在整个焊缝，可将高压水射流沿不重复路线冲击三次。

定义沿 x、y 和 z 方向的残余应力分别为横向残余应力 σ_x、厚度方向残余应力 σ_y、纵向残余应力 σ_z，由于厚度方向残余应力 σ_y 很小，不对其进行分析。图 9-16 给出了高压纯水射流加载前后焊缝表面残余应力分布。在焊态下，焊缝及热影响区产生了较高的残余拉应力。在焊缝，最大横向和纵向残余应力分别为 198MPa 和 288MPa；在热影响区，最大横向和纵向残余应力分别为 223MPa 和 269MPa。这是由于焊接热输入引起了材料的不均匀加热，熔池高温区材料的热膨胀受到周围材料的限制，产生不均匀压缩塑性变形，在冷却过程中，已发生塑性变形的这部分材料受到周围材料的制约，而不能自由收缩，便形成了焊接残余拉应力。远离焊缝和热影响区，残余应力逐渐降低。

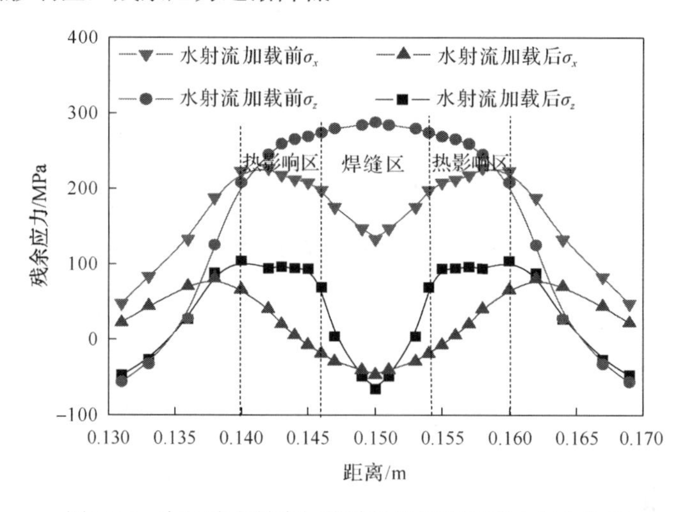

图 9-16　高压纯水射流加载前后焊缝表面残余应力分布

从图 9-16 可以看出，经高压纯水射流作用后，焊接残余应力得到降低。在焊缝，横向残余应力降低到了−18.9MPa 以下，最大降低至−46.7MPa，最大降低幅值达到 216.8MPa，平均降低了 122.2%；纵向残余应力降低到 68.9MPa 以下，最大降低至−66.1MPa，最大降低幅值达到 354.0MPa，平均降低了 103.4%。在热影响区，横向残余应力降低到 66.1MPa 以下，最大降低至−7.2MPa，最大降低幅值达到 215.4MPa，平均降低了 88.7%；纵向残余应力降低到 104.3MPa 以下，最大降低至 93.5MPa，最大降低幅值达到 175.8MPa，平均降低了 60.9%。

图 9-17 给出了高压纯水射流处理前后焊缝表面的等效塑性应变分布。高压纯水射流作用在内部存在残余拉应力的不锈钢复合板表面上，其携带的巨大冲击压应力与复合板内部的残余应力交互作用，如果应力之和超过或达到材料屈服强度，工件内部就会产生塑性变形，由此残余应力得到松弛。经高压纯水射流处理后，焊缝等效塑性应变增大，焊缝产生了新的塑性变形，残余应力得到释放。

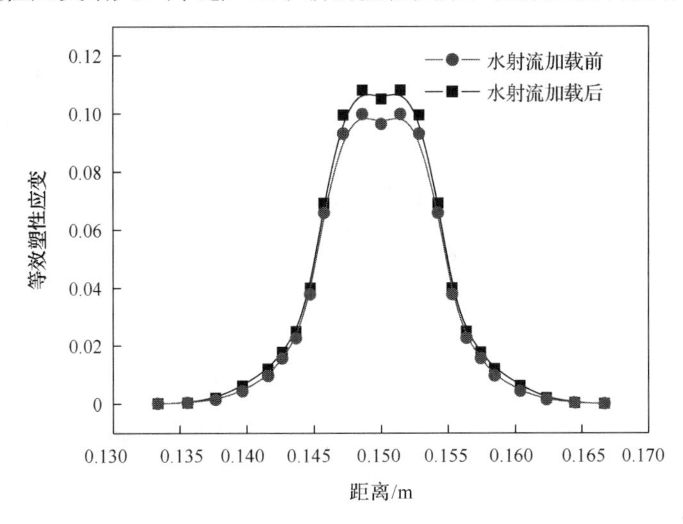

图 9-17　焊缝表面等效塑性应变分布

由以上分析可知，经高压纯水射流处理后，焊缝表面及热影响区的残余应力得到了很大程度的降低，在焊缝已经产生了残余压应力，可增强材料表面硬度，有效控制疲劳源的萌生和裂纹的扩展。

9.2　超声冲击处理

超声冲击处理是一种强表面塑性变形处理方法，利用高频振动作用于焊缝来降低焊接残余应力。20 世纪 70 年代，苏联科学家首次将超声冲击处理技术应用于军事领域的焊后处理；自 20 世纪 90 年代开始，各国相继对超声冲击处理进行了很多研究[8]。超声冲击处理是近年来比较流行的焊后处理和表面强化的方法。

9.2.1　超声冲击处理的原理与特点

超声冲击处理的原理如图 9-18 所示，超声波发生器将 50Hz 工频交流电转变成 20kHz 超声频交流电，换能器将电能转换成相同频率的机械振动传递给变幅杆，变幅杆将机械振动振幅放大并控制冲击头的运动，冲击头撞击构件表面，将机械振动传递至焊缝，使其产生足够深度的塑性变形层。超声冲击处理改善了焊趾形状，实现了焊材与母材的平滑过渡，改善了构件的应力集中状况；改变了原有的应力场，消除残余拉应力，并产生有益的残余压应力；细化了表层金属晶粒，增加了表面硬化程度[9-12]。

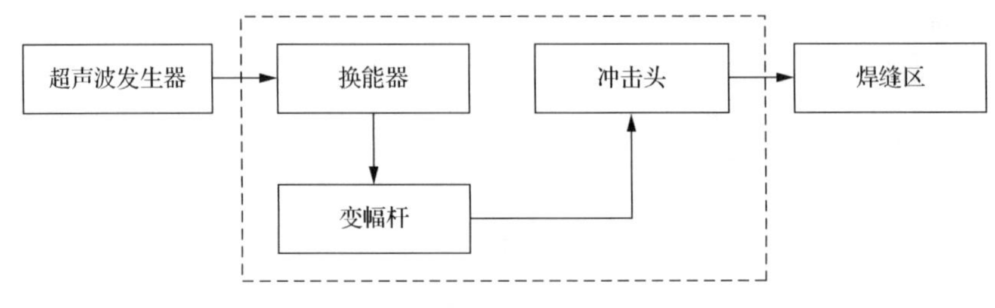

图 9-18　超声冲击处理原理示意图

超声冲击处理技术有以下特点[12]。

(1) 设备简单、操作方便、不受构件和场地的限制。

(2) 节能环保、无二次废物。

(3) 能够实现全覆盖冲击，有效改善焊趾的几何形状，降低应力集中现象。

(4) 能够改善残余应力场，产生残余压应力，并大幅度地延长结构的疲劳寿命。

(5) 能够细化表层金属晶粒，提高金属表面的强度和硬度。

9.2.2　超声冲击处理的数值模拟

通过有限元软件进行焊接模拟和超声冲击处理数值模拟，对超声冲击处理降低焊接残余应力的效果进行研究。超声冲击处理数值模拟同样建立在焊接残余应力场的基础上，需要在焊接分析步后添加超声冲击分析步，也会用到重启动设置。在超声冲击处理数值模拟的过程中，重点是用边界条件定义超声冲击的参数和移动轨迹，并且对冲击试样与冲击头设置接触条件。将超声冲击处理数值模拟结果与焊接残余应力场进行比较，可以分析超声冲击处理降低焊接残余应力的效果。

超声冲击模型中，冲击头的振动为正弦波，公式如下：

$$x(t) = A\sin(2\pi ft) \tag{9-3}$$

式中，A 为振幅；f 为频率；t 为时间。为简化计算，用线性波代替高频正弦波来模拟冲击头的振动。实际情况中，冲击头同时进行冲击振动和路径移动，为简化计算，将冲击振动与路径移动分开处理，设置于不同的分析步，分析步类型选择隐式动态分析。

以下介绍一个超声冲击处理降低焊接残余应力的有限元实例。

图 9-19 为补焊试样模型。母材选用 304 不锈钢，尺寸为 250mm×100mm×5mm，焊缝尺寸为 50mm×5mm×2mm，坡口角度为 75°。冲击头为柱形平头，直径为 20mm，长度为 45mm，设置变幅杆的振幅为 20μm，频率为 20kHz。实验测量超声冲击处理前后的残余应力，与数值模拟的结果进行对比，验证数值模拟结果的准确性，同时分析超声冲击处理降低焊接残余应力的有效性。

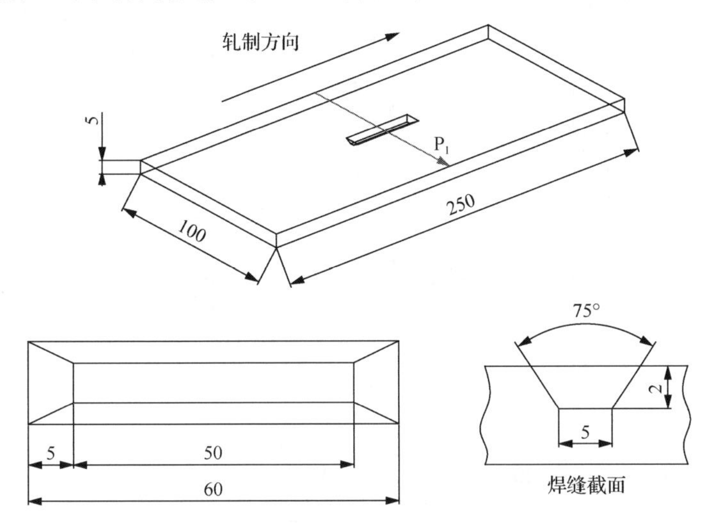

图 9-19　补焊试样模型(单位：mm)

由于冲击头材料坚硬，不会发生变形，将冲击头设置为刚体，并将冲击头的中心作为参考点，冲击头的移动设置于参考点上。为方便计算过程，对载荷的加载进行一定的简化，设置每一位置冲击振动的次数为 20 次，移动路径为垂直于焊缝方向，每次移动一个半径的距离。冲击头的移动依靠边界条件来进行设置，加载于各自的分析步，根据冲击振动次数与频率计算冲击振动分析步的时间。为了使冲击头的运动轨迹完全确定，在每个分析步中，不仅需要设定移动方向(冲击振幅和移动振幅)的边界条件，还需要在边界条件中对不移动方向的自由度进行限制。

在试样上表面沿垂直焊缝方向作路径 P_1，分析路径 P_1 上的残余应力分布。图 9-20 为沿路径 P_1 的纵向残余应力分布曲线，图 9-21 为沿路径 P_1 的横向残余应力分布曲线；四条曲线分别代表超声冲击前模拟值、超声冲击后模拟值、超声冲击前实验值和超声冲击后实验值。比较超声冲击前的实验数据与模拟数据发现，模拟值与实验值基本吻合，说明焊接模拟的方法完善、过程可靠、结果准确；比较超声冲击处理后的实验数据与模拟数据发现，模拟值与实验值较为吻合，说明超声冲击处理数值模拟可以基本体现超声冲击的作用，超声冲击处理数值模拟具有实际意义；比较超声冲击处理前后的实验数据和模拟数据发现，经过超声冲击处理后，试样的残余应力大幅度降低，基本呈现较小拉应力和有利压应力的状态，证明超声冲击处理可以有效降低焊接残余应力。从图中可以看出超声冲击后的实验值与模拟值存在差异，分析其原因：第一，在模拟过程中对材料模型和冲击过程进行了一定的简化；第二，模拟过程趋于理想化，实验过程中存在各种不可控因素。

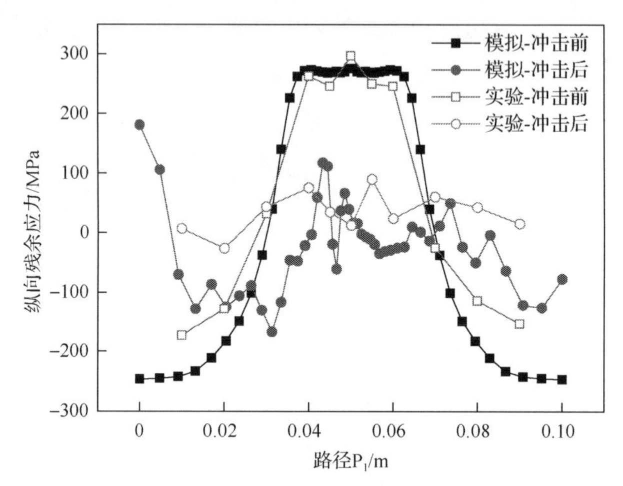

图 9-20　沿路径 P_1 的纵向残余应力分布曲线

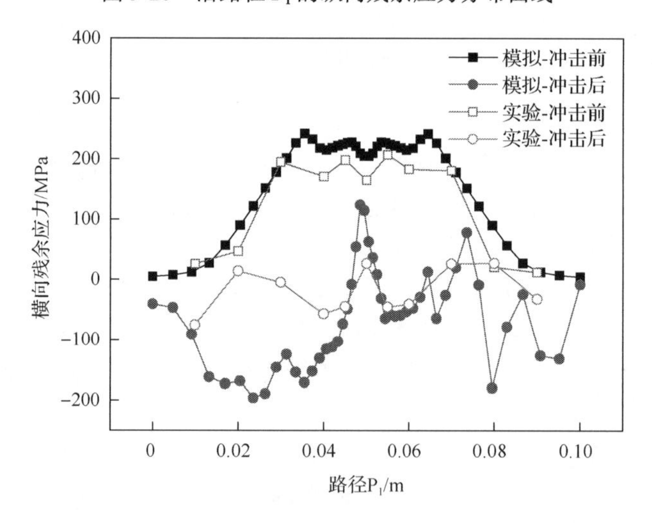

图 9-21　沿路径 P_1 的横向残余应力分布曲线

参 考 文 献

[1] Zafred P R . High pressure water shot peening: EP, 0218354B1[P]. 1987.
[2] 董星, 段雄. 高压水射流喷丸强化技术[J]. 表面技术, 2005, 34(1): 48-49.
[3] 沈忠厚. 水射流理论与技术[M]. 东营: 石油大学出版社, 1998.

[4] 吉春和, 张新民. 高压水射流喷丸技术及发展[J]. 热加工工艺, 2007, 36(24): 86-89.

[5] Kunaporn S, Hashish M, Ramulu M. Mathematical modeling of ultra-high-pressure waterjet peening[J]. Transactions of the ASME Journal of Engineering Materials and Technology, 2005, 127(2): 186-191.

[6] 罗小玲, 周桂. 高压水喷射强化初探[J]. 航空制造技术, 1990, (3): 1-5.

[7] 马文良. 自激吸气脉冲射流脉动压力特性研究[D]. 保定: 华北水利水电大学, 2016.

[8] Soyama H. Improvement of fatigue strength of aluminum alloy by cavitation shotless peening[J]. Journal of Engineering Materials and Technology, 2002, 124(2): 135-139.

[9] 王桂阳, 王海斗, 张玉波, 等. 超声冲击法提高焊接接头疲劳特性研究进展[J]. 材料导报, 2016, 30(9): 87-94.

[10] Roy S, Fisher J W. Enhancing fatigue strength by ultrasonic impact treatment[J]. International Journal of Steel Structures, 2005, 5(3): 241-252.

[11] Yuan K, Sumi Y. Simulation of residual stress and fatigue strength of welded joints under the effects of ultrasonic impact treatment (UIT)[J]. International Journal of Fatigue, 2016, 92: 321-332.

[12] 李铁生. 超声冲击对焊接残余应力影响的数值模拟[D]. 哈尔滨: 哈尔滨工业大学, 2009.

第10章 工 程 案 例

众多压力容器和管道的应力腐蚀开裂、疲劳断裂事故均位于焊缝和热影响区，从设计和制造的角度降低焊接残余应力，对安全运行至关重要。在焊接设计的初期，通过有限元法，研究焊接工艺和结构尺寸效应对残余应力的影响规律，从降低残余应力和变形的角度优化焊接工艺与结构尺寸，具有非常重要的意义，这也是目前国内外的研究热点与难点问题。本章介绍前述方法用于焊接残余应力与变形调控的几个工程案例，包括不锈钢复合板补焊、半管夹套焊接、螺旋焊管及大型环氧乙烷(ethylene oxide，EO)反应器超厚管板拼焊残余应力与变形调控。

10.1 案例一：不锈钢复合板补焊残余应力分析

不锈钢复合板具有较好的耐腐蚀性和强度，广泛应用于制造石油化工设备[1]。但在服役过程中，覆材常出现应力腐蚀开裂，需采用补焊的手段进行修复。由于补焊局部加热，不可避免地产生残余应力[2]，对应力腐蚀开裂产生较大的影响[3-5]。由于基材的拘束，补焊残余应力很难通过局部热处理消除。因此，准确预测并降低补焊区残余应力分布，是复合板目前亟待解决的问题。

本案例采用中子衍射与有限元相结合的方法[6]，研究不锈钢复合板补焊结构残余应力的分布，并验证有限元法模拟的准确性。在此基础上，探讨线能量、补焊层数、补焊宽度与长度、覆材厚度与基材厚度等因素对残余应力的影响，为补焊工艺的科学制定提供参考。

10.1.1 不锈钢复合板补焊残余应力的有限元分析与试验验证

1. 中子衍射测试

试验所用复合板覆材为304不锈钢，基材为Q345R钢，其化学成分如表10-1所示。覆材和基材厚度分别为3mm和17mm。复合板尺寸为200mm×200mm×20mm。在覆材中间位置采用钨极惰性气体保护焊(tungsten inert gas welding，TIG)进行补焊，补焊深度为4mm，其中基层刨深1mm，坡口角度为60°，如图10-1所示。焊前清洗坡口，覆层焊缝坡口两侧200mm宽的范围内刷一层白浆粉以防止飞溅物落在覆层表面。由表10-1可知，覆材与基材的化学成分不同，尤其是碳、铬、镍元素的含量。为了降低在焊接过程中碳元素的扩散与铬镍元素的稀释，先用

A302焊条预焊一道过渡层，再用A102焊条进行补焊，过渡层厚度与焊缝厚度均为2mm。焊接电流为110～120A，电压为30～35V，速度为2～3mm/s。

中子衍射测试点布置如图10-1所示。σ_x、σ_y、σ_z分别代表横向、法向、纵向残余应力。304不锈钢和Q345R钢晶体结构不一样，因此初始衍射角也不一样，分别为84.6°和76.9°，衍射晶面分别为(311)、(211)晶面，波长为1.46Å。对于304不锈钢，弹性模量E_{311}和泊松比υ_{311}分别为183.5GPa、0.31；对于Q345R钢，E_{211}和υ_{211}分别为225.5GPa、0.28。

表10-1　不锈钢复合板的化学成分　（单位：%，质量分数）

化学成分	C	Si	Mn	S	P	Cr	Ni
304不锈钢	0.03	0.46	1.26	0.002	0.032	18.38	8.07
Q345R钢	0.15	0.32	1.38	0.014	0.016	—	—

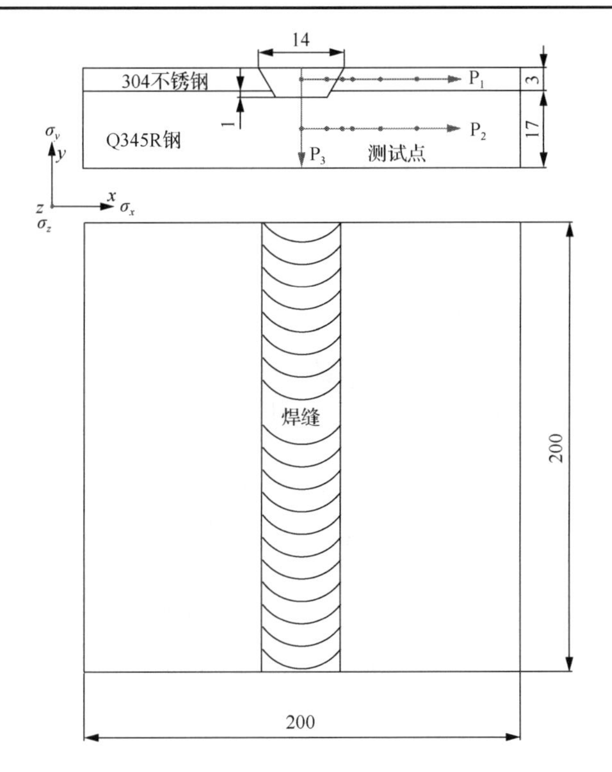

图10-1　不锈钢复合板补焊示意图(单位：mm)

2. 有限元模型

根据如图10-1所示实际焊板尺寸建立三维有限元模型，利用生死单元技术来实现焊缝金属的填充。为了准确反映焊缝的温度与应力梯度，在补焊区附近网格划分较密，远离焊接接头区域网格划分逐渐稀疏，网格模型如图 10-2 所示。热分析和力分析使用相同的单元与节点，温度场计算采用 DC3D8 单元，应力场计算采用 C3D8 单元，共划分 21840 个单元、24559 个节点。

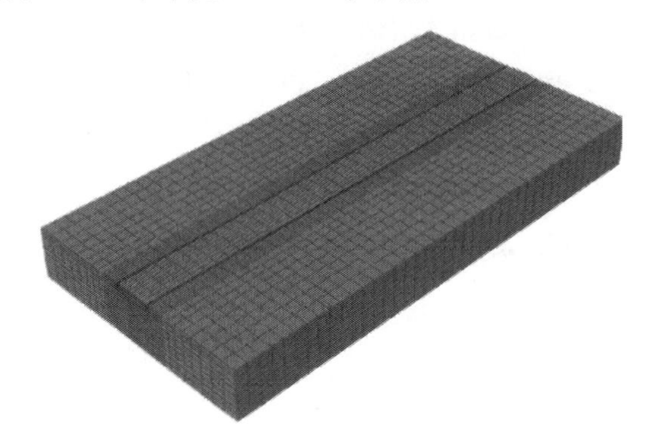

图 10-2 有限元网格模型

假设材料弹性应力-应变关系符合各向同性胡克定律，塑性行为符合 Mises 屈服准则；加工硬化通过各向同性准则来表达，且材料性能随温度变化，如图 10-3 所示。考虑高温退火的影响，退火温度假定为 800℃。在模型底部端点约束其所有自由度，限制焊件的刚性移动。焊接温度场与应力场的计算过程详见第 3 章。

3. 计算结果分析及试验验证

对于 304 不锈钢和 Q345R 钢，在焊接过程中，不考虑相变的影响。选择与中子衍射测试点布置相同的路径 P_1、P_2、P_3 对计算结果进行分析，其位置如图 10-1 所示。

沿路径 P_1 的中子衍射测试和有限元计算的残余应力分布结果如图 10-4 所示。可以看出在焊缝和热影响区，有限元分析和中子衍射测试结果具有很好的一致性，而远离焊缝和热影响区，二者具有一定的差异，这主要是由于有限元分析没有考虑制造状态产生的残余应力。不锈钢复合板采用爆炸焊制造而成，在覆层不可避免地产生残余应力。由于局部补焊加热，在焊缝和热影响区出现应力集中现象，远离热影响区的母材区域应力逐渐降低。最大纵向残余应力和横向残余应力分别为 310MPa 和 230MPa，均位于热影响区。最大纵向残余应力比屈服强度大 45MPa，这主要是由加工硬化而引起的。

图 10-5 给出了路径 P_2 的残余应力分布。有限元分析与中子衍射测试结果具有较好的一致性，说明有限元模型是正确的。沿着路径 P_2，纵向和法向残余应力较低，而在焊缝下方对应的位置（P_2 始点），横向残余应力具有较大的压应力(–270MPa)。这主要是由于局部补焊加热，对板材产生了弯曲效应，产生了弯曲应力。P_2 始点通过弯曲中性层，因此具有较高的压应力。图 10-6 给出了沿着厚

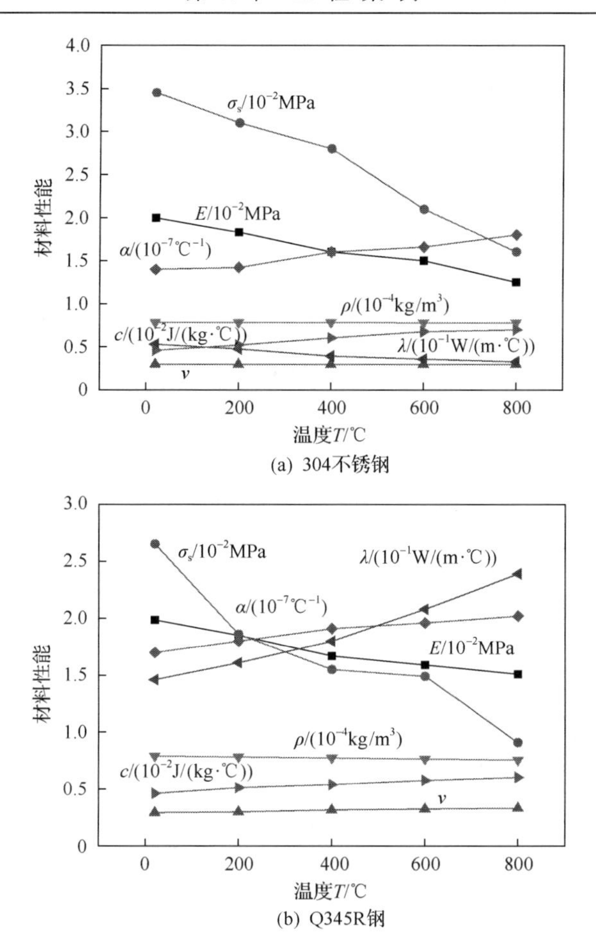

(a) 304不锈钢

(b) Q345R钢

图 10-3 材料性能

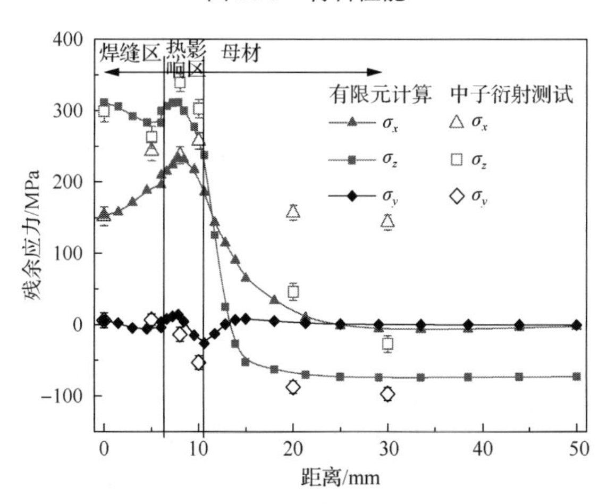

图 10-4 路径 P_1 的残余应力分布

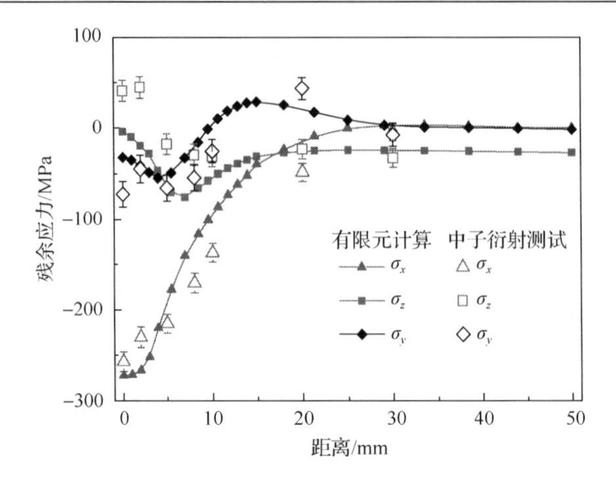

图 10-5　路径 P_2 的残余应力分布

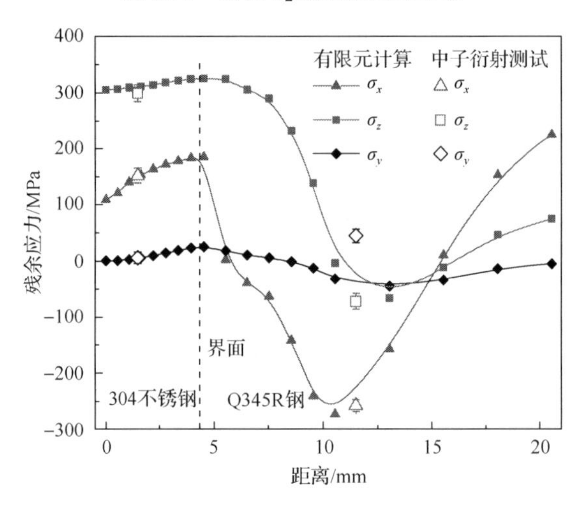

图 10-6　路径 P_3 的残余应力分布

度方向路径 P_3 的残余应力分布。沿着厚度方向，应力分布不均匀。在 304 不锈钢和 Q345R 钢界面区域产生了较高的应力梯度。

中子衍射测试和有限元分析结果的一致性有效地验证了有限元法的正确性，在此基础上利用有限元法，讨论线能量、补焊层数、补焊宽度与长度、覆材厚度与基材厚度等对残余应力的影响。

10.1.2　结构和工艺参数对不锈钢复合板补焊残余应力的影响

1. 线能量的影响

在保持其他焊接工艺参数不变的前提下，改变线能量(线能量分别选取 9.6kJ/cm、

10.8kJ/cm 和 12.0kJ/cm）来讨论线能量对残余应力的影响[7]。由于焊缝厚度较小，法向残余应力较小，因此不进行分析，仅分析横向残余应力和纵向残余应力。焊缝中心（路径 L_1）、热影响区（路径 L_2）位置如图 10-7 所示。

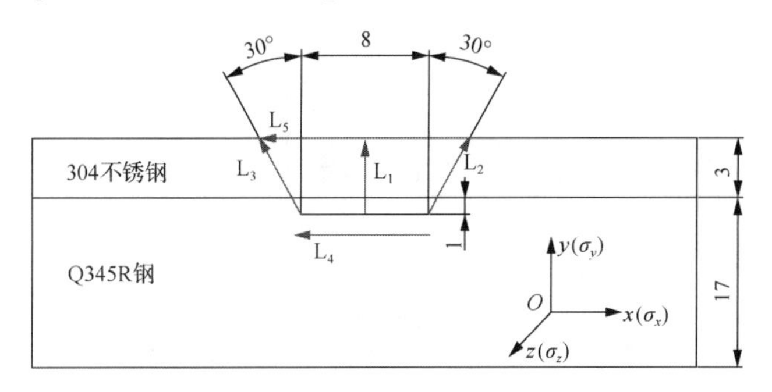

图 10-7　复合板补焊几何模型及分析路径（单位：mm）
L_1～L_5 表示路径

沿路径 L_1 与路径 L_2，线能量对残余应力的影响如图 10-8 和图 10-9 所示。随着线能量增加，残余应力降低。当线能量从 9.6kJ/cm 增加到 12.0kJ/cm 时，沿路径 L_1 的横向残余应力降低了近 20%，而纵向残余应力由于已经达到屈服强度，降低的幅度不大，仅为 2%。当线能量从 9.6kJ/cm 增加到 12.0kJ/cm 时，对沿路径 L_2 的残余应力的影响与路径 L_1 具有相同的趋势，随着线能量的增加，横向残余应力降低，纵向残余应力受线能量的影响不大。

图 10-10 给出了线能量对路径 L_1 与路径 L_2 变形的影响。由图可知，随着线能量增加，变形增加。当线能量增加时，塑性变形增加，使得部分残余应力释放，从而导致残余应力降低。

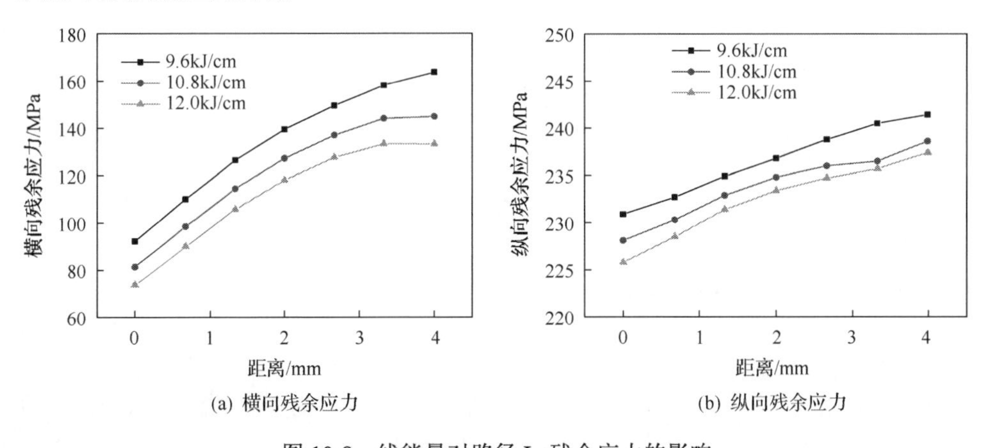

(a) 横向残余应力　(b) 纵向残余应力

图 10-8　线能量对路径 L_1 残余应力的影响

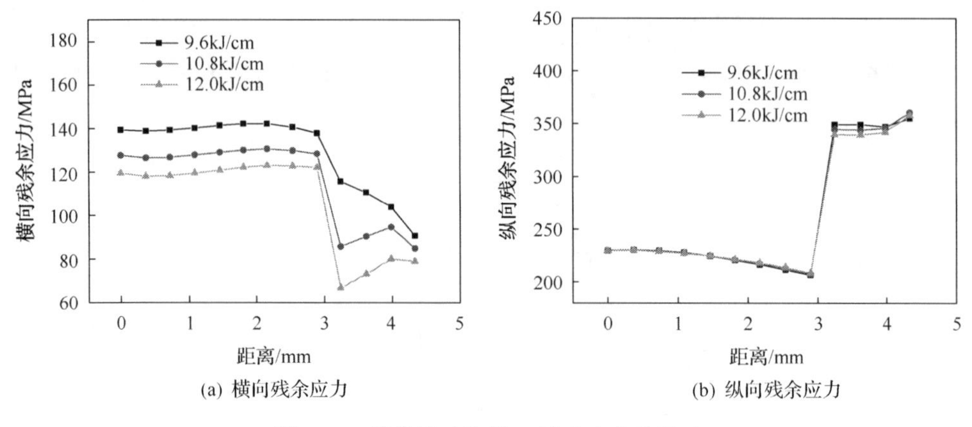

(a) 横向残余应力　(b) 纵向残余应力

图 10-9　线能量对路径 L_2 残余应力的影响

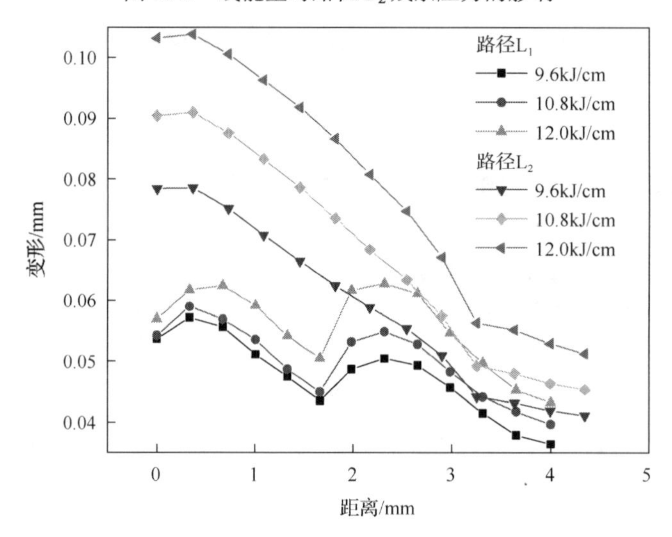

图 10-10　线能量对变形的影响

2. 补焊层数的影响

在保持其他焊接工艺参数不变的前提下，分别计算焊缝层数为 2、3、4 时残余应力的分布，讨论焊缝层数对残余应力的影响[8]。同样仅分析横向残余应力和纵向残余应力。路径 L_1、路径 L_2 位置如图 10-7 所示。

图 10-11 和图 10-12 分别给出了焊缝层数对路径 L_1 和路径 L_2 残余应力的影响。由图可知，随着层数增加，残余应力降低。当焊缝层数从 2 层增加到 4 层时，沿路径 L_1 的横向残余应力降低了近 20%，而纵向残余应力降低的幅度不大，仅为 5%。当焊缝层数从 2 层增加到 4 层时，对沿路径 L_2 的残余应力的影响与路径 L_1 具有相同的趋势，随着层数增加，横向残余应力降低，而纵向残余应力已达屈服

强度，因此受焊缝层数的影响不大。图10-13给出了焊缝层数对路径L_1与路径L_2变形的影响。由图可知，随着层数增加，变形增加。当层数增加时，每道焊缝体积减小，根据热流密度计算公式可知，热流密度增加，热输入增加，温度升高，导致变形增加，使得部分残余应力通过塑性变形而释放，从而导致残余应力降低。

3. 补焊宽度的影响

在保持其他焊接工艺参数不变的前提下，分别计算补焊宽度为8mm、12mm、16mm、20mm和24mm时残余应力的分布，讨论补焊宽度对残余应力的影响[9]。由图10-14可知，最大残余应力随补焊宽度的增加而降低，补焊宽度由8mm增加到24mm，最大残余应力降低23%左右。

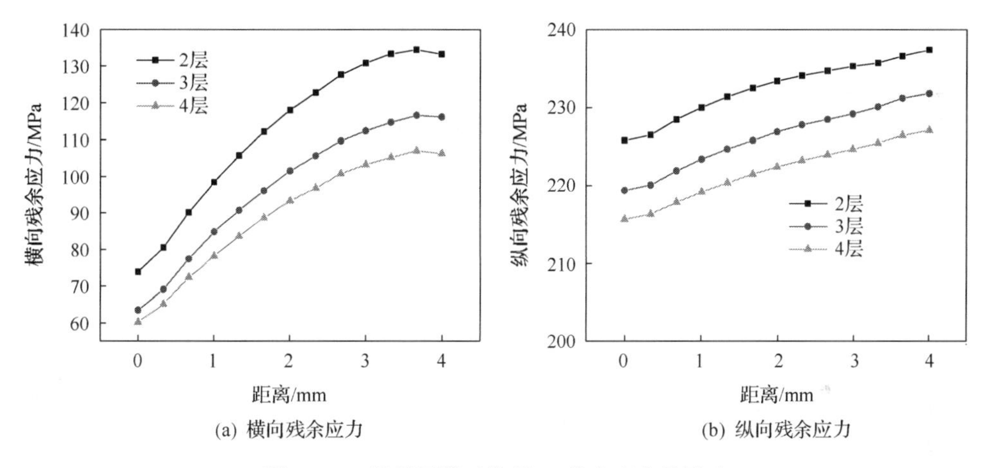

(a) 横向残余应力　(b) 纵向残余应力

图10-11　焊缝层数对路径L_1残余应力的影响

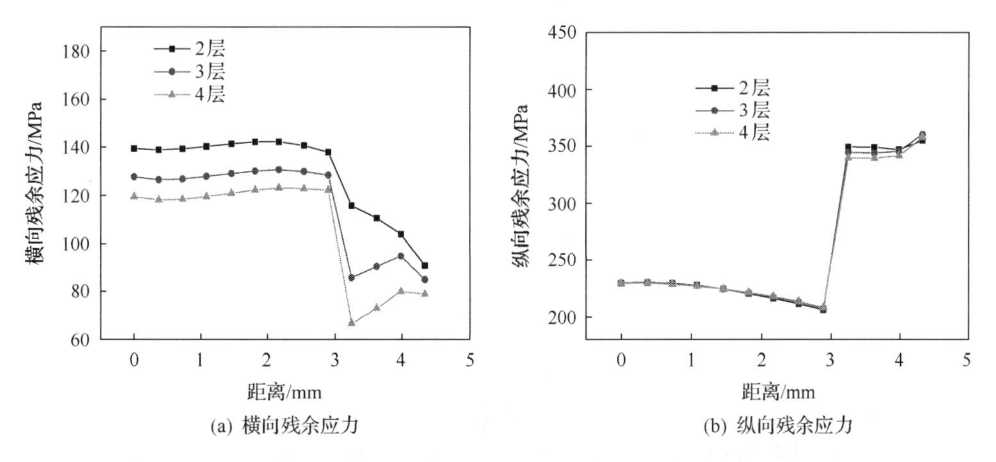

(a) 横向残余应力　(b) 纵向残余应力

图10-12　焊缝层数对路径L_2残余应力的影响

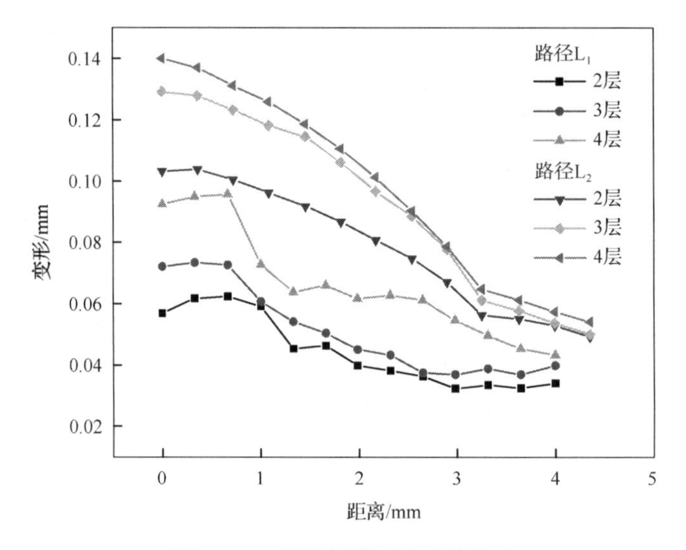

图 10-13　焊缝层数对变形的影响

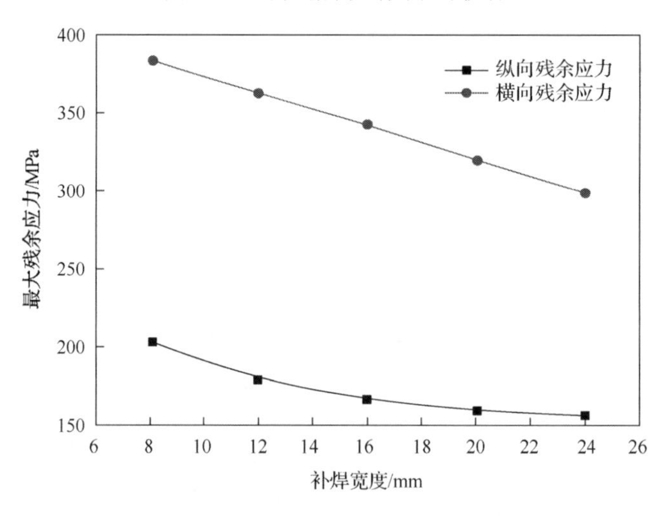

图 10-14　补焊宽度对最大残余应力的影响

图 10-15 给出了沿焊缝表面(路径 L_5)在不同补焊宽度下的残余应力分布。结果表明，随着补焊宽度的增加，残余应力降低。当补焊宽度为 8mm 时，路径 L_5 上的最大横向残余应力为 185MPa，纵向残余应力均在 210MPa 左右。当补焊宽度增加到 24mm 时，在焊缝表面上的近 70%区域的横向残余应力在 120MPa 左右，纵向残余应力低于 100MPa，甚至为压应力。

图 10-16～图 10-18 为补焊宽度对热影响区残余应力的影响，随补焊宽度的增加，横向残余应力与纵向残余应力均呈现降低的趋势。

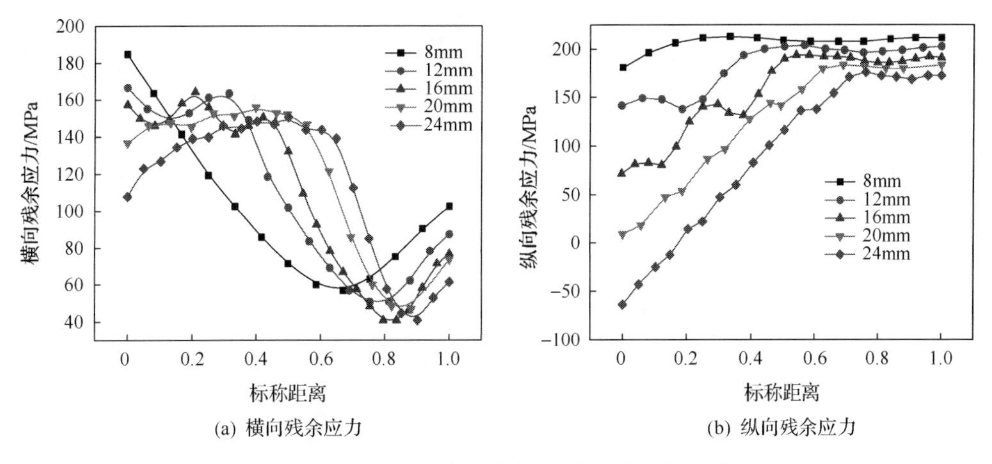

(a) 横向残余应力　(b) 纵向残余应力

图 10-15　补焊宽度对路径 L_5 残余应力的影响

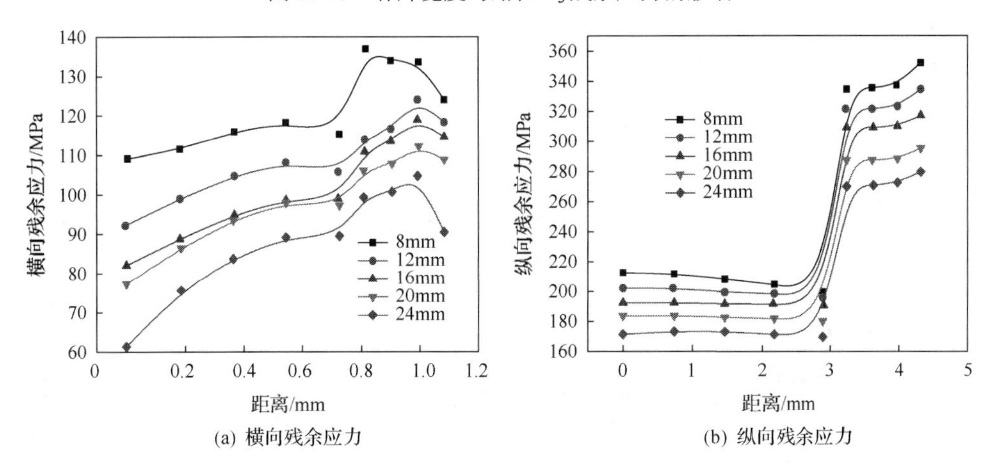

(a) 横向残余应力　(b) 纵向残余应力

图 10-16　不同补焊宽度下沿路径 L_2 的残余应力分布

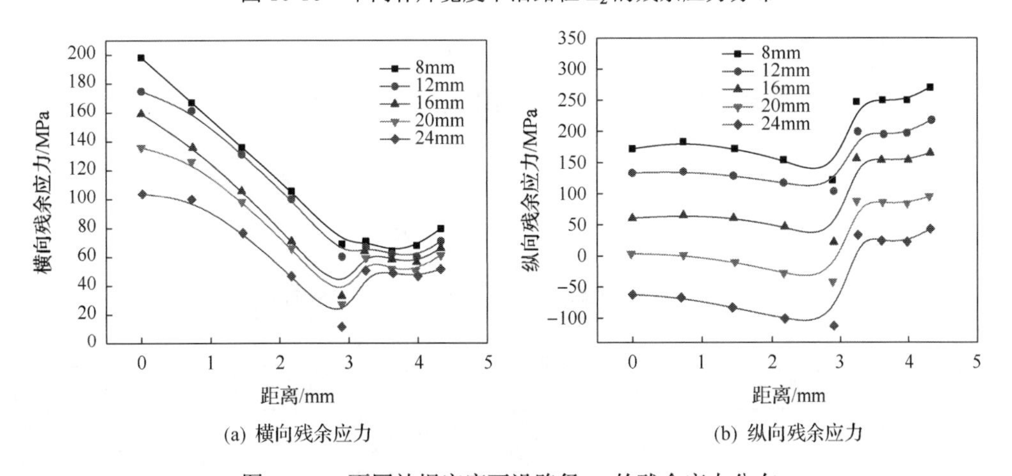

(a) 横向残余应力　(b) 纵向残余应力

图 10-17　不同补焊宽度下沿路径 L_3 的残余应力分布

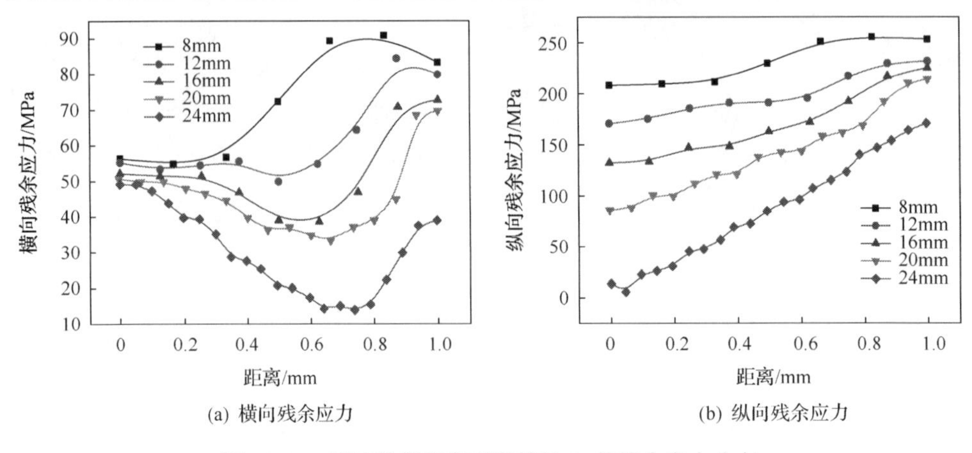

(a) 横向残余应力　　(b) 纵向残余应力

图 10-18　不同补焊宽度下沿路径 L_4 的残余应力分布

在焊缝右侧热影响区(路径 L_2)的残余应力分布如图 10-16 所示，当补焊宽度由 8mm 增加到 24mm 时，横向残余应力降低至 100MPa 以下，纵向残余应力也降低 20%左右。在焊缝左侧热影响区(路径 L_3)的残余应力分布如图 10-17 所示，由图可知，在左侧热影响区残余应力降低幅度较大，当补焊宽度增加到 24mm 时，整个路径上近 80%区域的横向残余应力已降低到 80MPa 以下，纵向残余应力已变成压应力。图 10-18 给出的是焊缝下方热影响区(路径 L_4)的残余应力分布，当补焊宽度增加到 24mm 时，横向残余应力降低至 50MPa 以下，纵向残余应力平均值降低至 100MPa 左右。

补焊宽度越窄，焊缝金属受到的拘束越大，残余应力越大。随着补焊宽度的增加，残余应力降低。当补焊宽度增加到 24mm 时，最大残余应力降至屈服强度以下，有助于降低产生裂纹的风险，因此，在补焊过程中，推荐补焊宽度不低于 24mm。

4. 覆材与基材厚度的影响

为了研究覆材厚度对残余应力分布的影响，在保持其他焊接工艺参数不变的前提下，分别计算覆材厚度为 1mm、2mm、3mm、4mm 和 5mm 时残余应力的分布。随着覆材厚度的增加，补焊层数和道数增加，如表 10-2 所示。本节仅讨论覆材厚度对横向残余应力的影响[10]，分析路径选择图 10-7 中的路径 L_1。

表 10-2　不同覆材厚度下的补焊层数和道数

	覆材厚度				
	1mm	2mm	3mm	4mm	5mm
补焊层数	1	2	2	3	4
补焊道数	2	4	4	6	8

如图 10-19 所示，随着覆材厚度的增加，复合板的最大变形量增加，这是因为随着补焊层数和道数的增加，焊缝的线能量增加，从而导致变形增大。部分残余应力通过塑性变形得到释放，从而导致残余应力降低。沿路径 L_1 的横向残余应力分布如图 10-20 所示，随着覆材厚度的增加，横向残余应力明显降低。

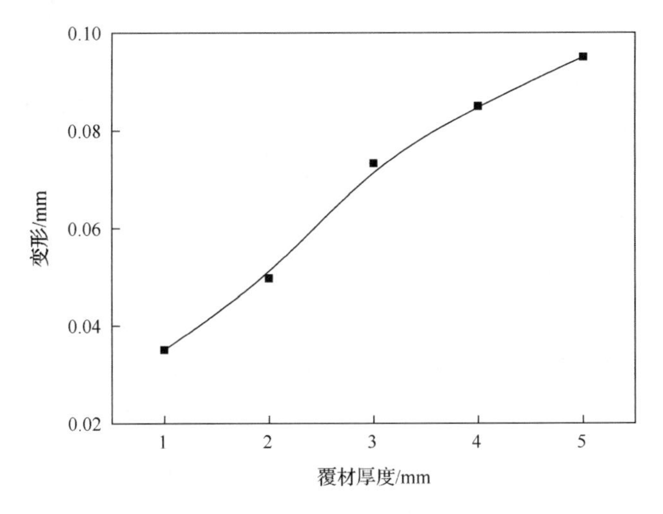

图 10-19　覆材厚度对变形的影响

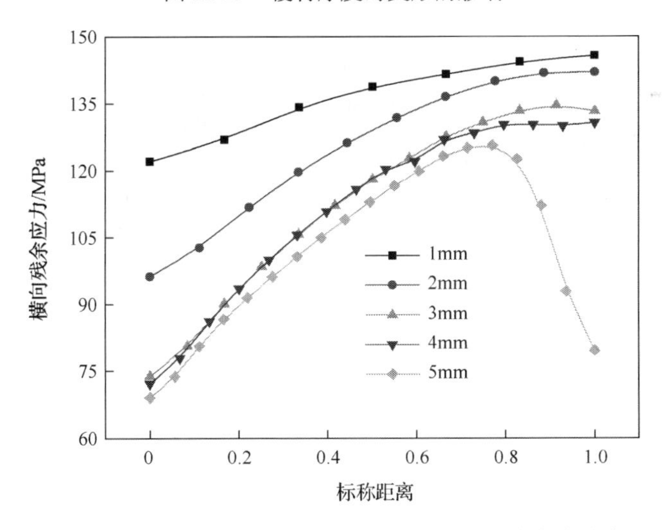

图 10-20　不同覆材厚度下沿路径 L_1 的横向残余应力分布

关于基材厚度对残余应力的影响，分别计算基材厚度为 14mm、17mm、23mm、29mm 四种模型的残余应力分布。由于基材金属的强度大于覆材金属，补焊过程中焊缝金属的收缩将被基材金属约束，随着基材厚度的增加，约束作用增强，导致变形减小，如图 10-21 所示。沿路径 L_1 的横向残余应力随基材厚度的增加而增加，如图 10-22 所示。

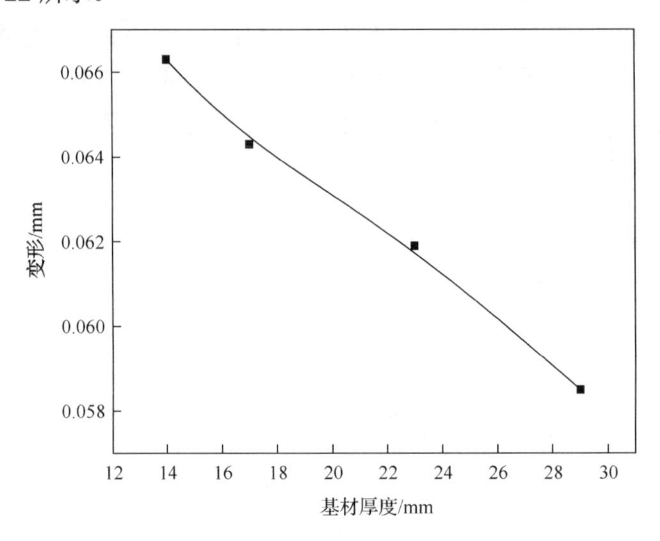

图 10-21　基材厚度对变形的影响

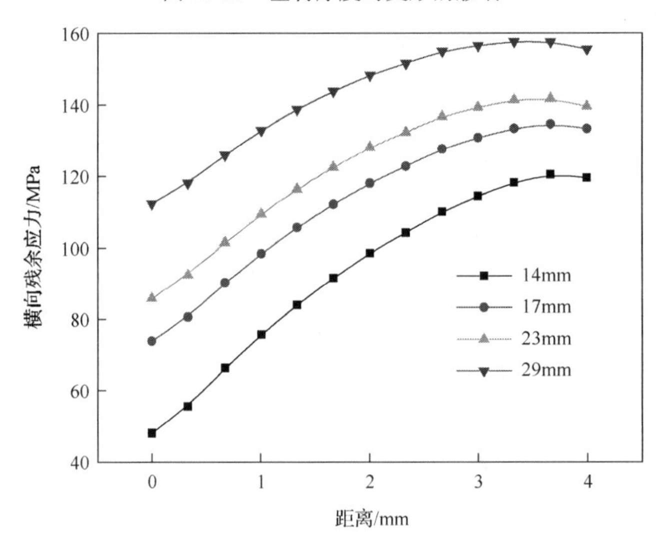

图 10-22　不同基材厚度下沿路径 L_1 的横向残余应力分布

5. 补焊长度的影响

为了研究补焊长度对不锈钢复合板残余应力的影响。在保持其他焊接工艺参数不变的前提下，改变补焊长度，分别计算补焊长度为 2cm、6cm、10cm、14cm 四种模型的残余应力分布，分析补焊长度对不锈钢复合板残余应力的影响。由于焊缝厚度较小，法向残余应力较小，不进行分析，仅分析横向残余应力和纵向残余应力。分别选择代表焊缝中心的路径 P_1 和代表母材与覆材热影响区的路径 P_2 与路径 P_3 进行分析，如图 10-23 所示。

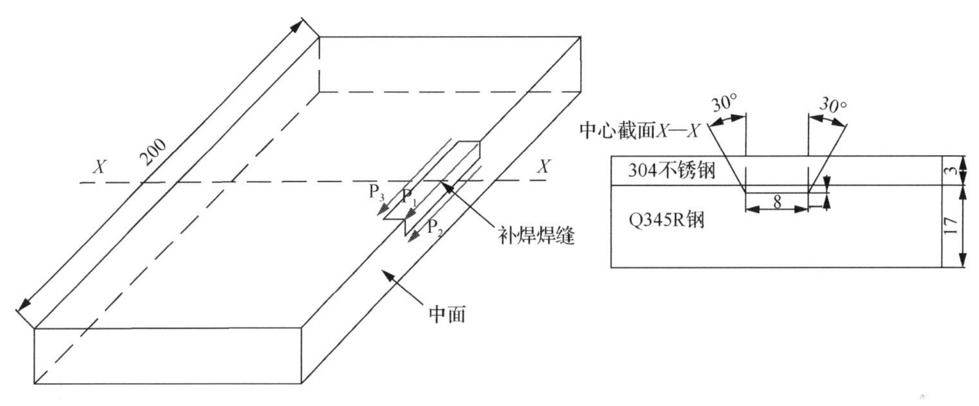

图 10-23　几何模型及路径选取(单位：mm)

根据模拟计算结果可知，不同补焊长度下的最大残余应力如图 10-24 所示，随着补焊长度的增加，最大横向残余应力降低。当补焊长度为 2cm 时，最大横向残余应力为 407MPa 左右，随着补焊长度增加到 14cm，最大横向残余应力降低为 324MPa，已小于屈服强度(345MPa)。因此，补焊长度过短会产生过大的最大横向残余应力。补焊长度的改变对最大纵向残余应力几乎没有影响。

不同补焊长度下沿路径 P_1 的残余应力分布如图 10-25 所示。由图可知，随着补焊长度的增加，横向残余应力降低，当补焊长度为 2cm 时，路径 P_1 上的横向残余应力稳定在 160MPa 左右，随着补焊长度增加到 14cm，路径 P_1 上的横向残余应力降低至 100MPa 左右。而纵向残余应力却不受补焊长度的影响，随着补焊长度的改变，一直稳定在 230MPa 左右。

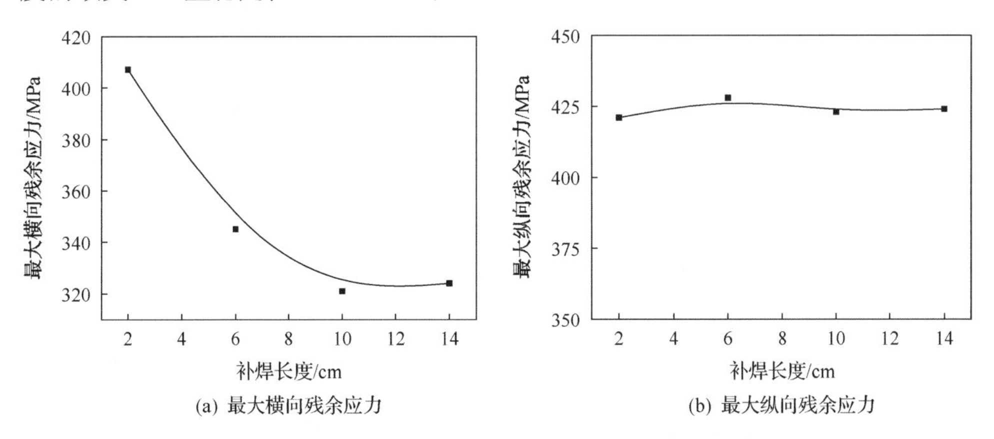

(a) 最大横向残余应力　　(b) 最大纵向残余应力

图 10-24　补焊长度对最大残余应力的影响

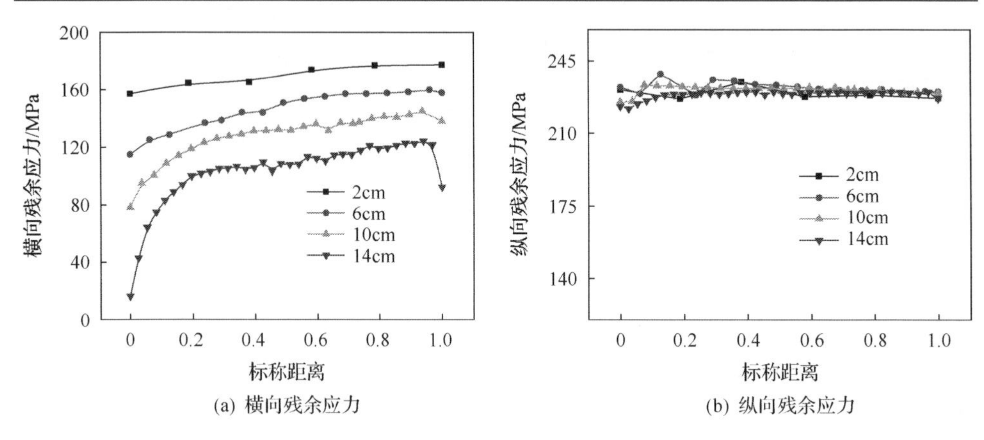

(a) 横向残余应力　　(b) 纵向残余应力

图 10-25　不同补焊长度下沿路径 P_1 的残余应力分布

不同补焊长度下热影响区的残余应力分布如图 10-26 和图 10-27 所示。随着

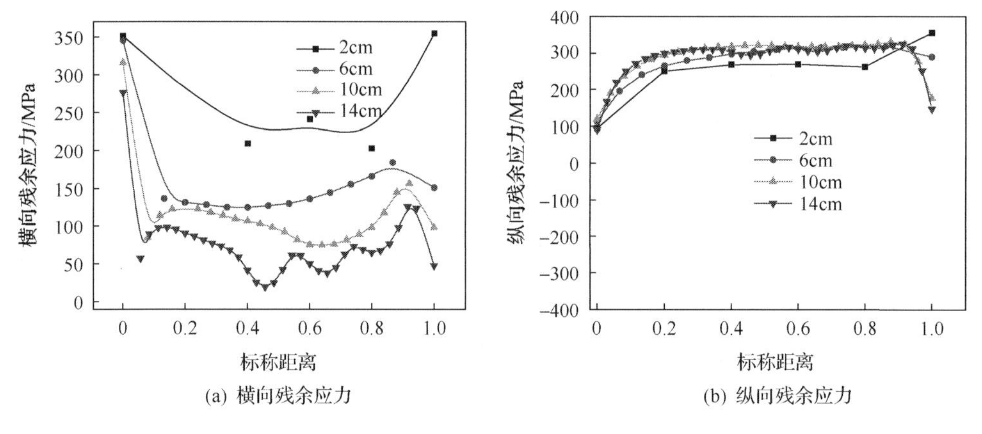

(a) 横向残余应力　　(b) 纵向残余应力

图 10-26　不同补焊长度下沿路径 P_2 的残余应力分布

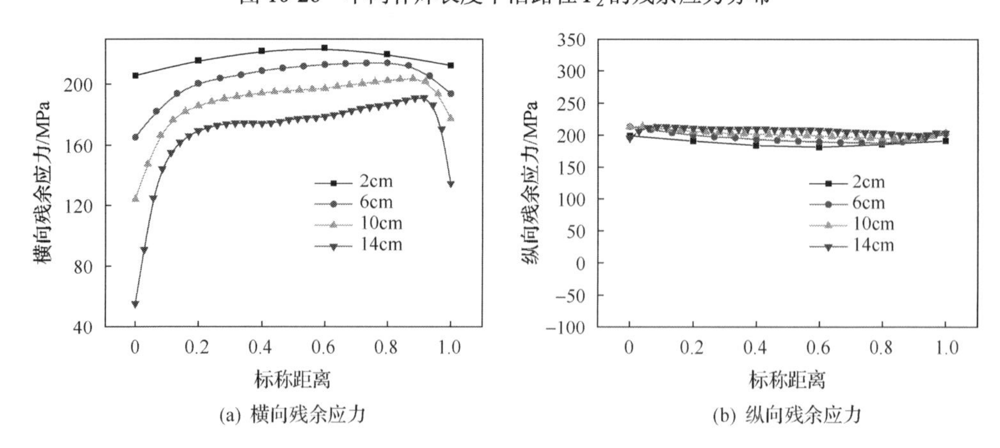

(a) 横向残余应力　　(b) 纵向残余应力

图 10-27　不同补焊长度下沿路径 P_3 的残余应力分布

补焊长度的增加，代表母材热影响区的路径 P_2 上的横向残余应力显著降低，当补焊长度为 2cm 时，路径 P_2 上横向残余应力平均值为 300MPa 左右，随着补焊长度增加到 14cm，路径 P_2 上 80%区域的横向残余应力已降低至 100MPa 以下，而纵向残余应力变化不大。随着补焊长度的增加，代表覆材热影响区的路径 P_3 上的残余应力分布具有相同的趋势，横向残余应力降低，纵向残余应力保持不变。

10.2 案例二：半管夹套焊接部位残余应力分析

半管设备作为一种加热冷却设备，与普通夹套容器相比，具有筒体受力好、传热效率高、节能及节约钢材用量等优点，广泛应用在化工、医药等行业[11]。目前，此类设备存在的较普遍的问题是半管与筒体焊接部位出现开裂，引起泄漏。在半管制造过程中，半管与筒体之间存在角焊缝，半管之间存在对接焊缝，角焊缝与对接焊缝交接处存在 T 形接头。焊缝数量多，难以焊接，易出现缺陷。焊缝的探伤有一定困难，表面探伤难以发现焊缝内部的某些缺陷，如未焊透、气孔、夹渣、裂纹等，这给设备的使用造成了潜在的危险。在服役过程中，有时需要进行加热和冷却，半管与设备器壁间存在温差而产生拉应力，再与焊接残余应力叠加，在焊缝缺陷处造成应力集中，使缺陷逐渐扩大，以致出现泄漏[12]。

本案例对半管与筒体焊接部位的残余应力进行三维有限元分析，得到半管和筒体的应力分布规律，并讨论坡口形式、半管间距、线能量、冷却水、后续焊缝等焊接参数对焊接残余应力的影响，旨在降低和消除焊接残余应力，防止出现裂纹。

10.2.1 半管夹套焊接部位残余应力有限元分析

1. 有限元模型

半管夹套容器的原理图及其简化模型如图 10-28 所示，半管、筒体均为薄壁结构，相对一个半管而言，筒体的圆度很小，建模时可将筒体近似为平板来进行计算。设备材质为 304 不锈钢，筒体和半管的厚度分别为 8mm、3mm，半管外径为 60mm，焊缝坡口为外坡口，角度为 45°。网格划分如图 10-29 所示，由于焊接接头附近是最值得关注的区域，在焊接接头附近网格划分较密，在远离焊接接头的区域网格划分比较稀疏。热分析和力分析使用相同的单元与节点[13]，共划分 36360 个单元、47336 个节点。

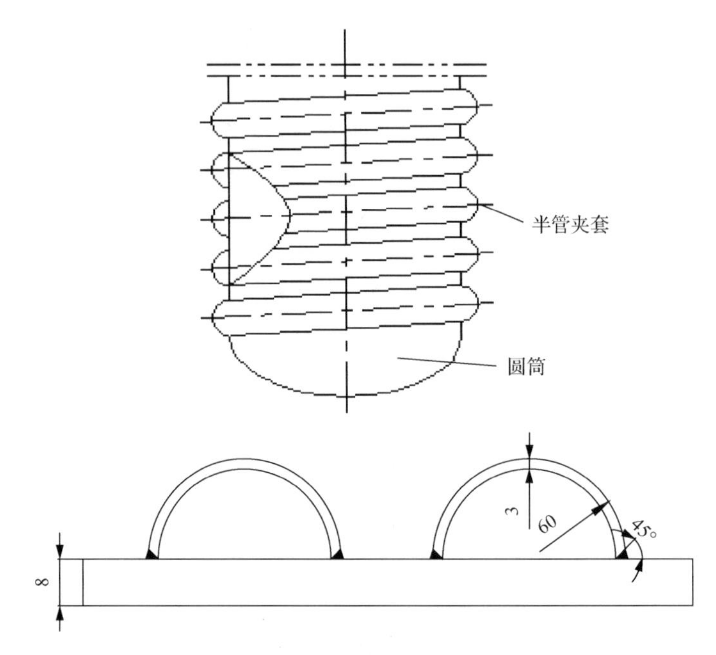

图 10-28　半管夹套容器原理图及简化模型(单位：mm)

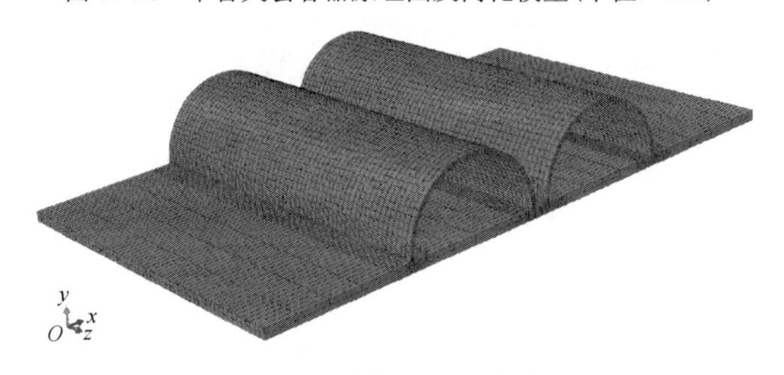

图 10-29　半管夹套网格划分

2. 计算结果分析

图 10-30 分别给出了沿筒体(路径 P_1)、焊缝(路径 P_2)、半管夹套(路径 P_3)上的残余应力分布情况[13]，从图中可以看出三条路径上横向残余应力比较小，对裂纹的产生影响不大。沿筒体的纵向残余应力分布如图 10-30(a)所示，从筒体外部到筒体内部，纵向残余应力逐渐从 300MPa 降低到 170MPa；在焊缝，纵向残余应力保持在 300MPa 左右，如图 10-30(b)所示；在半管夹套中，纵向残余应力集中分布在与筒体相连的两端，中间区域残余应力较低，如图 10-30(c)所示。沿筒体内表面，残余应力呈波浪状分布，如图 10-31 所示。最大残余应力为 174MPa，主

要分布在相对焊缝位置的筒体内表面，用来平衡附近的压应力。由于筒体内表面直接接触化学介质，非均匀应力对应力腐蚀开裂产生很大的影响。

10.2.2 结构与工艺参数对半管夹套焊接部位残余应力的影响

1. 线能量的影响

焊接参数对残余应力的影响很大，本节在保持相同几何参数的前提下讨论线能量对残余应力的影响[13]，由 10.2.1 节知，半管夹套的横向残余应力较低，所以以下讨论以纵向残余应力为主。

图 10-32 分别给出了沿路径 P_1、P_2、P_3 上的线能量对残余应力的影响，随着线能量的增加，变形增加，从而残余应力有所增加。同理，在筒体内壁，最大残余应力也随着线能量的增加而增加，如图 10-33 所示。

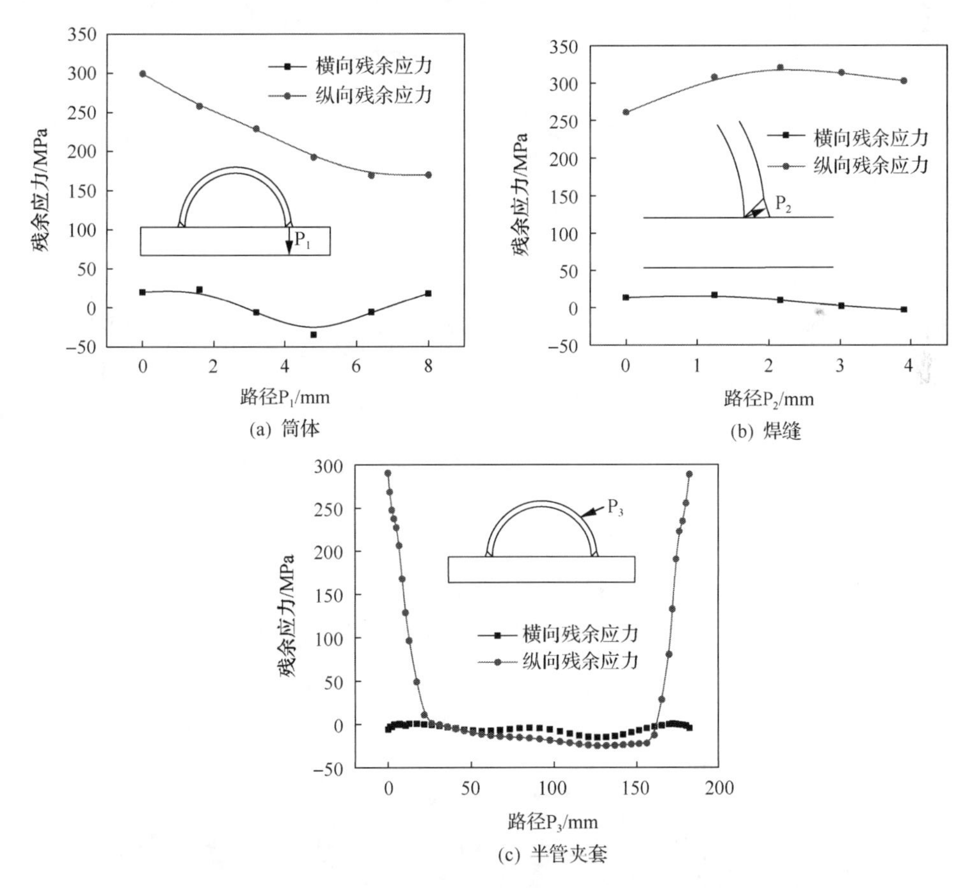

图 10-30 沿筒体、焊缝、半管夹套等部位的残余应力分布

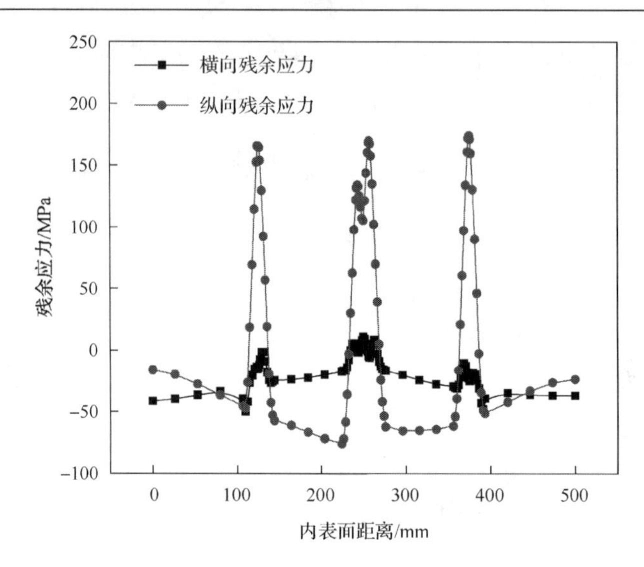

图 10-31　筒体内表面的残余应力分布

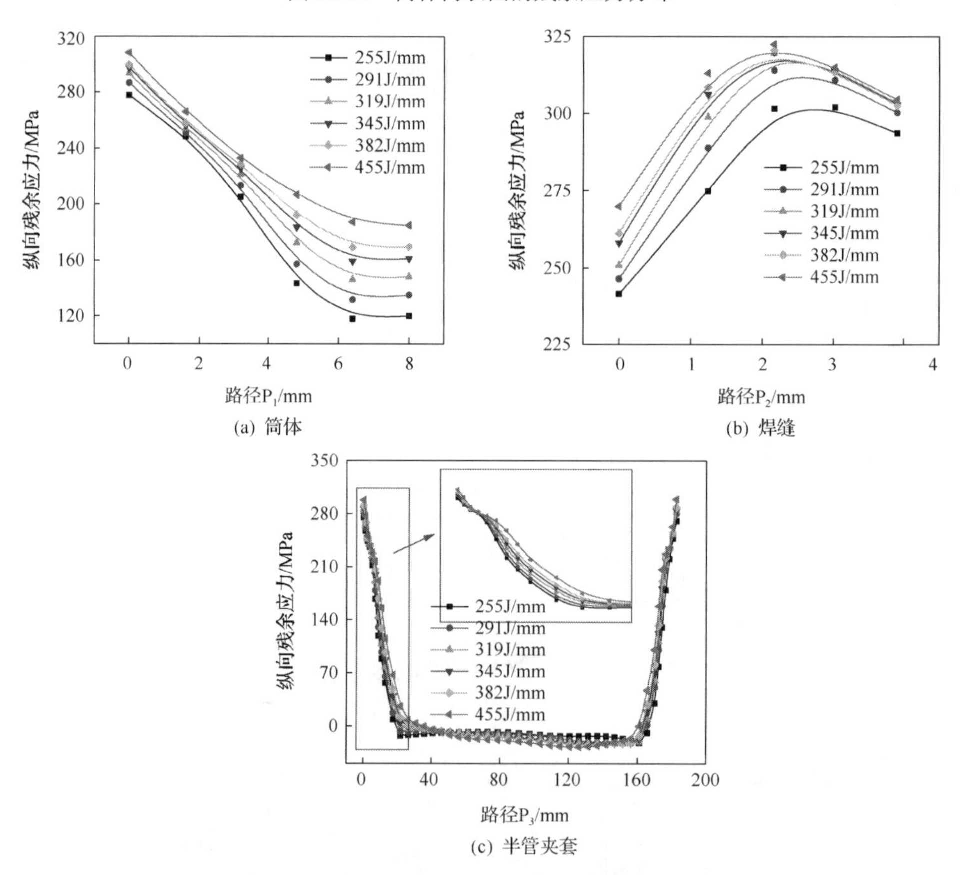

图 10-32　沿筒体、焊缝、半管夹套等部位线能量对纵向残余应力的影响

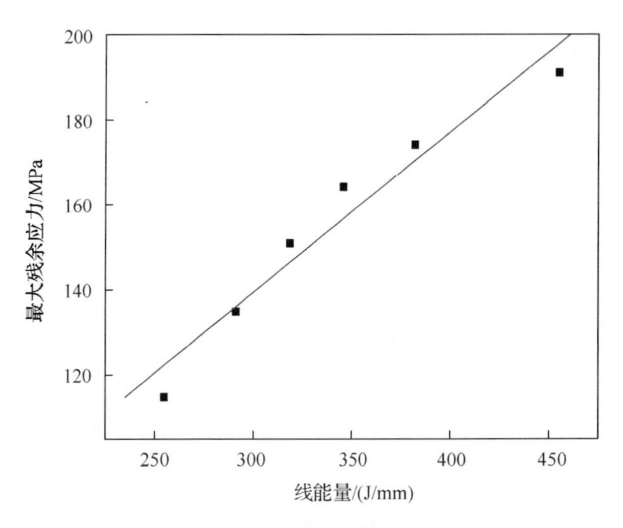

图 10-33　线能量对筒体内表面最大残余应力的影响

2. 冷却水的影响

为了减小变形，常常采用在筒体内部加入冷却水的方法抵抗焊接过程的变形，为了实现对冷却水的模拟，将筒体内表面的导热系数设置为 1000W/(m^2·℃)。图 10-34 给出了线能量为 291J/mm 时，筒体内部冷却水对纵向残余应力的影响[13]。沿筒体内表面的纵向残余应力分布情况如图 10-34(a)所示，由于冷却水的影响，纵向残余应力降低，最大残余应力降低 25%左右。沿筒体厚度方向(路径 P_1)，40%区域的纵向残余应力降低，而在焊缝及其附近的纵向残余应力受冷却水影响较小。

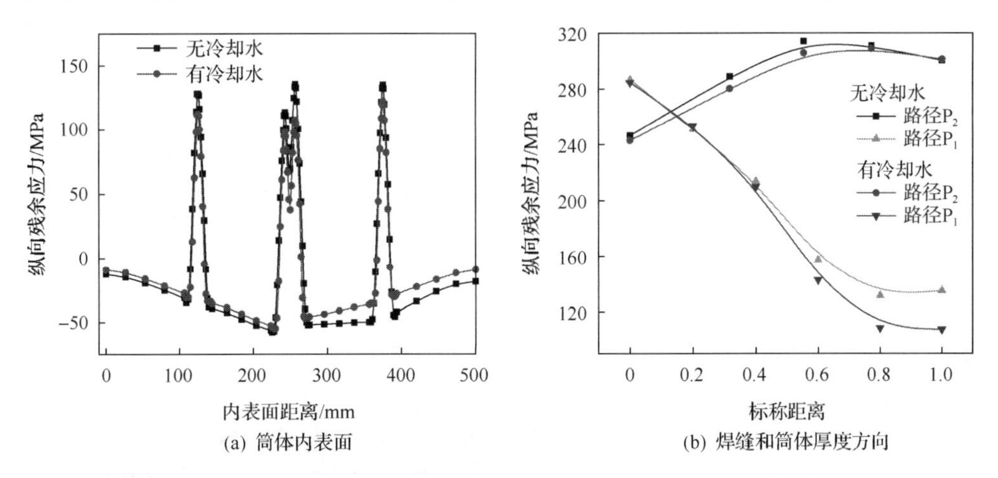

(a) 筒体内表面　(b) 焊缝和筒体厚度方向

图 10-34　在筒体内表面、焊缝和筒体厚度方向冷却水对纵向残余应力的影响

3. 坡口形式的影响

为了研究坡口形式对半管夹套焊接部位残余应力的影响，建立三种坡口形式(45°外坡口、不开坡口和 2mm 平行坡口)的有限元模型[14]，如图 10-35 所示。

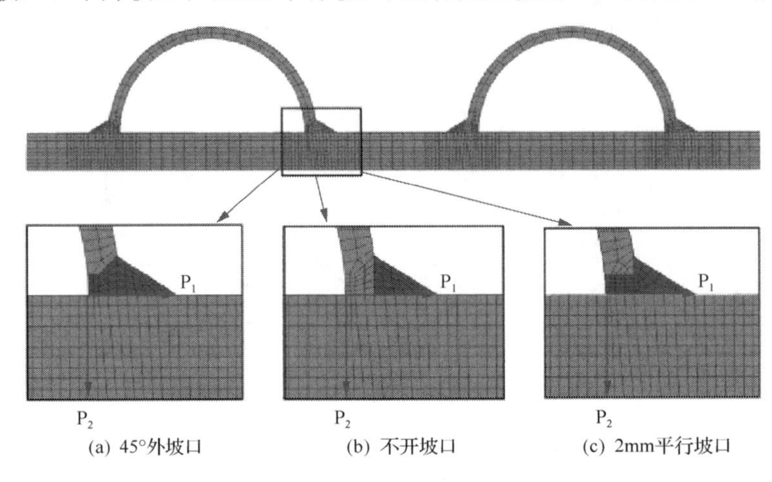

图 10-35　有限元模型

由于半管较薄，横向和法向残余应力较小，本节仅分析纵向残余应力分布。为对计算结果进行详细分析，分别沿焊缝厚度方向和筒体厚度方向取路径 P_1、P_2(图 10-35)，来比较三种模型的纵向残余应力分布。

图 10-36 给出了三种坡口形式沿路径 P_1 的纵向残余应力分布。在不开坡口的情况下，纵向残余应力在焊缝根部具有最大值(161MPa)，然后沿着厚度方向逐渐降低，在焊趾部位降低到 50MPa。开 2mm 平行坡口时，沿着焊缝厚度方向，纵向残余应力整体大幅降低，在焊缝根部位置，最大残余应力降低到 120MPa，在焊趾部位为压应力(–100MPa)；开 45°外坡口时，纵向残余应力进一步降低，整体平均下降约 30%。尤其在焊缝根部区域，最大残余应力降为 100MPa，焊趾部位降低为–125MPa。由此可知，不开坡口，使得焊缝根部存在较大的纵向残余应力，在内压作用下，会进一步加剧应力集中，对应力腐蚀开裂影响较大。而通过开坡口，焊缝根部的纵向残余应力降低 33%，缓解根部应力集中，有利于降低焊缝根部的应力腐蚀开裂敏感性。这是因为坡口形式影响焊缝根部焊透情况，完全焊透时温度比较均匀，几何形状较为连续，应力集中程度降低，从而降低残余应力。

图 10-37 给出了三种坡口形式沿路径 P_2 的纵向残余应力分布。由于焊接局部加热，沿着厚度方向产生不均匀的温度分布，进而产生较大的纵向残余应力。不开坡口时，在筒体外表面，即靠近焊缝根部位置，纵向残余应力为 150MPa，然后沿着厚度方向逐渐增大，在 4mm 部位达到最大值(182MPa)，然后逐渐降低，在筒体内表面达到 150MPa。由于筒体内表面和工作介质直接接触，内表面产生

的纵向残余应力对应力腐蚀开裂影响较大。开2mm平行坡口时，纵向残余应力大幅降低，沿厚度方向整体减少约 26%；开 45°外坡口时，纵向残余应力进一步降低，与不开坡口相比，整体平均降幅达到35%，在筒体内表面，纵向残余应力降低到60MPa。

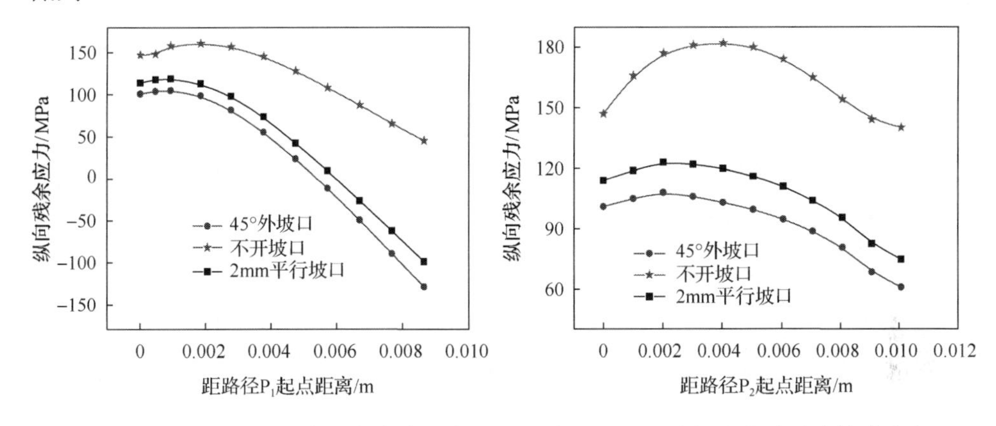

图 10-36 沿路径 P_1 纵向残余应力分布

图 10-37 沿路径 P_2 纵向残余应力分布

通过以上分析可知，坡口形式对半管夹套焊接温度场和应力场分布影响很大。不开坡口，焊缝加热温度不足以使得夹套和筒体接触界面完全熔化连接；开2mm平行坡口时，焊缝根部金属达不到熔点，难以焊透，在根部产生缺陷。通过开坡口，焊缝根部金属达到熔点，实现夹套和筒体完全熔合，保证完全焊透，焊缝质量较高。因此，在半管夹套焊接时，需开坡口进行焊接，禁止不开坡口或采用2mm平行坡口。

4. 半管间距的影响

考虑半管间距 S 对焊接残余应力的影响，在保证其他工艺参数不变的前提下，仅改变半管间距，建立半管间距分别为 S=6mm 和 S=12mm 两种模型，讨论半管间距对残余应力的影响[15]。半管夹套结构几何模型及网格划分如图10-38所示。

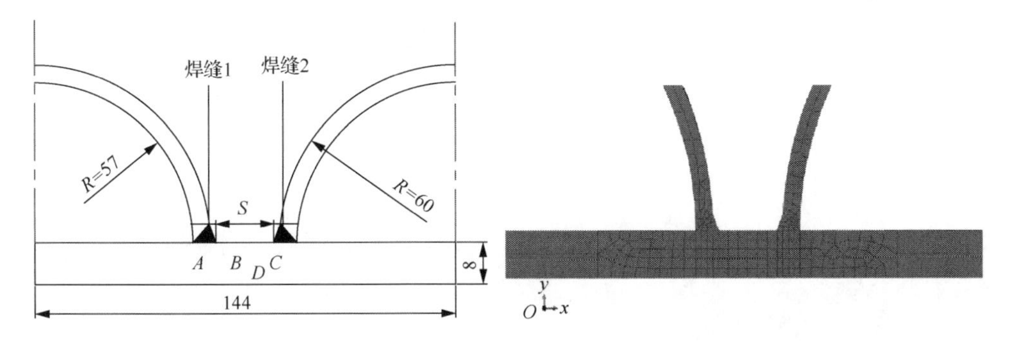

图 10-38 半管夹套几何模型及网格划分(单位：mm)

计算结果表明，半管间距对筒体残余应力的影响比较大。筒体上路径 *BD* 由于半管间距的减小，受热更加集中，变形增加，残余应力增加，图 10-39 给出了路径 *BD* 在 *S* =12mm 和 *S*=6mm 时的残余应力变化情况，外壁最大残余应力相差 60%，内壁最大残余应力由 20MPa 增加到 50MPa，增加了 1.5 倍。

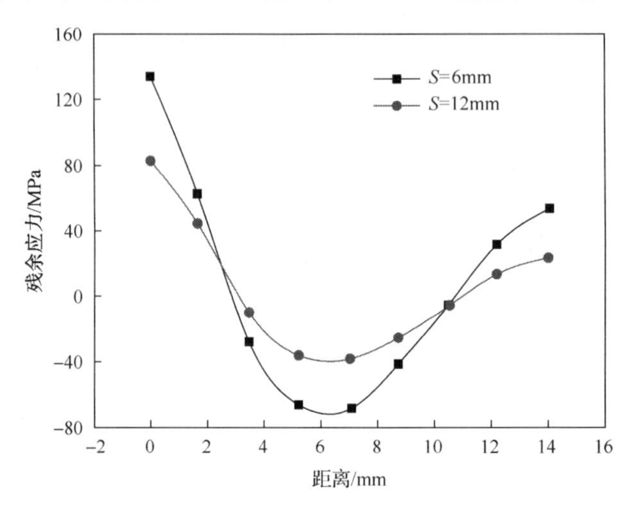

图 10-39　路径 *BD* 在两种半管间距 *S* 下的残余应力分布

5. 后道焊缝 2 的焊接对前道焊缝 1 的影响

两道角焊缝的距离比较近，焊缝 2 的焊接使焊缝 1 多次受热，对焊缝 1 的残余应力产生影响。

图 10-40 给出了路径 *AB* 在焊缝 2 焊接前后的残余应力分布[15]。路径 *AB* 由于

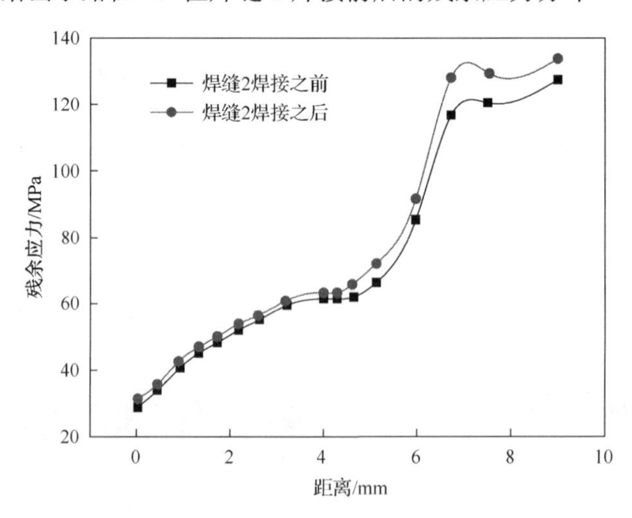

图 10-40　路径 *AB* 在焊缝 2 焊接前后的残余应力分布

再次受热，变形增加，残余应力稍有增加。图10-41给出了路径*AB*和*CB*在焊缝2焊接后的残余应力分布，路径*CB*的残余应力稍小于路径*AB*的残余应力。图10-42给出了路径*BD*在焊缝1和焊缝2先后焊接后的残余应力分布，由图可见，筒体由于多次受热，变形增加，残余应力增加。

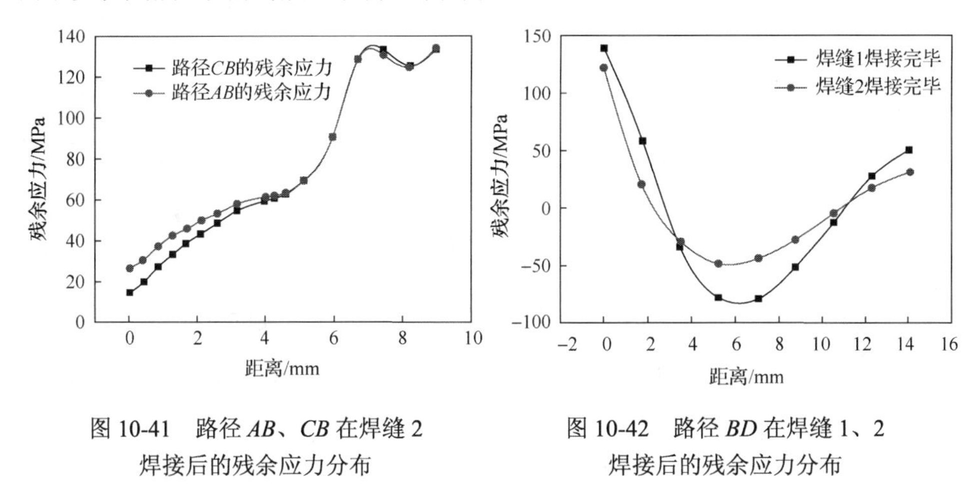

图10-41 路径*AB*、*CB*在焊缝2焊接后的残余应力分布

图10-42 路径*BD*在焊缝1、2焊接后的残余应力分布

10.3 案例三：螺旋焊管残余应力分析

螺旋焊管在生产制造过程中由于焊接过程不可避免地会引入残余应力，焊接残余应力是氢致开裂和应力腐蚀开裂的主要原因之一。因此，螺旋焊管在服役过程中能否安全运行在很大程度上受焊接残余应力的影响。目前对螺旋焊管残余应力的实际测试具有很大的限制，即使对螺旋焊管进行破坏性的测试，也很难得到焊接接头中复杂的残余应力分布。因此，螺旋焊管残余应力的有限元数值模拟得到广泛的应用，它不仅节省了大量的人力和物力，而且得到的结果更加全面和准确。

本案例运用压痕应变法测量螺旋焊管外壁面焊缝及热影响区的焊接残余应力，并且根据实际焊接条件进行有限元数值模拟，将两者所得的结果进行对比分析，验证数值模拟结果的正确性，进而对螺旋焊管的复杂残余应力分布进行充分分析。在此基础上，分析螺旋焊管成型角、管径与板厚比、热输入和预热温度对残余应力的影响。

10.3.1 螺旋焊管残余应力有限元分析与试验验证

1. 压痕应变法应力测试

本试验采用KJS-3型压痕应变法应力测试系统，其工作原理是在焊接结构的被测部位经过打磨平整后贴上应变花(计)，然后在应变花(计)中间部位打一个小盲孔，从而引起被测部位焊接残余应力的释放，由于小孔部位的应力平衡被打破，孔周围区域应变发生变化，相应的应变就会释放，利用应变花(计)通过测量应变的变化而计算出被测部位残余应力的变化。其参照标准为GB/T 24179—2009《金属材料—残余应力测定—压痕应变法》。残余弹性应变可根据不同压痕尺寸下应变变化和残余弹性应变之间的关系来进行计算。残余应力根据基于胡克定律的应变变化来进行计算：

$$\sigma_x = \frac{E}{1-\upsilon^2}(\varepsilon_x + \upsilon\varepsilon_y) \tag{10-1}$$

$$\sigma_y = \frac{E}{1-\upsilon^2}(\varepsilon_y + \upsilon\varepsilon_x) \tag{10-2}$$

式中，E为弹性模量；υ为泊松比；ε_x和ε_y为残余弹性应变的分量。

为了验证数值模拟的可行性，对实际生产的X70钢螺旋焊管进行表面残余应力测试。沿路径P_1可测量焊缝、热影响区和基体金属的残余应力，为了提高测量结果的准确性，测量不同位置同一方向(即沿路径 P_2)的表面残余应力。路径显示如图10-43所示。

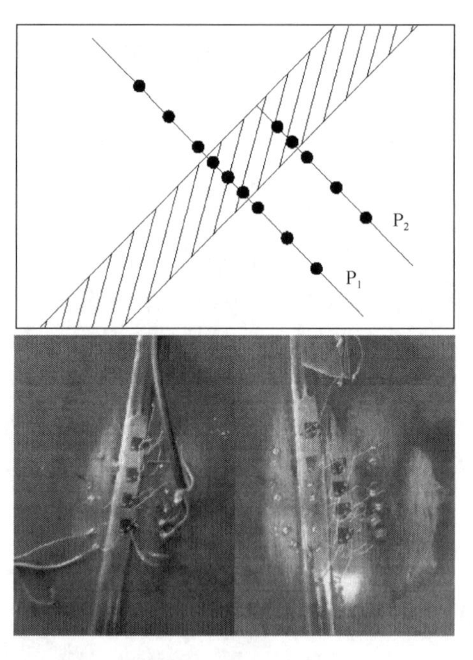

图10-43　测量点分布

2. 有限元模型

本案例所选用的螺旋焊管计算模型尺寸为直径 ϕ 813mm、厚度 t 14.4mm、长度 L 500mm。其几何模型如图 10-44 所示。其成型角　　为 52.6°，焊接接头坡口形式为 X 形，坡口角度 β 为 60°。经研究表明，在焊接接头中的焊缝和热影响区，焊接残余应力较大，所以在焊缝及热影响区的网格划分较为密集，而在远离焊缝的基体金属处网格划分较为稀疏。图 10-45 为螺旋焊管的网格划分及分析路径。热分析和应力分析单元类型分别为 DC3D8 和 C3D8R。热分析和应力分析采用相同的节点与单元。

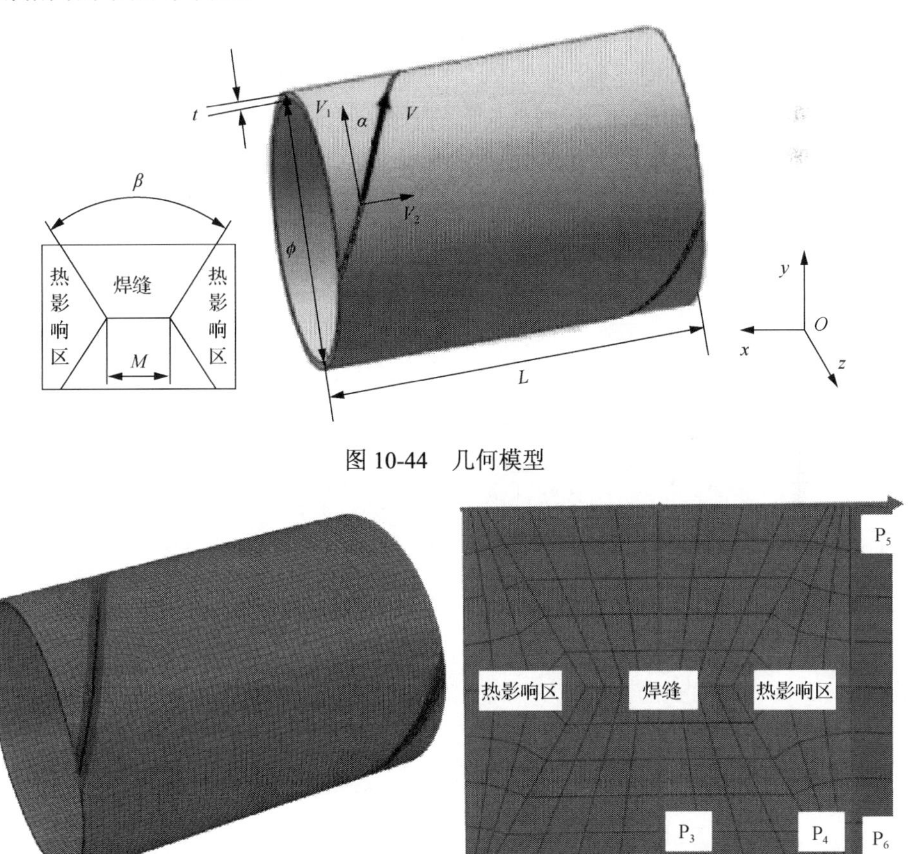

图 10-44　几何模型

图 10-45　网格划分及分析路径

3. 螺旋焊管残余应力分析结果

由于焊接过程中存在焊接热源的移动及焊接区域的温度变化，不可避免地在焊接区域产生残余应力。为了对螺旋焊管的应力场进行分析，建立柱坐标系，即得到的 σ_r、σ_h 和 σ_a 分别对应径向残余应力、环向残余应力和轴向残余应力。

因为测量点的残余应力分布在焊缝两侧，其结果具有一定的重复性，所以本案例仅给出了路径 P_2 和数值模拟之间的比较，如图 10-46 所示。有限元数值模拟和应力测量结果均表明，热影响区的焊接残余应力高于焊缝和基体金属。有限元数值模拟沿路径 P_2 的焊接残余应力分布与测量结果一致，纵向残余应力和横向残余应力首先随着距焊缝中心距离的增加而增大，在热影响区和基体金属衔接处，也就是焊趾位置出现最大残余应力，远离焊缝及热影响区后残余应力逐渐降低。此外，焊缝和热影响区的纵向残余应力大于横向残余应力。由数值模拟计算得，在 10mm 处，纵向残余应力和横向残余应力分别为 358MPa 和 86MPa，测量所得的纵向残余应力和横向残余应力分别为 390MPa 和 110MPa。可见，测量与数值模拟得到的结果有一定的差距，原因可能是数值模拟采用简化模型，没有考虑实际焊缝存在余高的影响或者在应力测量过程中对测量部位的打磨导致应力发生变化。在试验仪器测量存在误差的前提下，测量结果与数值模拟结果之间的差距在可用范围，所以可以认为由数值模拟得到的残余应力值与试验所得近似一致。因此，本案例中所用的数值模拟程序是合适的，可以用来研究螺旋焊管的焊接残余应力。

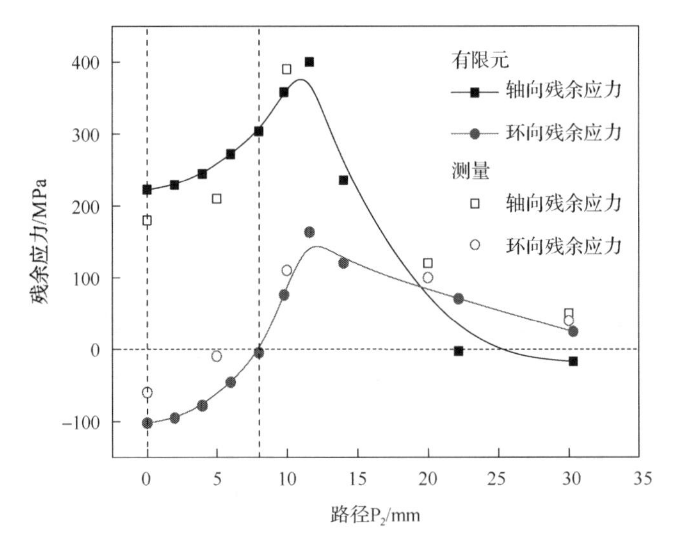

图 10-46　沿路径 P_2 的残余应力分布

为了充分分析焊接完成后焊接接头的残余应力分布，选取分别位于焊缝(路径 P_3)、热影响区(路径 P_4)、外壁面(路径 P_5)和内壁面(路径 P_6)的四条路径(图 10-45)。

图 10-47 给出了沿路径 P_3 的轴向和环向残余应力分布，由图可以看出，两条曲线呈峰形分布，从外壁面到内壁面，沿厚度方向残余应力先升高后降低，内壁

面的环向残余应力和轴向残余应力均高于外壁面。环向残余应力在内外焊界面处有最大值，为245MPa，而轴向残余应力最大值靠近内壁面一侧，为356MPa。

图10-48给出了沿路径P_4的轴向和环向残余应力分布，可见其残余应力分布曲线与焊缝处曲线趋势相同，呈峰形分布。内壁面处的环向残余应力和轴向残余应力高于外壁面处的环向残余应力和轴向残余应力。与焊缝处残余应力分布不同的是，最大环向残余应力位于内外焊界面靠近外壁面一侧，而最大轴向残余应力位于内壁面附近。

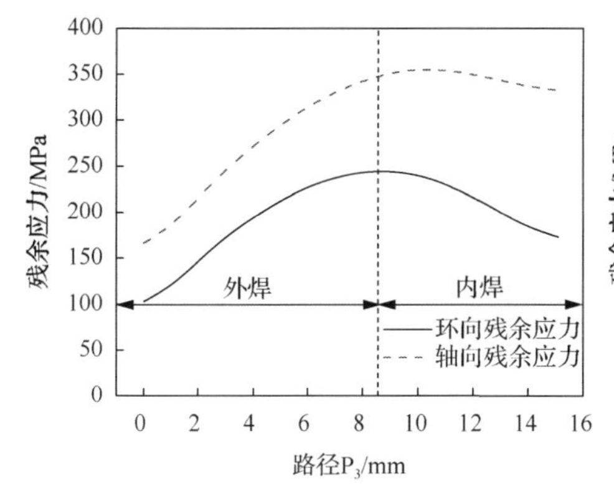

图10-47 沿路径P_3的轴向和环向残余应力分布

残余应力/MPa
外焊
内焊
环向残余应力
轴向残余应力
路径P_4/mm

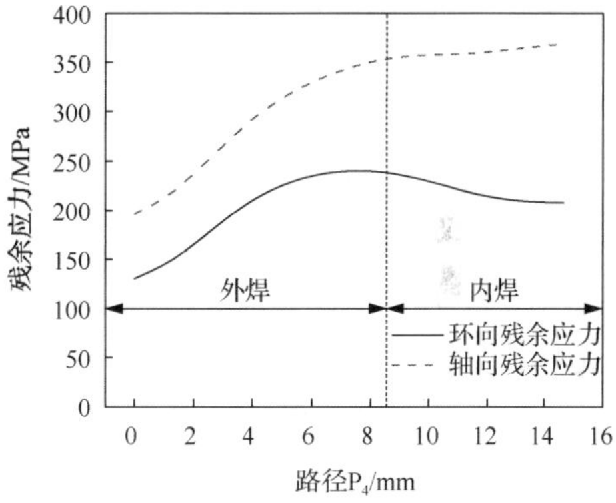

图10-48 沿路径P_4的轴向和环向残余应力分布

图10-49和图10-50给出了沿路径P_5与路径P_6的轴向和环向残余应力分布，可以看出其残余应力随着距离的增加先增加后降低，轴向残余应力大于环向残余

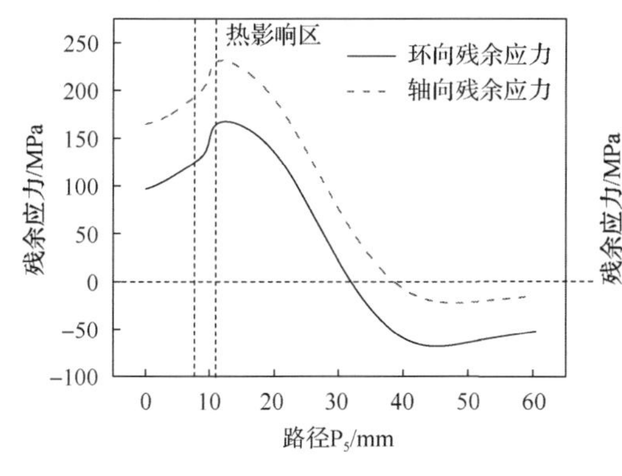

图10-49 沿路径P_5的轴向和环向残余应力分布

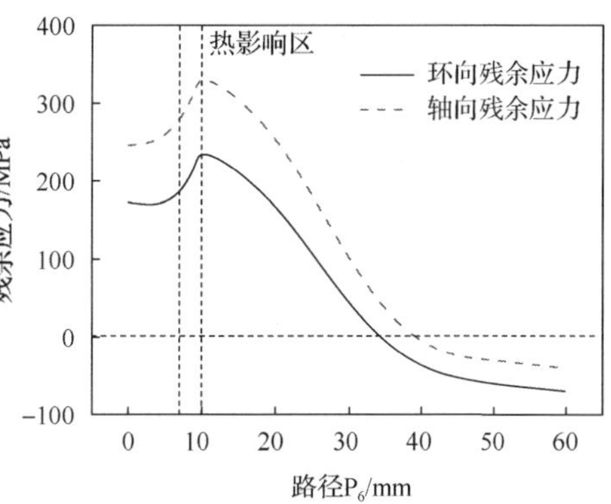

图10-50 沿路径P_6的轴向和环向残余应力分布

应力。在焊接接头中热影响区的残余应力高于焊缝的残余应力。内壁面和外壁面在远离焊缝中心 35mm 左右处残余应力变为压应力。内壁面和外壁面的最大残余应力出现在热影响区与基体金属连接处，焊接过程中焊接区域温度的迅速升高导致在焊趾处出现较大的温度梯度，此处填充金属的收缩趋势和速率较大，出现较大的残余应力，因此在焊接作业中，要求焊缝与母材之间的夹角大于 130°，以保证焊趾位置不出现较大的应力集中。

10.3.2 结构与工艺参数对螺旋焊管残余应力的影响

影响焊接结构残余应力的因素可以分为三类：结构因素、材料因素和焊接工艺参数。在结构因素中，焊接接头的类型和几何形状及结构厚度是重要的因素。材料因素包括基体金属和填充金属的力学性能与热物性参数。焊接工艺参数包括焊接类型、热输入和预热温度等因素。合理选择和控制这些参数可以减小焊接接头的残余应力。因此本案例将分析螺旋焊管成型角、管径与板厚比、热输入和预热温度对残余应力的影响。

1. 成型角的影响[16]

在螺旋管的制造生产过程中，成型角是一个很重要的参数。成型角是指在螺旋焊管生产制造过程中所用带钢的中心线与螺旋焊管焊接成型后中心轴线之间的夹角。本案例将研究分析螺旋焊管成型角从 20°增加到 50°时螺旋焊管残余应力的变化规律，旨在为实际生产制造提供一定的理论依据。

为了详细分析成型角对螺旋焊管残余应力的影响，选取四条路径 P_3、P_4、P_5 和 P_6，分别为焊缝、热影响区、外表面和内表面，如图 10-45 所示。

图 10-51 给出了不同成型角的螺旋焊管沿路径 P_3 的残余应力分布，可以看出沿着路径 P_3 残余应力呈现峰形分布。除了径向残余应力，螺旋焊管的内壁面的环向残余应力和轴向残余应力均大于外壁面的环向残余应力和轴向残余应力。如图 10-51(a)所示，径向残余应力随着成型角的增加而减小，随着成型角从 20°增加到 50°，最大残余应力由拉应力(90MPa)变为压应力(–12MPa)，径向残余应力平均减小 50MPa，并且均由拉应力变化为压应力。焊缝内外壁面的径向残余应力相差不大，在外壁面主要为拉应力，而在内壁面主要为压应力。类似地，如图 10-51(b)所示，环向残余应力随着成型角的增加而减小，残余应力梯度降低，且最大残余应力出现的位置逐渐向内壁面靠近，当成型角从 20°增加到 50°时，环向残余应力平均减小 67%。最大残余应力由 565MPa 降低到 199MPa，降低 64.8%。在外壁面，成型角从 20°增加到 50°，残余应力由 275MPa 降低到 60MPa，降低 215MPa。在内壁面，成型角从 20°增加到 50°，残余应力由 422MPa 降低到 163MPa，降低

259MPa。可见成型角的增加对内外壁面残余应力的影响近似相同。然而，如图 10-51(c)所示，随着成型角的增加，轴向残余应力逐渐增大，但是残余应力梯度降低，当成型角从 20°增加到 50°时，平均轴向残余应力增加 200MPa，最大残余应力由 203MPa 增加到 302MPa，增加 48.8%。此外，外壁面由压应力变化为拉应力。综上分析可知，成型角对最大环向残余应力的变化影响较大，与环向残余应力和轴向残余应力相比，径向残余应力较小，而且成型角的改变导致的变化较小，因此在以下分析过程中忽略对径向残余应力的分析。

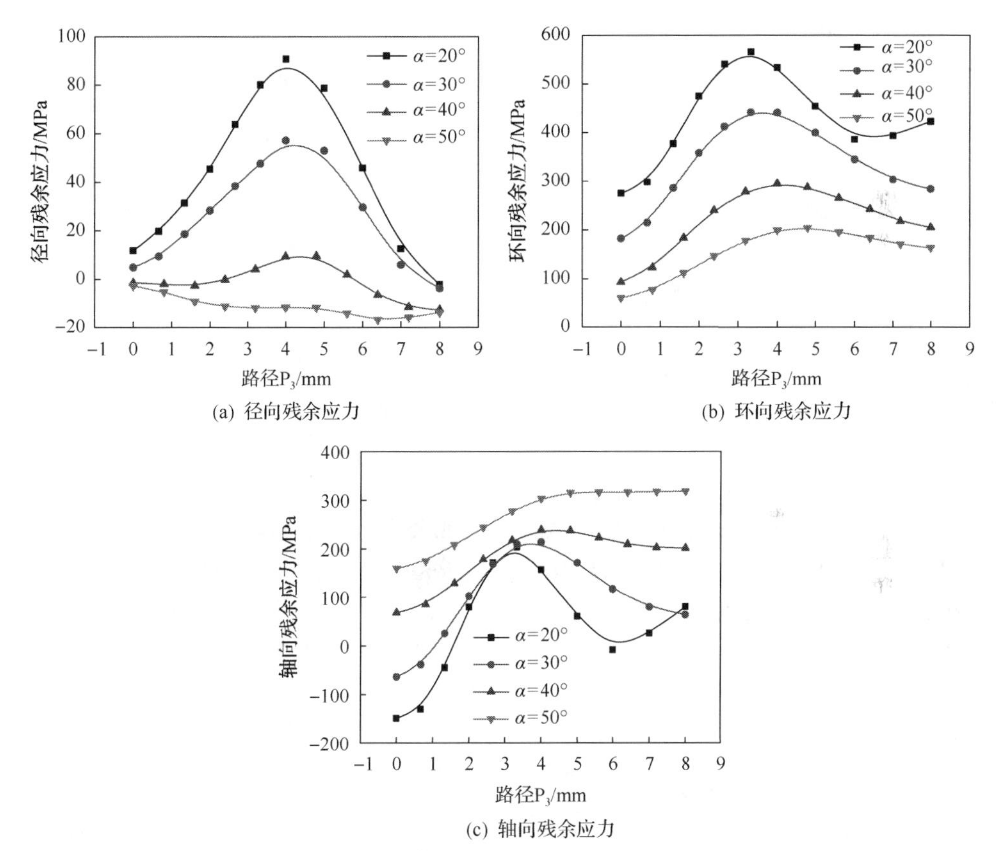

图 10-51 不同成型角的螺旋焊管沿路径 P_3 的径向(a)、环向(b)和轴向(c)残余应力分布

α 为成型角

图 10-52 给出了不同成型角的螺旋焊管沿路径 P_4 的环向残余应力和轴向残余应力的变化规律。类似地，环向残余应力随着成型角的增加而减小，而轴向残余应力随着成型角的增加而增加，随着成型角从 20°增加到 50°，环向残余应力平均减少 65%，而轴向残余应力平均增加 120%。外表面的环向残余应力从 220MPa 减小到 10MPa，轴向残余应力从–150MPa 增加到 124MPa。内表面的环向残余应

力从 490MPa 减小到 180MPa，轴向残余应力从 140MPa 增加到 315MPa。成型角从 40°增加到 50°减小的环向残余应力小于从 30°增加到 40°减小的环向残余应力，而从 40°增加到 50°增加的轴向残余应力远大于从 30°增加到 40°增加的轴向残余应力。当成型角超过 40°时，增加的轴向残余应力变得更大。每个方向的残余应力应该控制在较小的范围内，以确保结构的完整性。因此，在本案例中发现合适的成型角设计为 40°～50°，这也与文献中提到的螺旋焊管成型角取 40°～75°相符合。

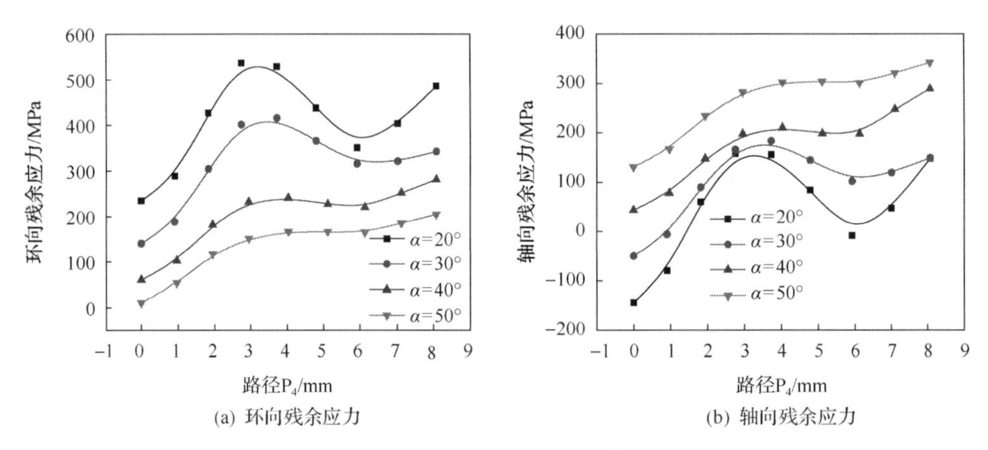

(a) 环向残余应力　　(b) 轴向残余应力

图 10-52　不同成型角的螺旋焊管沿路径 P_4 的环向(a)、轴向(b)残余应力分布

图 10-53 给出了不同成型角螺旋焊管沿路径 P_5 的环向残余应力和轴向残余应力的变化。可知焊缝的环向残余应力和轴向残余应力小于热影响区的环向残余应力和轴向残余应力。当成型角为 20°时，在外壁面产生的平均环向残余应力为 235MPa。当成型角达到 50°时，平均环向残余应力降低了 52MPa。随着成型角从 20°增加到 50°，焊缝和热影响区的环向残余应力分别降低了 75.8%和 77.1%。然

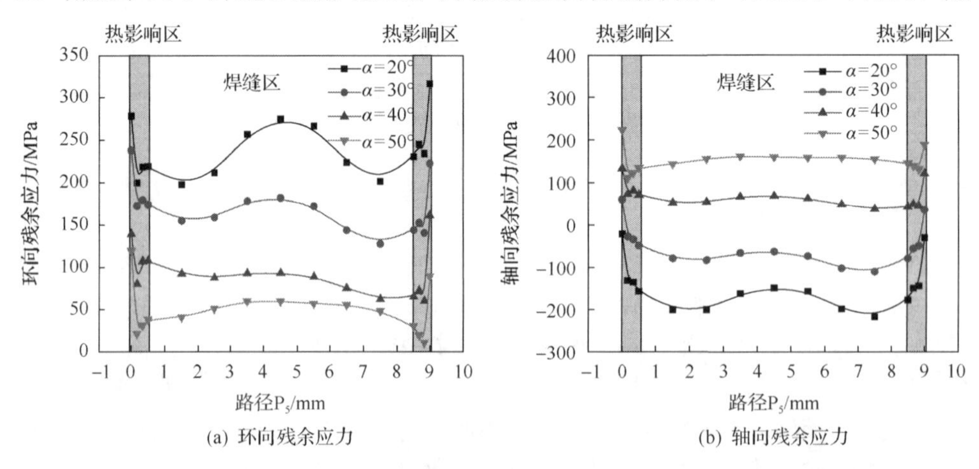

(a) 环向残余应力　　(b) 轴向残余应力

图 10-53　不同成型角的螺旋焊管沿路径 P_5 的环向(a)和轴向(b)残余应力分布

而随着成型角从20°增加到50°，平均轴向残余应力从–180MPa增加到150MPa，焊缝和热影响区的轴向残余应力分别平均增加260MPa和339MPa。其结果与沿路径 P_3 和 P_4 残余应力变化趋势一致，轴向残余应力增加而环向残余应力降低，成型角增加到50°，残余应力分布较为均匀合理。

图10-54给出了不同成型角螺旋焊管沿路径 P_6 的环向残余应力和轴向残余应力分布，可以看出内壁面的残余应力分布与外壁面的残余应力分布相似。内壁面的环向残余应力和轴向残余应力都大于外壁面的环向残余应力和轴向残余应力，例如，成型角为20°，内壁面的平均环向残余应力为429MPa，平均轴向残余应力为–147MPa，而外壁面的平均环向残余应力为235MPa，平均轴向残余应力为79MPa。随着成型角增加到50°，内壁面的环向残余应力减小了56.1%，轴向残余应力增加了254.8%。此外，随着成型角的增加，环向残余应力减小量逐渐减小，而轴向残余应力增加量逐渐增大。环向残余应力在成型角从20°增加到40°时降低了115MPa，而从40°增加到50°时减小了62MPa；轴向残余应力在成型角从20°增加到40°时增加了26MPa，而从40°增加到50°时增加了84MPa。随着成型角增加到40°，轴向残余应力显著增加，为了将环向残余应力和轴向残余应力减到最小，证明合适的成型角应设计为40°～50°。

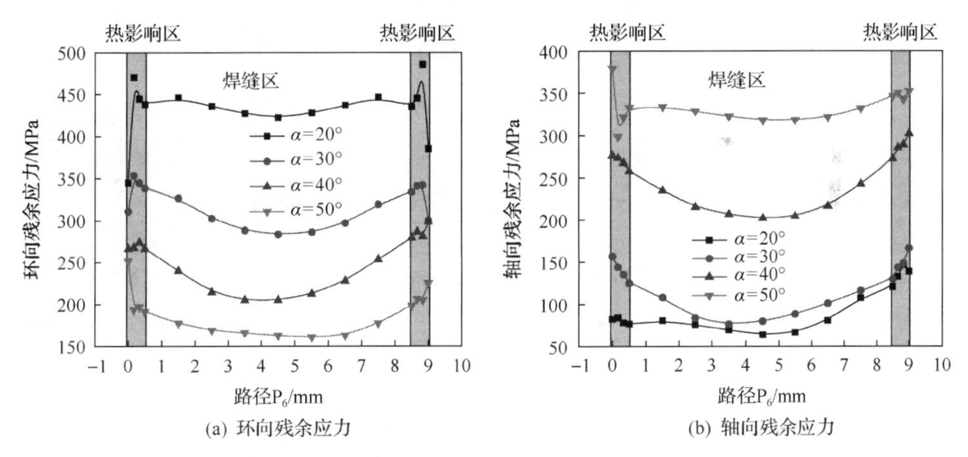

图10-54 不同成型角的螺旋焊管沿路径 P_6 的环向(a)和轴向(b)残余应力分布

基于上述分析，得出结论：成型角对残余应力有很大的影响，随着成型角的增大，环向残余应力逐渐降低，而轴向残余应力逐渐增加。因此，可以通过优化成型角来降低螺旋焊管的残余应力。为了研究成型角对残余应力分布有很大影响的原因，图10-55给出了焊缝与热影响区不同成型角下最大环向和轴向塑性应变。显然，随着成型角的增加，环向塑性应变逐渐减小，轴向塑性应变逐渐增加。随着成型角从20°增加到50°，环向塑性应变从0.0215降低到0.0123，轴向塑性应变从0.0178增加到0.1250。焊接残余应力是由焊接冷却阶段产生的不可恢复的塑性应变引起的，成型角的变化导致在焊缝周围区域产生不同的塑性应变，从而导致螺旋焊管焊接接头中残余应力产生变化。

在上述分析中得出结论，合适的成型角应设计为 40°～50°，为了获得最佳的成型角，取不同成型角时焊缝和热影响区的最大残余应力，图 10-56 给出了不同成型角时螺旋焊管焊缝和热影响区中的最大环向残余应力和最大轴向残余应力。可以看出最大环向残余应力随着成型角的增加而降低，最大轴向残余应力随着成型角的增加而增加。在成型角为 20°时，焊缝最大环向残余应力为 600MPa，热影响区最大环向残余应力为 580MPa，均超过了 X70 钢的屈服强度。如图 10-56 所示，随着成型角的增加，焊缝和热影响区应力变化曲线存在环向残余应力等于轴向残余应力的交叉点，也就是说存在适当的成型角，使环向残余应力和轴向残余应力具有最优值。在成型角为 42.5°时，环向残余应力和轴向残余应力均为 284MPa，

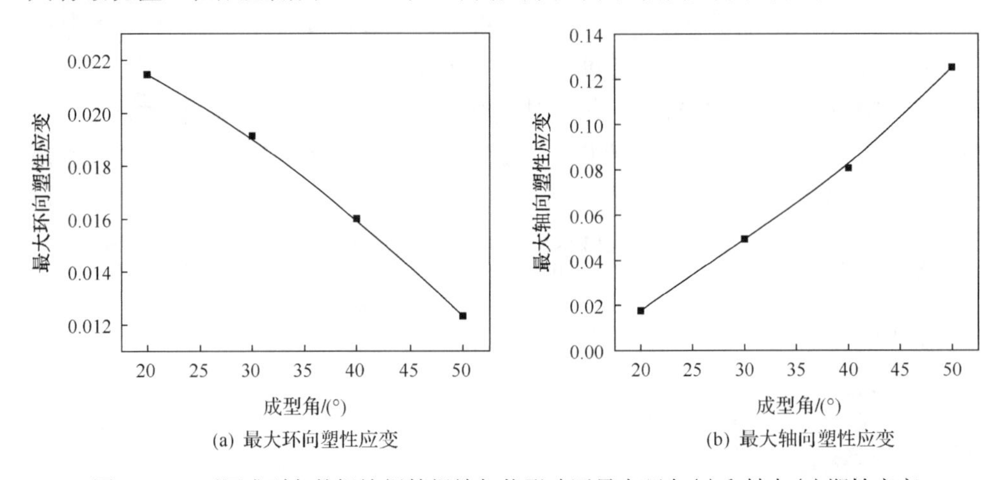

(a) 最大环向塑性应变　　(b) 最大轴向塑性应变

图 10-55　不同成型角的螺旋焊管焊缝与热影响区最大环向(a)和轴向(b)塑性应变

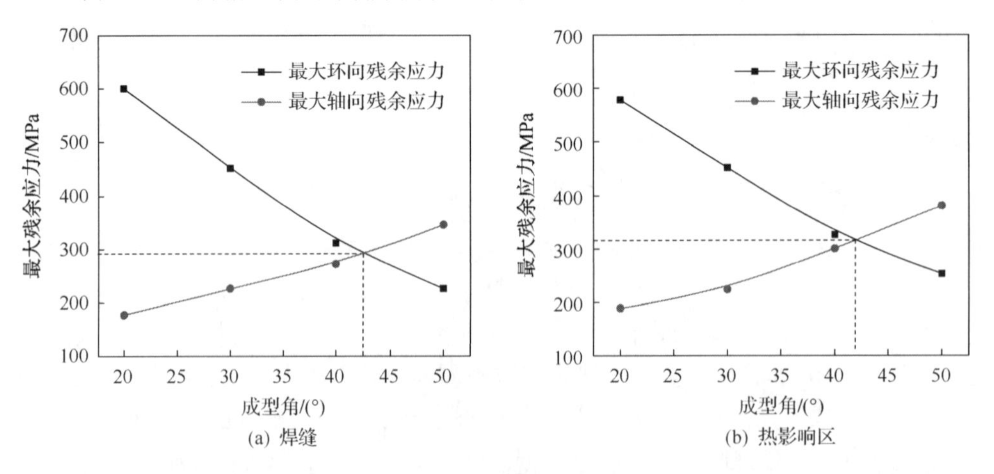

(a) 焊缝　　(b) 热影响区

图 10-56　不同成型角下焊缝(a)和热影响区(b)最大残余应力

此时的环向和轴向残余应力均处于较低水平。因此单从残余应力来说，当成型角为 42.5°时，残余应力具有最优值。本案例只是针对成型角对残余应力的影响进行分析研究，但是在实际生产制造过程中，还需考虑带钢的宽度、生产效率等因素。总的来说，在实际螺旋焊管的生产制造过程中，焊接完成后焊接接头内的残余应力应尽量降到最低，而且避免焊接接头中应力集中的现象，以降低出现应力腐蚀开裂和氢致损伤的风险。

2. 管径与板厚比的影响

板厚是影响螺旋焊管残余应力的一个重要的几何参数。对薄板中残余应力的研究较多，但是对大厚度结构中残余应力的分布规律及影响因素的研究并不多。本案例从螺旋焊管的厚度角度出发，研究板厚对残余应力的影响。管径与板厚比如表 10-3 所示。

表 10-3 有限元分析中管径与板厚

板厚/mm	管径/mm	管径与板厚比 R_i
14.4	813	56.4
20	813	40.6
30	813	27.1

为了分析板厚对残余应力的影响，在焊接接头中选取两条路径 P_3 和 P_4，P_3 位于焊缝中心线，P_4 位于热影响区。图 10-57 给出了沿路径 P_3 的残余应力分布。由图 10-57(a)可以看出，环向残余应力沿焊缝中心线呈峰形分布，从外壁面到内壁面环向残余应力先增大后降低，在焊缝中心位置处环向残余应力达到最大值，而且内壁面的环向残余应力高于外壁面。随着 R_i 的增加，环向残余应力增加，但是变化幅度变缓，残余应力梯度降低。当 R_i 为 27.1 时，最大环向残余应力为 210MPa，R_i 增加到 56.4 时，最大环向残余应力为 261MPa，增加 24.3%。由图 10-57(b)可以看出，在焊缝，随着距外壁距离的增加，最大轴向残余应力的位置逐渐向内壁面移动。随着 R_i 的增加，最大轴向残余应力降低，残余应力梯度也降低。R_i 为 27.1 时，最大轴向残余应力为 416MPa；R_i 增加到 56.4 时，最大轴向残余应力降为 339MPa，降低 18.5%。

图 10-58 给出了沿路径 P_4 的残余应力分布。由图 10-58(a)可以看出，环向残余应力也呈峰形分布，最大环向残余应力出现在中间位置，与焊缝处残余应力曲线相比，最大环向残余应力变化不大，但是内壁面与外壁面的环向残余应力高于焊缝处，这也导致在热影响区残余应力梯度降低。环向残余应力随着 R_i 的增加而增大，R_i 为 27.1 时最大环向残余应力为 194MPa；R_i 增加到 56.4 时最大环向残余

应力为 258MPa，增加 33.0%。如图 10-58(b)所示，轴向残余应力分布与焊缝处轴向残余应力分布相同，R_i 为 27.1 时，最大轴向残余应力为 428MPa；R_i 增加到 56.4 时，最大轴向残余应力降为 352MPa，降低 17.8%。

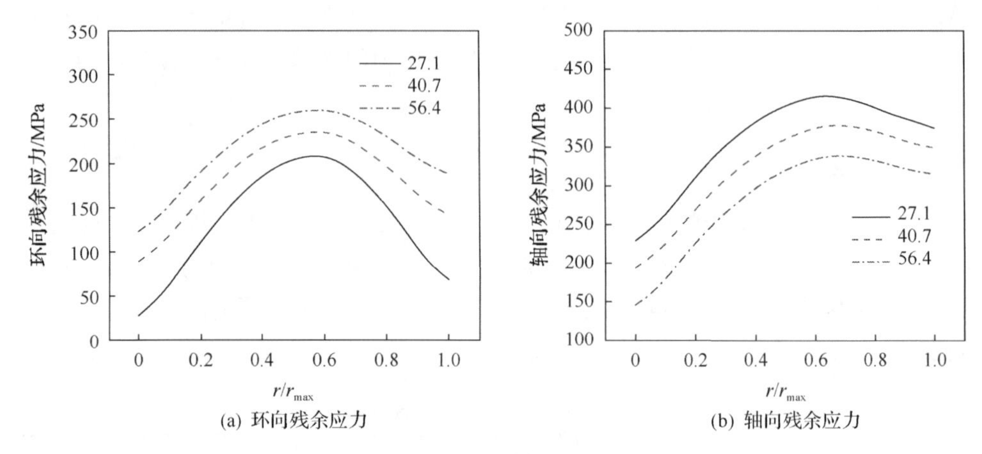

(a) 环向残余应力　(b) 轴向残余应力

图 10-57　不同 R_i 的螺旋焊管沿路径 P_3 的环向(a)和轴向(b)残余应力分布

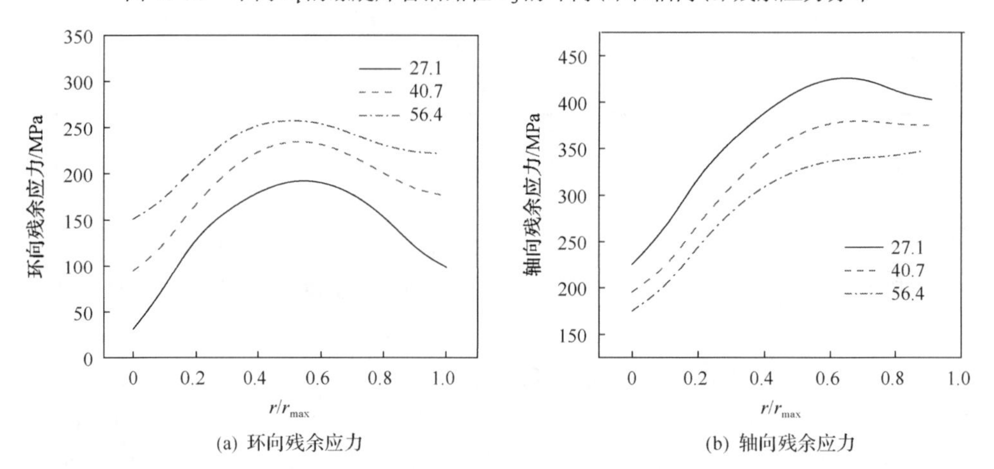

(a) 环向残余应力　(b) 轴向残余应力

图 10-58　不同 R_i 的螺旋焊管沿路径 P_4 的环向(a)和轴向(b)残余应力分布

图 10-59 给出了不同 R_i 时螺旋焊管焊接接头焊缝与热影响区的最大环向残余应力和轴向残余应力。随着 R_i 的增加，最大环向残余应力逐渐增加，最大轴向残余应力逐渐减小。单由曲线来说，R_i 可能存在一个值，此时的最大环向残余应力等于最大轴向残余应力。但是 R_i 越大，螺旋焊管的稳定性越差。R_i=56.4 为实际螺旋焊管的管径与板厚的比值，此时最大环向残余应力和最大轴向残余应力较小，而且具有较小的残余应力梯度，也就是环向残余应力和轴向残余应力分布较为均匀，稳定性较好。

综上可知，螺旋焊管焊缝和热影响区沿厚度方向上，随着 R_i 的增加，环向残余应力增加，最大环向残余应力出现在内焊缝与外焊缝交接位置；轴向残余应力降低，而且最大轴向残余应力所处的位置逐渐向内壁面移动。由此可见，管径与板厚的比值的变化对螺旋焊管的残余应力有一定的影响，也证明实际生产选用的管径 813mm 和板厚 14.4mm(比值 56.4)具有较低的残余应力。

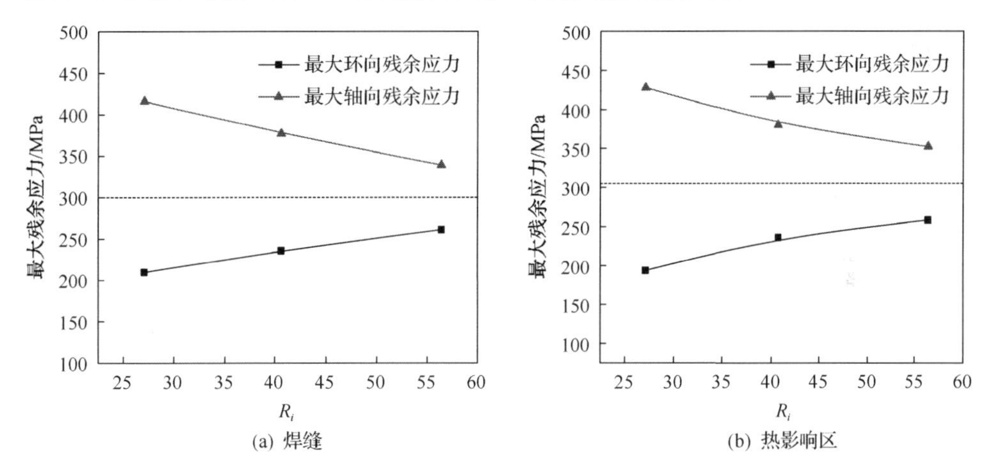

图 10-59 不同 R_i 下焊缝(a)和热影响区(b)最大残余应力

3. 预热温度的影响

焊接过程不可避免地引入焊接残余应力，焊接接头中的残余应力将影响螺旋焊管在服役过程中的力学性能和抗腐蚀性能。因此，通常在焊接前或者完成后对焊件进行各种热和机械处理以求降低其焊接残余应力，如预热、焊后热处理、喷丸等。预热是指在焊接进行之前将基体金属的温度提高到室内温度以上。以下研究预热温度对螺旋焊管残余应力的影响，选择的预热温度为室温(20℃)、60℃、100℃和 150℃。

为了对应力结果进行充分的分析，图 10-60 给出了不同预热温度下螺旋焊管沿路径 P_3 的残余应力分布，可以看出环向残余应力和轴向残余应力在焊缝中心区域随着预热温度的升高而降低，内壁面的环向残余应力和轴向残余应力均高于外壁面。外壁面的环向残余应力随着预热温度的升高变化不大，而内壁面的环向残余应力随着预热温度的升高逐渐降低。外壁面的轴向残余应力随着预热温度的升高而逐渐降低，而内壁面的轴向残余应力随着预热温度的升高变化不大。总的来说，预热温度对螺旋焊管内外壁面的残余应力影响不大。如图 10-60(a)所示，预热温度为 20℃时，最大环向残余应力为 441MPa，而当预热温度升高到 150℃时，最大环向残余应力降为 393MPa，降低 10.9%。如图 10-60(b)所示，预热温度为

20℃时，最大轴向残余应力为209MPa，当预热温度升高到150℃时，最大轴向残余应力降为180MPa，降低13.9%，而且两种残余应力在相同的预热温度升高量下引起残余应力的变化量近似一致。

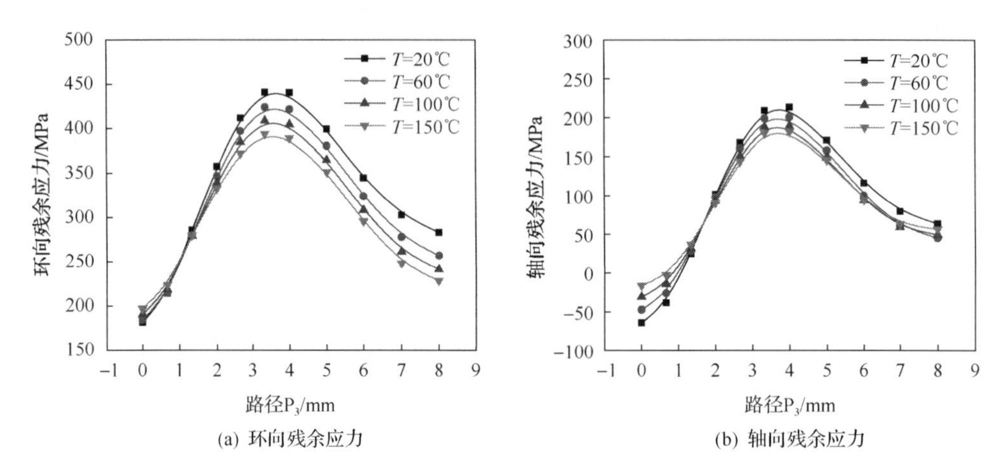

图 10-60　不同预热温度下螺旋焊管沿路径 P_3 的环向(a)和轴向(b)残余应力分布

T 为预热温度

图 10-61 给出了不同预热温度下螺旋焊管沿路径 P_4 的环向残余应力和轴向残余应力分布，可见在热影响区中心区域的环向残余应力和轴向残余应力随着预热温度的升高而逐渐降低，螺旋管内外壁面的残余应力随着预热温度的升高而降低，但是内壁面残余应力高于外壁面残余应力，而残余应力随预热温度的升高变化不大。由图 10-61(a)可知，当预热温度为 20℃时，最大环向残余应力为 415MPa，而当预热温度升高到 150℃时，最大环向残余应力降为 358MPa，降低 13.7%。如图 10-61(b)所示，当预热温度为 20℃时，最大轴向残余应力为 182MPa，预热温度升高到 150℃时，最大轴向残余应力降为 155MPa，降低 14.8%。类似地，在热影响区，预热温度升高引起的轴向残余应力和环向残余应力的降低量也近似一致。

基于上述分析，得出结论：预热温度对残余应力有一定的影响，随着预热温度的升高，环向残余应力和轴向残余应力均逐渐降低。因此，可以通过提高预热温度来降低螺旋焊管的残余应力。这是因为在焊接过程中当热源移动到焊接部位时，焊接区域温度迅速升高，与周围区域形成较大的温度梯度，预热温度的升高减小了焊接区域与基体金属之间的温度差，焊接完成后焊接接头部位的冷却速率降低，降低了焊接应变速率，从而降低残余应力。

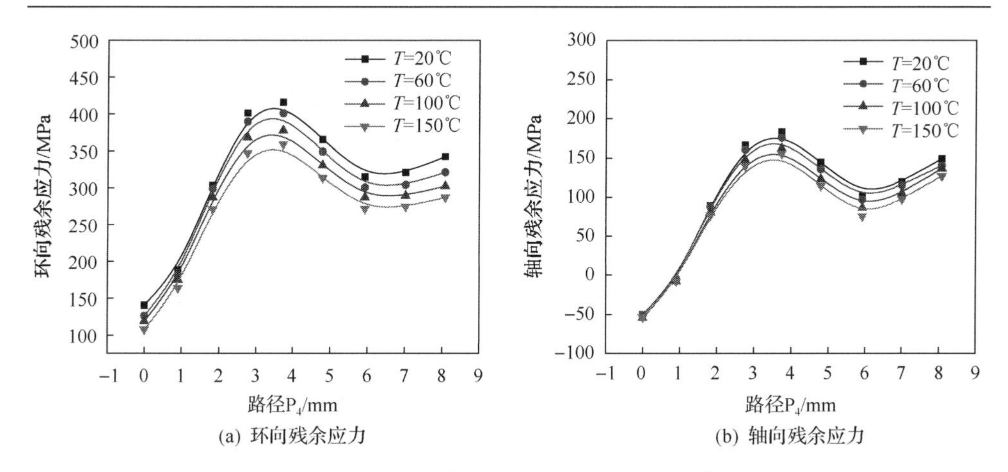

图 10-61　不同预热温度下螺旋焊管沿路径 P_4 的环向(a)和轴向(b)残余应力分布

4. 热输入的影响

焊接时热输入是控制电弧焊接质量的一个重要因素。它与预热温度一样，影响焊接完成后焊接区域的冷却速度，影响焊缝与热影响区的力学性能和微观结构，并因此影响焊缝及附近区域的残余应力分布[17]。以下将在保持其他焊接工艺参数不变的前提下，改变热输入(热输入分别选取 18.4kJ/cm、19.8kJ/cm、21.2kJ/cm)，来研究热输入对残余应力的影响。

图 10-62 给出了不同热输入下螺旋焊管沿路径 P_3 的残余应力分布，可以看出在焊缝中心区域环向残余应力和轴向残余应力随着热输入的增加而降低，环向残余应力大于轴向残余应力，内壁面的环向残余应力和轴向残余应力均高于外壁面，轴向残余应力在内壁面为拉应力，而在外壁面为压应力，但是总的来说热输入对

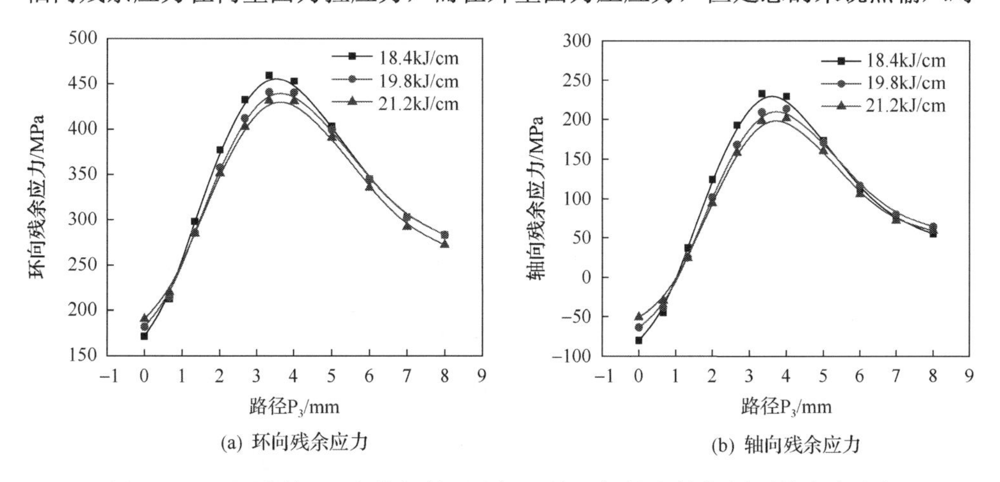

图 10-62　不同热输入下螺旋焊管沿路径 P_3 的环向(a)和轴向(b)残余应力分布

内壁面和外壁面的残余应力影响较小。如图 10-62(a)所示，热输入为 18.4kJ/cm 时，焊缝中心最大环向残余应力为 460MPa；热输入为 21.2kJ/cm 时，最大环向残余应力为 431MPa，降低 6.3%。如图 10-62(b)所示，热输入为 18.4kJ/cm 时，焊缝中心最大轴向残余应力为 233MPa；热输入为 21.2kJ/cm 时，最大轴向残余应力为 182MPa，降低 21.9%。可知，焊接热输入对轴向残余应力的影响大于对环向残余应力的影响。

图 10-63 给出了不同热输入下螺旋焊管沿路径 P_4 的残余应力分布，可以看出在热影响区中心区域环向残余应力和轴向残余应力随着热输入的增加而降低，残余应力分布变化与沿路径 P_3 的残余应力分布变化一致，在中心区域残余应力具有最大值，内壁面的残余应力高于外壁面。如图 10-63(a)所示，热输入为 18.4kJ/cm 时，热影响区中心最大环向残余应力为 435MPa；热输入为 21.2kJ/cm 时，最大环向残余应力为 397MPa，降低 8.7%。如图 10-63(b)所示，热输入为 18.4kJ/cm 时，热影响区中心最大轴向残余应力为 207MPa；热输入为 21.2kJ/cm 时，最大轴向残余应力为 170MPa，降低 17.9%。可知，焊接热输入对轴向残余应力的影响大于对环向残余应力的影响。

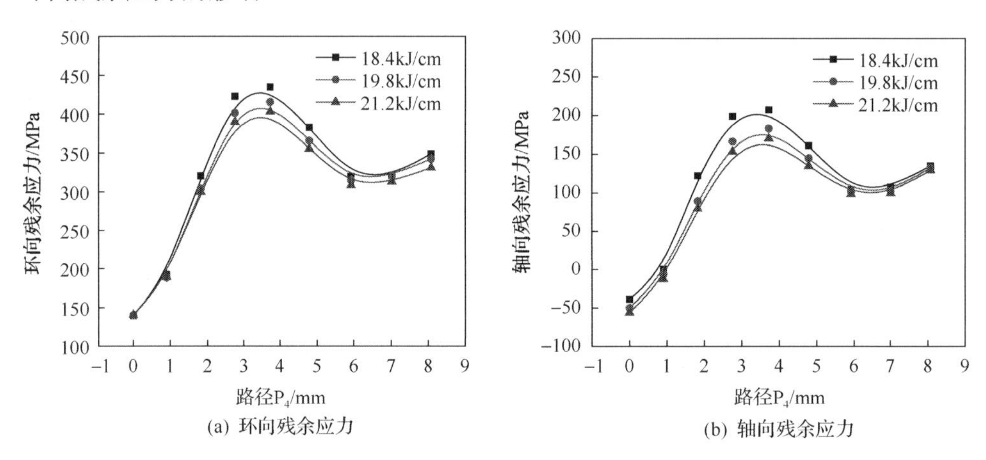

(a) 环向残余应力　　(b) 轴向残余应力

图 10-63　不同热输入下螺旋焊管沿路径 P_4 的环向(a)和轴向(b)残余应力分布

焊接热输入对残余应力有一定的影响，在一定范围内随着焊接热输入的增加，焊缝与热影响区环向残余应力和轴向残余应力逐渐降低。因此可以通过增加焊接热输入来降低螺旋焊管的残余应力。焊接热输入增加，使焊接区域在高温停留的时间延长，有助于奥氏体均匀化；冷却速率降低，使各部分温差减小，有利于组织的均匀化，提高焊缝质量和性能，从而降低残余应力。

10.4 大型EO反应器超厚管板拼焊残余应力与变形调控[18]

EO反应器是百万吨乙烯的关键装备，结构复杂、技术要求高、制造难度大，设备造价高，我国长期依靠进口。2006年，中国石油化工集团有限公司进口美国设计、日本制造的EO反应器运行半年后，出现残余应力过高导致的应力腐蚀开裂问题。仅一条焊缝的维修，日方便索要100万元的高昂修理费。2009年，我国开始国产化EO反应器制造。难点之一是EO反应器管板直径达7.16m，需要3块钢板拼焊，但管板厚达390mm，对残余应力和变形控制非常严格。为降低热变形，采用双U形坡口，两边配重，翻转交替施焊。但配重和翻转次数没有科学的准则。本节针对EO反应器超厚管板拼焊残余应力进行分析，获得超厚管板拼焊残余应力分布状态，并讨论焊接工艺参数对残余应力的影响规律，提出降低残余应力、减小焊接变形的措施。

10.4.1 超厚管板拼焊工艺

焊接前，将待焊接工件安放在图10-64中的支点和支撑导轨上，并用行车吊住图10-64中行车吊耳，对准后，先对两条焊缝进行打底封焊，然后撤出行车，工件完全由支点和支撑导轨支撑。正式焊接时，在工件两侧各压上配重(焊接过程中始终有配重)。焊完一条焊缝后(焊接并翻身)，再进行另一条焊缝的焊接。支撑

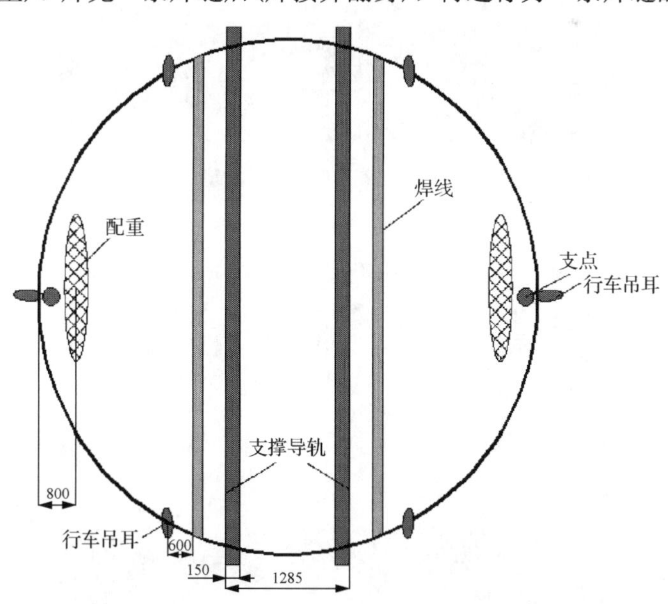

图10-64 支撑导轨、支点、行车吊耳及配重布置图

导轨、支点、行车吊耳及配重布置可在图 10-65 和图 10-66 的现场照片中看到。焊缝焊接完成后盖上保温垫缓冷，焊接过程中及缓冷时焊缝底部始终进行加热，使温度保持在 200℃，保温垫及加热点可在图 10-65 和图 10-67 中看到。

图 10-65　现场照片(一)

图 10-66　现场照片(二)

图 10-67　已焊完的焊缝下方加热点和上方覆盖保温垫

图 10-68 中 1、2、3 为多条焊道的焊接顺序，当每层焊两道时则无 3。如图 10-68 所示，每条焊道用两台焊机同时从 *a*、*b* 两点焊接，保持同向同速。

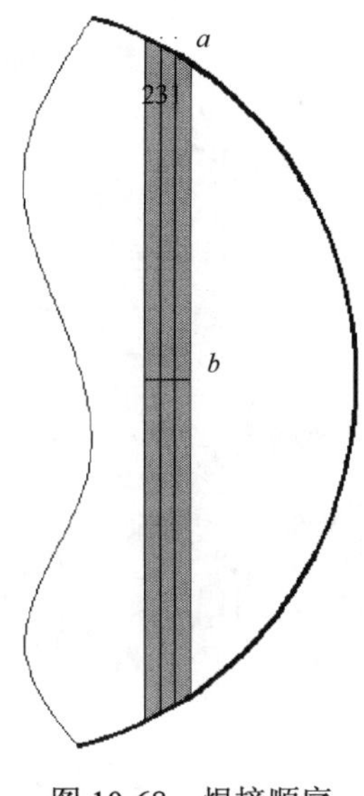

图 10-68 焊接顺序

10.4.2 超厚管板拼焊残余应力有限元模型

1. 几何模型与网格划分

根据图 10-64 建立 1/2 几何模型(图 10-69)，管板厚 390mm，半径为 3580mm，焊缝尺寸如图 10-69 所示。采用平面应变模型，网格划分如图 10-70 所示。共划分 29704 个节点，29344 个单元。在焊缝附近网格划分较密，远离焊缝网格划分较疏。

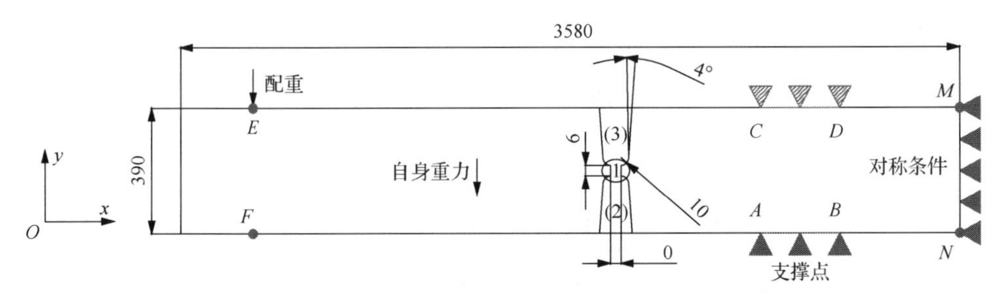

图 10-69 几何模型(单位：mm)

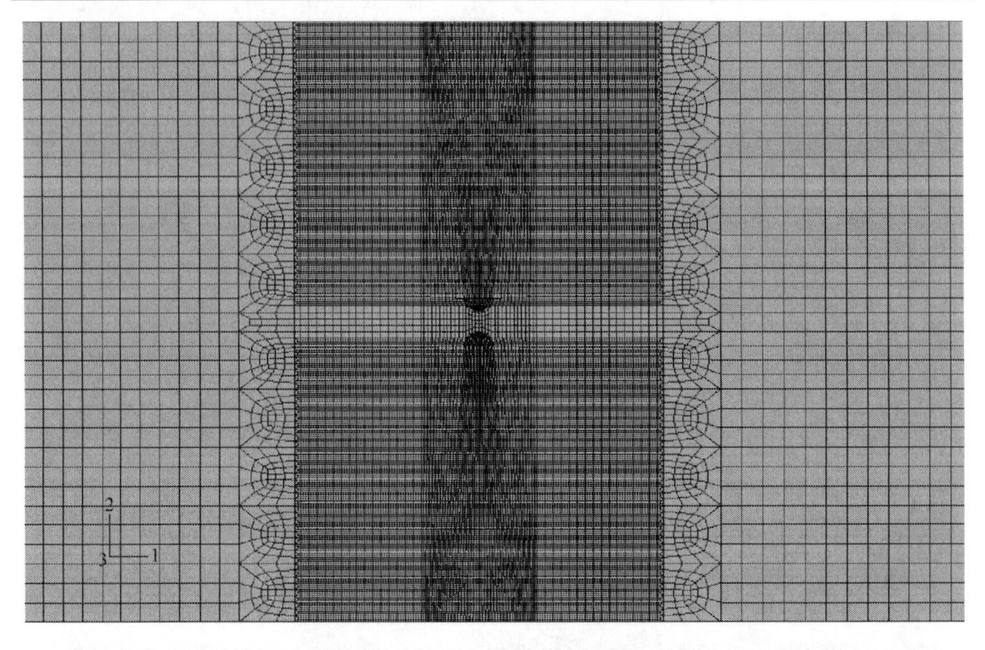

图 10-70　网格划分

2. 材料参数

母材为 20MnMoNb 锻件，假设焊材与母材材料相同。热力学性能与温度相关，并且假定材料在高温状态下(熔点以上)物理性能保持不变。热力学性能参数见表 10-4。

表 10-4　热力学性能参数

温度 /℃	导热系数 /[W/(m·℃)]	比热容 /[J/(℃·kg)]	热膨胀系数 /(10^{-6}℃$^{-1}$)	弹性模量 /GPa	泊松比	屈服强度 /MPa
20	24.5	461	12.1	210	0.292	541
100	25.5	515	12.8	207	0.318	510
200	33.5	582	13.4	201	0.316	454
300	35.2	620	13.7	193	0.295	484
400	33.9	657	14.3	185	0.284	464
500	32.2	724	14.6	172	0.337	461
700				168	0.337	95
1500				2	0.337	46

10.4.3 结果与分析

1. 超厚管板拼焊变形与残余应力分布状态

图 10-71 给出了超厚管板在没有配重下的焊后变形分布云图。由图可知，管板焊后发生了较大的翘曲变形，管板一端翘起高度最大，达 17.1mm。

图 10-71 管板焊后变形分布

图 10-72 给出了焊缝表层的残余应力分布。由图可知，横向残余应力最大值位于热影响区，纵向残余应力在焊缝较大，远离焊缝和热影响区，横向和纵向残余应力逐渐衰减。法向残余应力在焊缝表层较小。

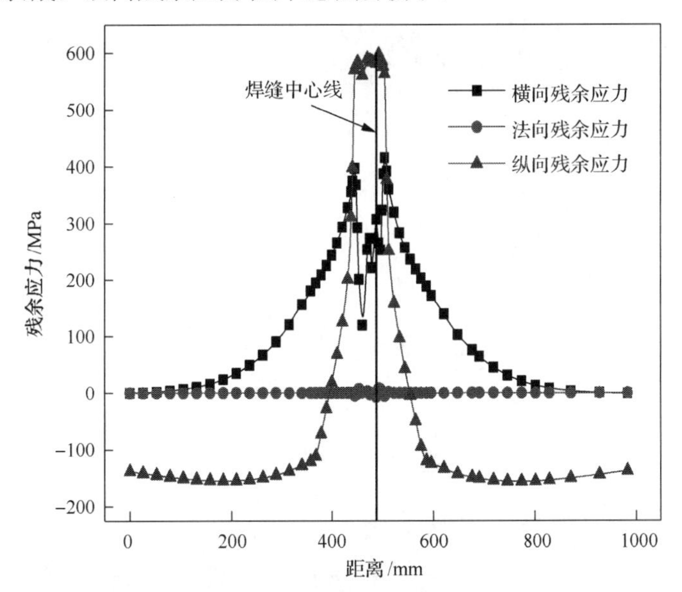

图 10-72 焊缝表层残余应力分布

图 10-73 给出了焊缝中心的残余应力分布，由图可知沿焊缝中心法向残余应力较小。横向和纵向残余应力在焊缝两表层较大，沿着厚度方向逐渐降低，在中间厚度位置转化为压应力。

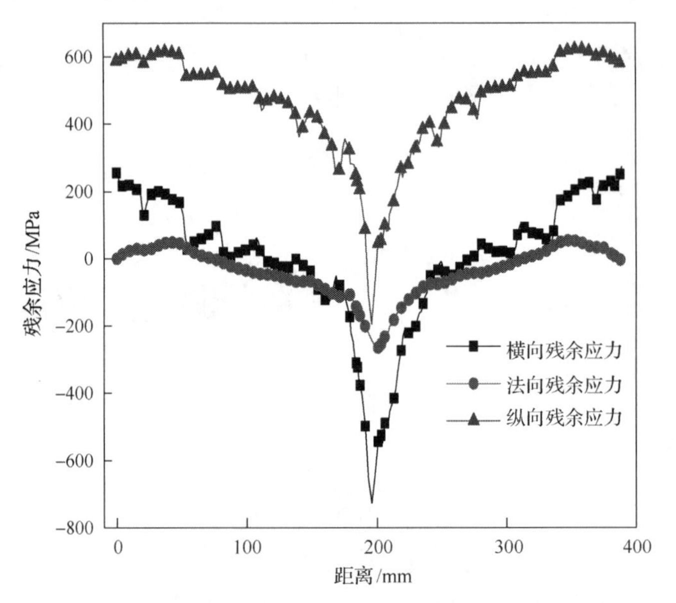

图 10-73　焊缝中心沿厚度方向路径残余应力分布

图 10-74 给出了热影响区的残余应力分布，由图可知横向和纵向残余应力沿焊缝厚度方向逐渐衰减，在中间厚度位置转化为压应力。

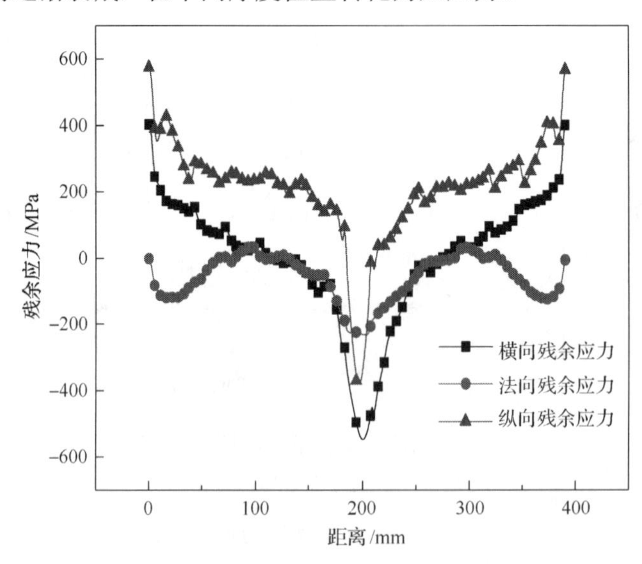

图 10-74　热影响区沿厚度方向路径残余应力分布

2. 配重的影响

图 10-75 分别给出了不同配重下(50～750t)管板焊后最大变形。结合图 10-71 给出的施压配重为 0 时的变形图可知，随着配重的增加，管板的变形程度降低。不施压配重时管板一端的翘起高度为 17.1mm(图 10-71)，而施加 450t 配重时，管板一端的翘起高度减小为 3.41mm。继续增大配重，变形程度降低效果不明显。

图 10-76 给出了配重对最大横向残余应力的影响，如图所示随着配重增大，

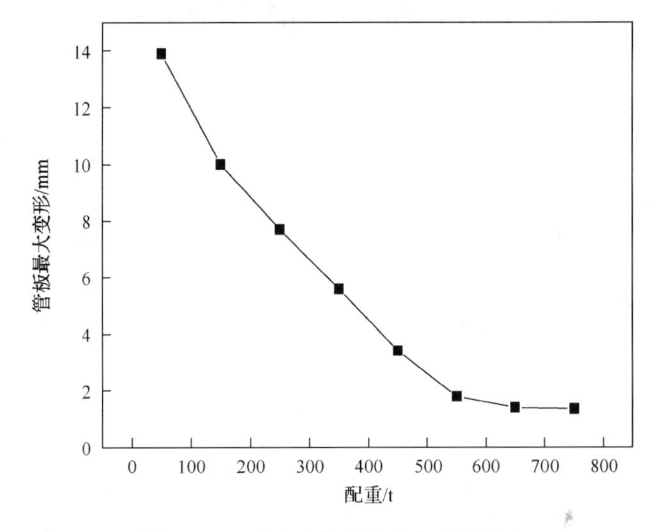

图 10-75　配重对管板最大变形的影响

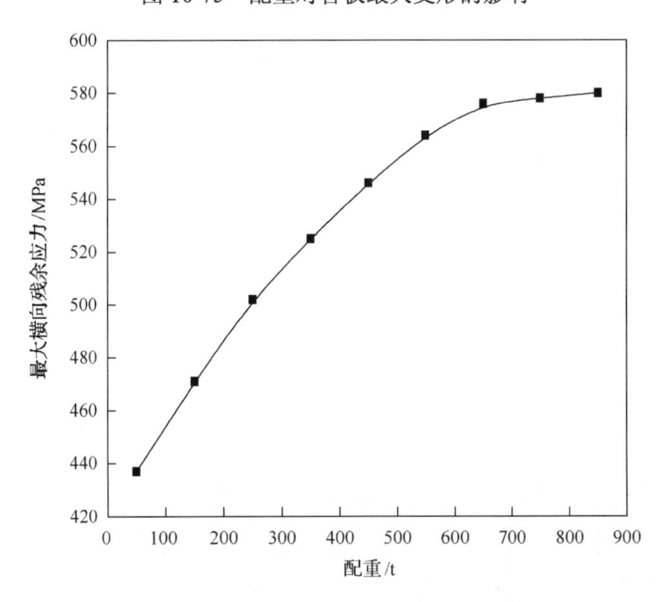

图 10-76　配重对最大横向残余应力的影响

最大横向残余应力增大，当配重为 450t 时，最大横向残余应力达到屈服强度；配重继续增大，最大横向残余应力变化不大。

3. 翻转次数的影响

图 10-77 分别给出了翻转 2 次、6 次、15 次的管板最大变形分布图，当翻转次数较少时，变形较大，随着翻转次数的增加，变形程度降低，翻转 6 次和 15 次的变形相差不大。

图 10-78 分别给出了翻转次数对最大横向残余应力的影响，由图可知当翻转

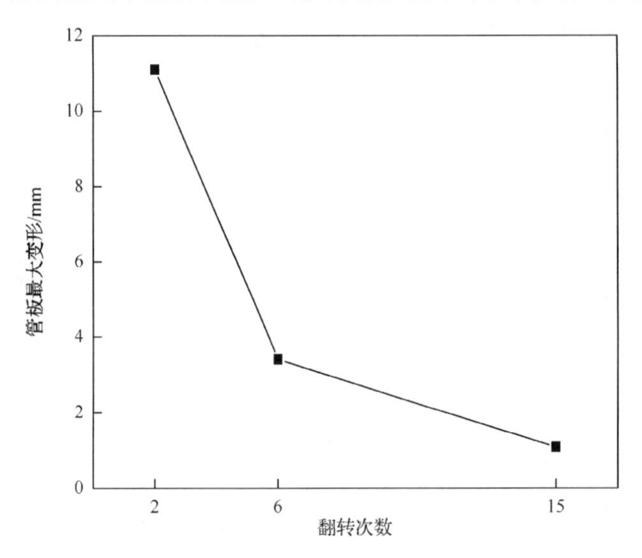

图 10-77　翻转次数对管板最大变形的影响

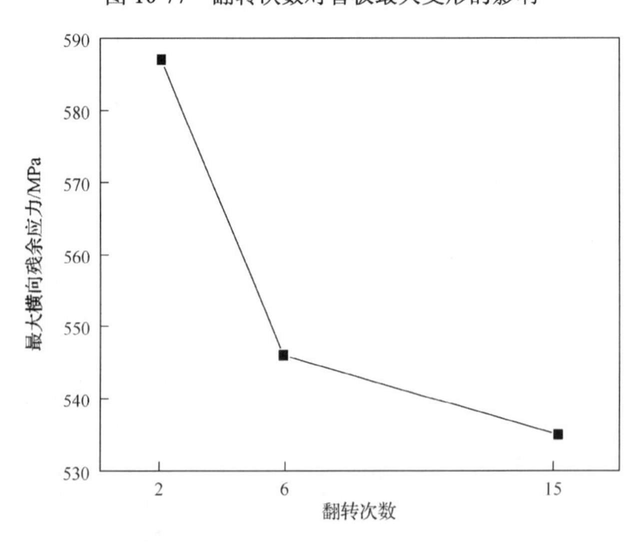

图 10-78　翻转次数对最大横向残余应力的影响

次数较少时，最大横向残余应力较大，翻转6次和15次的最大横向残余应力相差不大，并非翻转次数越多越好。

图10-79给出了翻转次数对焊缝中心沿厚度方向路径横向残余应力的影响。从图中也可以看出，当翻转次数增加到6次时，横向残余应力大幅降低，再增加翻转次数，对于横向残余应力影响不大。

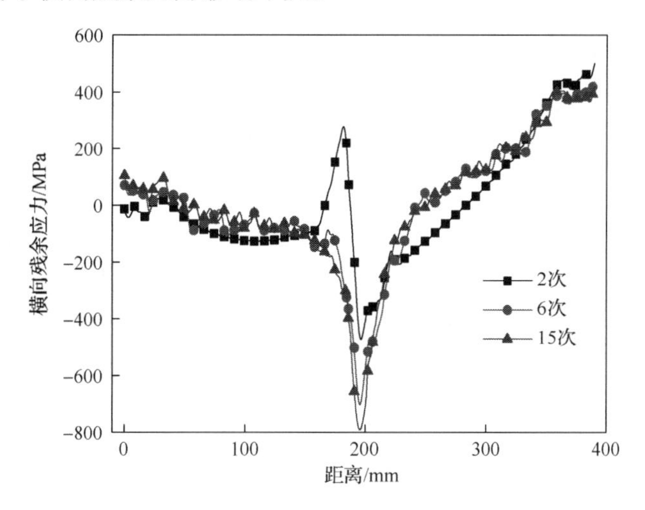

图10-79 翻转次数对焊缝中心沿厚度方向路径的横向残余应力的影响

4. 热输入的影响

设定初始原模型热输入为Q，图10-80给出了热输入为Q、$1.1Q$、$1.3Q$的管板最大变形分布，可以发现，随着热输入增加，管板最大变形增加。

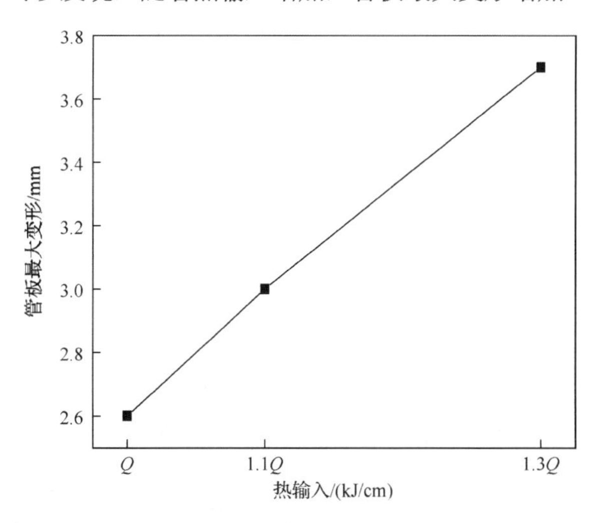

图10-80 热输入对管板最大变形的影响

图 10-81 给出了热输入为 Q、$1.1Q$、$1.3Q$ 的最大横向残余应力分布。由图可知，热输入对残余应力的分布影响不大。增大热输入可稍微降低残余应力，但降幅不大。图 10-82 给出了热输入对焊缝中心横向残余应力的影响，由图可知，沿焊缝中心，增大热输入对残余应力影响不大。

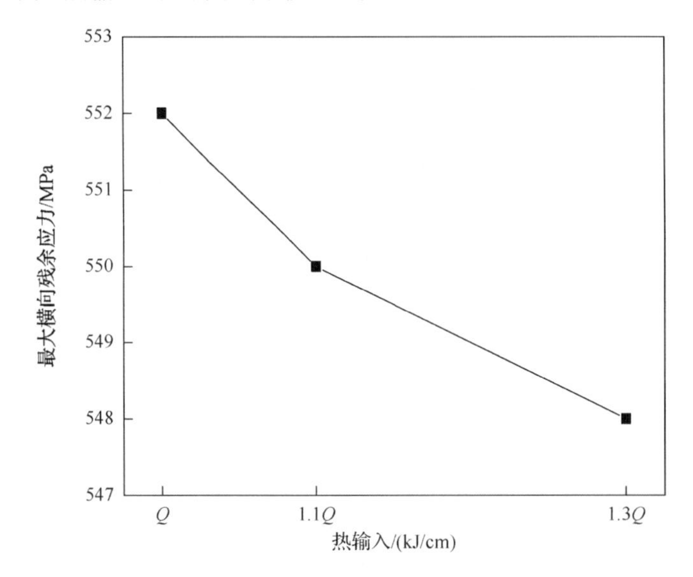

图 10-81　热输入对最大横向残余应力的影响

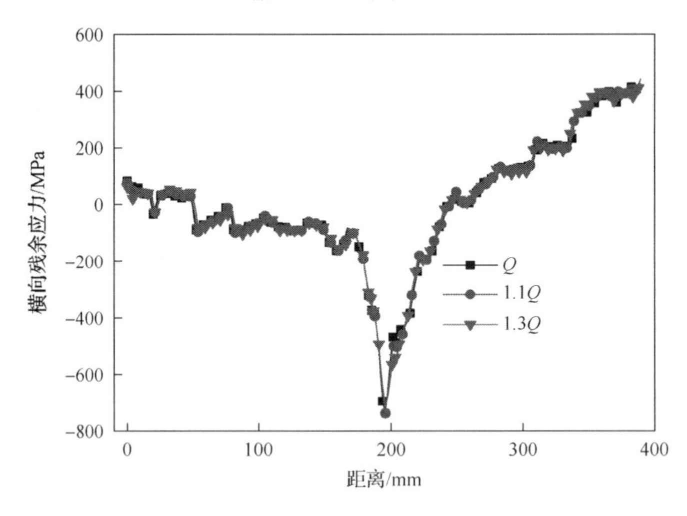

图 10-82　热输入对焊缝中心沿厚度方向路径横向残余应力的影响

5. 焊缝层数的影响

图 10-83 给出了焊缝层数对管板最大变形的影响，可以发现，焊缝层数对管

板的变形有一定的影响，增加焊缝层数使得管板的最大变形增加。这是由于层数增加，热输入增大，使得变形增加。

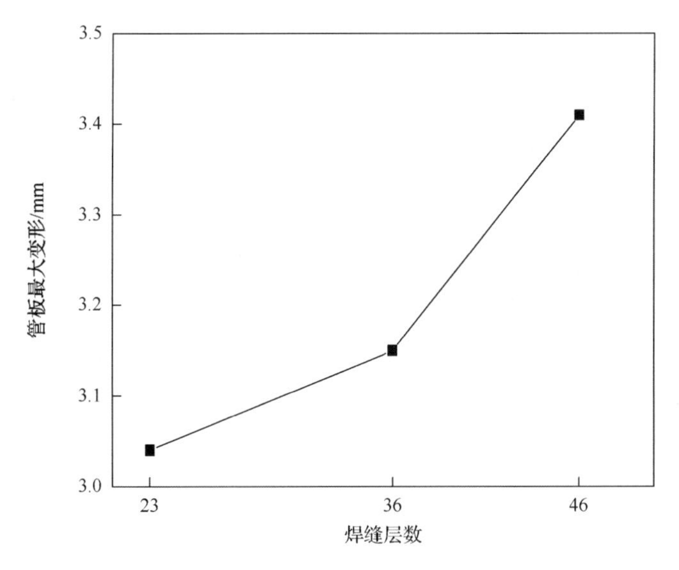

图 10-83 焊缝层数对管板最大变形的影响

图 10-84 给出了焊缝层数对最大横向残余应力的影响。由图可知，层数增加，最大横向残余应力降低。可见，增加焊缝层数有利于降低残余应力。

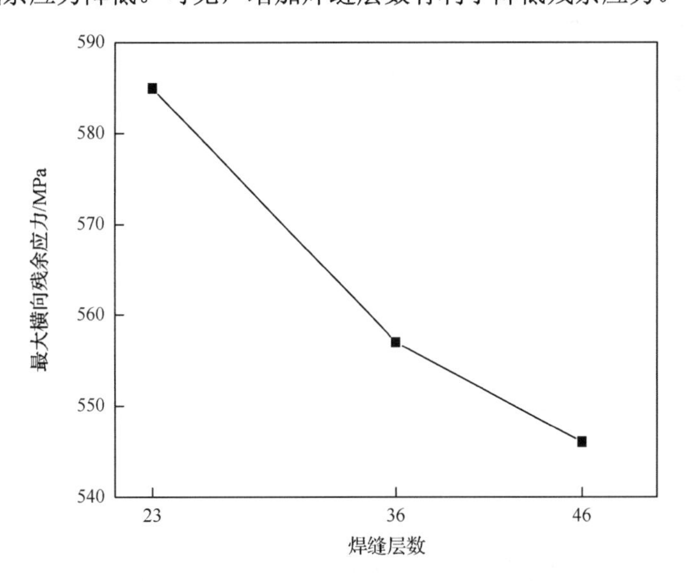

图 10-84 焊缝层数对最大横向残余应力的影响

根据上述工艺优化，实现超厚管板的变形控制，将管板不平度指标控制在

3mm 以下，为 EO 反应器国产化做出了贡献。

10.4.4　结论

(1)超厚管板拼焊过程中产生较大的残余应力，最大残余应力位于焊缝及热影响区，远离焊缝和热影响区残余应力逐渐降低。沿着厚度方向，残余应力分布不均匀。距表层 30%的深度，残余应力为拉应力，然后逐渐降低，在中间厚度位置转变为压应力。由于超厚管板厚度较大，热输入较多，温度分布极不均匀，焊缝处及焊缝的焊接侧为高温区，冷却后产生的收缩量大；另一侧为低温区，收缩量小，因收缩的不平衡导致较大的角变形。

(2)在管板两端施加一定的配重可以降低焊接角变形。随着配重增加，变形降低，残余应力增加。当配重达到 450t 时，角变形降低为 3.41mm，能够基本满足管板平面度的要求。当配重继续增加时，管板变形由角变形转变为波浪变形，残余应力同时增加。因此，配重在 450t 左右较为合适。

(3)适当提高翻转次数有利于降低焊接残余应力。当翻转次数较少时，残余应力较大，但并非翻转次数越多越好。当翻转 6 次时，残余应力大幅降低，再增加翻转次数，对于残余应力影响不大。当翻转次数较低时，变形较大。随着翻转次数的增加，变形程度降低，翻转 6 次和 15 次的变形相差不大。因此，翻转 6 次左右较为合适。

(4)热输入增大，变形增加，残余应力稍微降低，但降幅不大。焊缝层数增加，热输入增大，使管板的变形增加，但残余应力降低。为降低残余应力和控制变形，要控制线能量输入和焊缝层数，尽量选用小线能量进行焊接。

参 考 文 献

[1] Jiang W, Xu X P, Gong J M, et al. Influence of repair length on residual stress in the repair weld of a clad plate[J]. Nuclear Engineering and Design, 2012, 246(4): 211-219.

[2] Brown T B, Dauda T A, Truman C E, et al. Predictions and measurements of residual stress in repair welds in plates[J]. International Journal of Pressure Vessels and Piping, 2006, 83(11): 809-818.

[3] Hou J, Peng Q, Takeda Y, et al. Microstructure and stress corrosion cracking of the fusion boundary region in an alloy 182-A533B low alloy steel dissimilar weld joint[J]. Corrosion Science, 2010, 52(12): 3949-3954.

[4] Amirat A, Mohamed-Chateauneuf A, Chaoui K. Reliability assessment of underground pipelines under the combined effect of active corrosion and residual stress[J]. International Journal of Pressure Vessels and Piping, 2006, 83(2): 107-117.

[5] Mochizuki M. Control of welding residual stress for ensuring integrity against fatigue and stress-corrosion cracking[J]. Nuclear Engineering and Design, 2007, 237(2): 107-123.

[6] 蒋文春, Woo W, 王炳英, 等. 中子衍射和有限元法研究不锈钢复合板补焊残余应力[J]. 金属学报, 2012, (12): 1525-1529.

[7] 李国成, 蒋文春. 线能量对不锈钢复合板残余应力和变形的影响[J]. 热加工工艺, 2010, 39(9): 159-162.

[8] 蒋文春, 李国成, 孙伟松. 焊缝层数对不锈钢复合板残余应力和变形的影响[J]. 化工机械, 2010, 37(2): 186-191.

[9] Jiang W, Liu Z, Gong J M, et al. Numerical simulation to study the effect of repair width on residual stresses of a stainless steel clad plate[J]. International Journal of Pressure Vessels and Piping, 2010, 87(8):457-463.

[10] Jiang W, Yang B, Gong J M, et al. Effects of clad and base metal thickness on residual stress in the repair weld of a stainless steel clad plate[J]. Journal of Pressure Vessel Technology, 2011, 133(6): 061401.

[11] 胡琦伟. 关于半圆管夹套应用的探讨[J]. 医药工程建设, 1995, (3): 1-3.

[12] 邓肖明. 螺旋半圆管夹套式反应器的结构特点和开发应用[J]. 压力容器, 2001, 18(1): 45-47 .

[13] Jiang W C, Guan X W. A study of the residual stress and deformation in the welding between half-pipe jacket and shell[J]. Materials and Design, 2013, 43: 213-219.

[14] 史建兰, 魏志全, 罗云, 等. 坡口形式对半管夹套焊接温度和残余应力的影响[J]. 焊接学报, 2017, 38(1): 47-50.

[15] 蒋文春, 巩建鸣, 陈虎, 等. 304 不锈钢半管夹套焊接部位残余应力有限元模拟[J]. 压力容器, 2006, 23(5): 25-28.

[16] Luo Y, Jiang W C, Wan Y, et al. Effect of helix angle on residual stress in the spiral welded oil pipelines: Experimental and finite element modeling[J]. International Journal of Pressure Vessels and Piping, 2018, 168: 233-245.

[17] Akbari D, Sattari-Far I. Effect of the welding heat input on residual stresses in butt-welds of dissimilar pipe joints[J]. International Journal of Pressure Vessels and Piping, 2009, 86(11): 769-776.

[18] Jiang W C, Gong J M, Woo W, et al. Control of welding residual stress and deformation of the butt welded ultrathick tube-sheet: Effect of applied load[J]. Journal of Pressure Vessel Technology, 2012, 134: 061406.

附　　录

附录1　双椭球移动热源子程序

```
SUBROUTINE DFLUX(FLUX,SOL,KSTEP,KINC,TIME,NOEL,NPT,COORDS,
  1 JLTYP,TEMP,PRESS,SNAME)
C
   INCLUDE ´ABA_PARAM.INC´
C
   DIMENSION FLUX(2),TIME(2),COORDS(3)
   CHARACTER*80 SNAME
   REAL*8 W1,W2,Q,v,PI,TMP,ZDESP,YDESP,XDESP
   REAL*8 ff,fr,A,B,Cf,Cr,COND1,COND2
   Q=(?)
   ff=0.6
   fr=1.4
   v=(?)
   A=(?)
   B=(?)
   Cf=(?)
   Cr=(?)
   PI=3.14159
   W1=6*SQRT(3)*Q*ff/(PI*A*B*Cf*SQRT(PI))
   W2=6*SQRT(3)*Q*fr/(PI*A*B*Cr*SQRT(PI))
   TMP=TIME(1)*v
   XDESP=COORDS(1)-(?)
   YDESP=COORDS(2)-(?)
   ZDESP=COORDS(3)-TMP-(?)
   COND1=-3*((XDESP/A)**2.0+(YDESP/B)**2.0+(ZDESP/Cf)**2.0)
   COND2=-3*((XDESP/A)**2.0+(YDESP/B)**2.0+(ZDESP/Cr)**2.0)
   IF(ZDESP.GE.0.0) THEN
   FLUX(1)=W1*EXP(COND1)
```

```
ELSE IF (ZDESP.LE.0.0) THEN
FLUX(1)=W2*EXP(COND2)
END IF
RETURN
END
```

其中，(?)处是实际使用移动热源过程中要确定的模型参数和起始位置坐标，需根据具体情况标定。

附录 2　焊接残余应力的热弹塑性耦合计算

1. 温度场 inp（其中用到的移动热源子程序可参照附录 1）

```
*Heading
**节点、单元、集合定义等信息已省略
*End Assembly
*Material, name=SS316L
*Conductivity
14.12, 20.
16.69, 200.
18.11, 300.
19.54, 400.
20.96, 500.
22.38, 600.
23.81, 700.
25.23, 800.
26.66, 900.
28.08,1000.
 29.5,1100.
30.93,1200.
32.35,1300.
33.78,1400.
33.78,3000.
*Density
7966., 20.
7966., 700.
7966.,3000.
```

```
*Latent Heat
300000.,1399.,1421.
*Specific Heat
502., 20.
514., 200.
526., 300.
638., 400.
550., 500.
562., 600.
575., 700.
587., 800.
599., 900.
611.,1000.
623.,1100.
635.,1200.
647.,1300.
659.,1400.
*Physical Constants, absolute zero=-273.15, stefan boltzmann=5.669e-08
*Initial Conditions, type=TEMPERATURE
_PickedSet7, 20.
** ----------------------------------------------------------------
*Step, name=Step-1, inc=10000
*Heat Transfer, end=PERIOD, deltmx=100.
0.0001, 0.0001, 1e-20, 0.0001,
*Model Change, remove
SET-ALL,
*Sfilm
_PickedSurf4, F, 20., 10.
*Sradiate
_PickedSurf5, R, 20., 0.85
*Restart, write, frequency=0
*Output, field
*Node Output
NT,
```

```
*Output, history, frequency=0
*End Step
** ----------------------------------------------------------------
*Step, name=Step-2, inc=10000
*Heat Transfer, end=PERIOD, deltmx=100.
0.01, 4500., 1e-07, 4500.,
** Name: Load-1 Type: Body heat flux
*Dflux
allelement, BFNU, 1.
*Sfilm
_PickedSurf4, F, 20., 10.
*Sradiate
_PickedSurf5, R, 20., 0.85
*Restart, write, frequency=0
** FIELD OUTPUT: F-Output-1
*Output, field
*Node Output
NT,
*Output, history, frequency=0
*End Step
**----------------------------------------------------------------
*Step, name=Step-3, inc=10000
*Heat Transfer, end=PERIOD, deltmx=100.
0.01, 45000., 1e-07, 4500.,
*Sfilm
_PickedSurf4, F, 20., 10.
*Sradiate
_PickedSurf5, R, 20., 0.85
*Restart, write, frequency=0
** FIELD OUTPUT: F-Output-1
*Output, field
*Node Output
NT,
*Output, history, frequency=0
*End Step
```

2. 残余应力场 inp

```
*Heading
**节点、单元、集合定义等信息已省略
*End Assembly
*Amplitude, name=fatigue, definition=USER, variables=0
*Material, name=SS316L
*Elastic
 1.956e+11, 0.294,  0.
 1.912e+11, 0.294,  10.
 1.857e+11, 0.294, 200.
 1.796e+11, 0.294, 300.
 1.726e+11, 0.294, 400.
 1.645e+11, 0.294, 500.
  1.55e+11, 0.294, 600.
 1.441e+11, 0.294, 700.
 1.314e+11, 0.294, 800.
 1.168e+11, 0.294, 900.
    1e+11, 0.294, 1000.
    8e+10, 0.294, 1100.
  5.7e+10, 0.294, 1200.
    3e+10, 0.294, 1300.
    2e+09, 0.294, 1400.
*Expansion
 1.456e-05, 0.
 1.539e-05, 10.
 1.621e-05, 200.
 1.686e-05, 300.
 1.737e-05, 400.
 1.778e-05, 500.
 1.812e-05, 600.
 1.843e-05, 700.
 1.872e-05, 800.
 1.899e-05, 900.
 1.927e-05,1000.
 1.953e-05,1100.
```

```
 1.979e-05,1200.
 2.002e-05,1300.
 2.021e-05,1400.
**316L混合强化模型参数
*Plastic, hardening=COMBINED, datatype=PARAMETERS, number backstresses=2
 1.256e+08, 1.56435e+11,1410.85, 6.134e+09, 47.19, 20.
 9.76e+07, 1.00631e+11, 1410.85, 5.568e+09, 47.19, 275.
 9.09e+07, 6.4341e+10, 1410.85, 5.227e+09, 47.19, 550.
 7.14e+07, 5.6232e+10, 1410.85, 4.108e+09, 47.19, 750.
 6.62e+07, 50000., 1410.85, 2.92e+08, 47.19, 900.
 3.182e+07, 0.01, 1410.85, 0.01, 47.19, 1000.
 1.973e+07, 0.01, 1410.85, 0.01, 47.19, 1100.
 2.1e+06, 0.01, 1410.85, 0.01, 47.19, 1400.
*Cyclic Hardening, parameters
 1.256e+08, 1.534e+08, 6.9, 20.
 9.76e+07, 1.547e+08, 6.9, 275.
 9.09e+07, 1.506e+08, 6.9, 550.
 7.14e+07, 5.79e+07, 6.9, 750.
 6.62e+07, 100., 6.9, 900.
 3.182e+07, 100., 6.9, 1000.
 1.973e+07, 100., 6.9, 1100.
 2.1e+06, 100., 6.9, 1400.
**316L随动强化模型参数
*Plastic, hardening=COMBINED, datatype=PARAMETERS, number backstresses=2
125.6e6,156435e6,1410.85,6134e6,47.19,20
97.6e6,100631e6,1410.85,5568e6,47.19,275
90.9e6,64341e6,1410.85,5227e6,47.19,550
71.4e6,56232e6,1410.85,4108e6,47.19,750
66.2e6,0.05e6,1410.85,292e6,47.19,900
31.82e6,0.01,1410.85,0.01,47.19,1000
19.73e6,0.01,1410.85,0.01,47.19,1100
2.1e6,0.01,1410.85,0.01,47.19,1400
*Cyclic hardening,PARAMETERS
125.6e6, 0, 6.9, 20
```

```
97.6e6,    0,   6.9,275
90.9e6,    0,   6.9,550
71.4e6,    0,   6.9,750
66.2e6,    0,   6.9,900
31.82e6,    0,   6.9,1000
19.73e6,    0,   6.9,1100
2.1e6,   0,   6.9,1400
**316L各向同性强化模型参数
*Plastic,hardening=ISOTROPIC
125.6e6,    0,    20
216.5e6,    0.001,    20
243.7e6,    0.002,    20
268.9e6,    0.005,    20
295.6e6,    0.01,    20
335.7e6,    0.02,    20
398.9e6,    0.05,    20
441.8e6,    0.1,    20
481.3e6,    0.2,    20
500.5e6,    0.3,    20
97.6e6,     0,    275
158e6,      0.001,    275
177.4e6,    0.002,    275
198.9e6,    0.005,    275
223.6e6,    0.01,    275
260.9e6,    0.02,    275
320.9e6,    0.05,    275
363e6,      0.1,    275
402.7e6,    0.2,    275
422.1e6,    0.3,    275
90.9e6,     0,    550
131.5e6,    0.001,    550
145.8e6,    0.002,    550
164.9e6,    0.005,    550
188.2e6,    0.01,    550
223.6e6,    0.02,    50
```

```
280.7e6,   0.05,   550
321.3e6,   0.1,   550
360e6,    0.2,   550
378.9e6,   0.3,   550
71.4e6,    0,   750
105.9e6,   0.001,750
117.5e6,   0.002,750
131.5e6,   0.005,750
147.9e6,   0.01,750
171.9e6,   0.02,750
207e6,    0.05,750
226.4e6,   0.1,750
241.6e6,  0.2,750
248.9e6,   0.3,750
66.2e6,    0,900
93.1e6,    0.001,900
99.8e6,    0.002,900
102.6e6,   0.005,900
103.7e6,   0.01,900
105.1e6,   0.02,900
107e6,     0.05,900
107.5e6,  0.1,900
107.5e6,  0.2,900
107.5e6,  0.3,900
31.8e6,   0,1000
31.8e6,   0.001,1000
31.8e6,   0.002,1000
31.8e6,   0.005,1000
31.8e6,   0.01,1000
31.8e6,   0.02,1000
31.8e6,   0.05,1000
31.8e6,   0.1,1000
31.8e6,   0.2,1000
19.7e6,   0.3,1000
19.7e6,   0,1100
```

```
19.7e6,   0.001,1100
19.7e6,   0.002,1100
19.7e6,   0.005,1100
19.7e6,   0.01,1100
19.7e6,   0.02,1100
19.7e6,   0.05,1100
19.7e6,   0.1,1100
19.7e6,   0.2,1100
2.1e6,   0.3,1100
2.1e6,   0,1400
2.1e6,   0.001,1400
2.1e6,   0.002,1400
2.1e6,   0.005,1400
2.1e6,   0.01,1400
2.1e6,   0.02,1400
2.1e6,   0.05,1400
2.1e6,   0.1,1400
2.1e6,   0.2,1400
2.1e6,   0.3,1400
*Physical Constants, absolute zero=-273.15, stefan boltzmann=
5.669e-08
*Boundary
_PICKEDSET4, 1, 1
*Boundary
_PICKEDSET5, 3, 3
*Initial Conditions, type=TEMPERATURE
_PICKEDSET6, 20.
** ----------------------------------------------------------------
*Step, name=Step-1, nlgeom=NO, inc=10000
*Static
0.0001, 0.0001, 1e-20, 0.0001,
*Temperature, op=NEW, file=温度场名称.odb, bstep=1, estep=1
*Output, field
*Element Output, directions=YES
E, EE, PE, PEEQ, S
```

```
*Output, history, frequency=0
*End Step
** ----------------------------------------------------------------
*Step, name=Step-2, nlgeom=NO, inc=10000
*Static
0.01, 4500., 1e-07, 4500.
*Temperature, op=NEW, file=温度场名称.odb, bstep=2, estep=2
*Output, field
*Element Output, directions=YES
E, EE, PE, PEEQ, S
*Output, history, frequency=0
*End Step
** ----------------------------------------------------------------
*Step, name=Step-3, nlgeom=NO, inc=10000
*Static
0.01, 4500., 1e-07, 4500.
*Temperature, op=NEW, file=温度场名称.odb, bstep=3, estep=3
*Output, field
*Element Output, directions=YES
E, EE, PE, PEEQ, S
*Output, history, frequency=0
*End Step
```

附录 3　焊接残余应力在循环载荷下的释放子程序

```
C   USER AMPLITUDE SUBROUTINE
    SUBROUTINE UAMP(
   * AMPNAME,TIME,AMPVALUEOLD,DT,NSVARS,SVARS,LFLAGSINFO,
   * NSENSOR,SENSORVALUES,SENSORNAMES,JSENSORLOOKUPTABLE,
   * AMPVALUENEW,
   * LFLAGSDEFINE,
   * AMPDERIVATIVE, AMPSECDERIVATIVE, AMPINCINTEGRAL,
   * AMPINCDOUBLEINTEGRAL)
    INCLUDE 'ABA_PARAM.INC'
C   SVARS - ADDITIONAL STATE VARIABLES, SIMILAR TO (V)UEL
```

```
      DIMENSION SENSORVALUES(NSENSOR), SVARS(NSVARS)
      CHARACTER*80 SENSORNAMES(NSENSOR)
      CHARACTER*80 AMPNAME
      PARAMETER(ZERO=0.E0, ONE = 1.E0, TWO = 2.E0, OME5=1.E-5,
     *HALF = 0.5D0)
      DOUBLE PRECISION ONED, ZEROD,TWOD,TIM,TSTART,TEND
C      DOUBLE PRECISION AMPVALUENEW, AMPDERIVATIVE, AMPSECDERIVATIVE
C     TIME INDICES
      PARAMETER (ISTEPTIME    = 1,
     *      ITOTALTIME    = 2,
     *      NTIME      = 2)
C     FLAGS PASSED IN FOR INFORMATION
      PARAMETER (IINITIALIZATION = 1,
     *      IREGULARINC    = 2,
     *      NFLAGSINFO    = 2)
C     OPTIONAL FLAGS TO BE DEFINED
      PARAMETER (ICOMPUTEDERIV     = 1,
     *      ICOMPUTESECDERIV  = 2,
     *      ICOMPUTEINTEG     = 3,
     *      ICOMPUTEDOUBLEINTEG = 4,
     *      ISTOPANALYSIS     = 5,
     *      ICONCLUDESTEP     = 6,
     *      NFLAGSDEFINE     = 6)
      DIMENSION TIME(NTIME), LFLAGSINFO(NFLAGSINFO),
     *     LFLAGSDEFINE(NFLAGSDEFINE)
      DIMENSION JSENSORLOOKUPTABLE(*)
C     USER CODE TO COMPUTE AMPVALUE = F,TRANGULAR TRANSFORM,EACH CYCLE
        IF(time(1).LE.1)THEN
         if(time(1).le.0.5)then
         ampValueNew = time(1)*2
         else
         ampValueNew =1.-(time(1)-0.5)*1.8
         endif
        ELSE
         aa=time(1)-FLOOR(time(1))
```

```
      if(aa.le.0.5)then
      ampValueNew = 0.1+aa*1.8
      else
      ampValueNew =1.-(aa-0.5)*1.8
      endif
     ENDIF
   RETURN
   END
```

附录4　低温马氏体相变对残余应力影响的数值模拟子程序

```
      SUBROUTINE UEXPAN(EXPAN,DEXPANDT,TEMP,TIME,DTIME,
     1  PREDEF,DPRED,STATEV,CMNAME,NSTATV,NOEL)
C
      INCLUDE 'ABA_PARAM.INC'
C
      CHARACTER*80 CMNAME
C
      DIMENSION EXPAN(*),DEXPANDT(*),TEMP(2),TIME(2),PREDEF(*),
     1 DPRED(*),STATEV(NSTATV)
      INTEGER ONE,ZERO
      REAL*8 OLD,DTEMPPI,A1,A3,Ms,Mf
      REAL*8 aust,steel,DFA,DEV,DFM
      REAL*8 TRIP,fm,mart,fa,ALLD
C
      ZERO=0
      ONE=1
      aust=1.849E-5
      steel=1.123E-5
      A1=782.
      A3=940.
      Ms=155.
C
      ALLD=STATEV(5)*steel+STATEV(1)*aust
      STATEV(14)=ALLD
```

```
IF(STATEV(1).GE.1.0)THEN
 EXPAN(1)=aust*TEMP(2)
 EXPAN(2)=aust*TEMP(2)
 EXPAN(3)=aust*TEMP(2)
 EXPAN(4)=0
 EXPAN(5)=0
 EXPAN(6)=0
ELSE IF(STATEV(1).LE.0.0)THEN
 EXPAN(1)=steel*TEMP(2)
 EXPAN(2)=steel*TEMP(2)
 EXPAN(3)=steel*TEMP(2)
 EXPAN(4)=0
 EXPAN(5)=0
 EXPAN(6)=0
ELSE IF(STATEV(1).GT.0.0.AND.STATEV(1).LT.1.0)THEN
 IF(TEMP(2).GE.0.0)THEN
  IF(TEMP(1).LT.A1)THEN
   EXPAN(1)=STATEV(14)*TEMP(2)
   EXPAN(2)=STATEV(14)*TEMP(2)
   EXPAN(3)=STATEV(14)*TEMP(2)
   EXPAN(4)=0
   EXPAN(5)=0
   EXPAN(6)=0
  ELSE IF(TEMP(1).LT.A3.AND.TEMP(1).GT.A1)THEN
   EXPAN(1)=STATEV(14)*TEMP(2)-STATEV(13)
   EXPAN(2)=STATEV(14)*TEMP(2)-STATEV(13)
   EXPAN(3)=STATEV(14)*TEMP(2)-STATEV(13)
   EXPAN(4)=0
   EXPAN(5)=0
   EXPAN(6)=0
  ELSE IF(TEMP(1).GE.A3)THEN
   EXPAN(1)=aust*TEMP(2)
   EXPAN(2)=aust*TEMP(2)
   EXPAN(3)=aust*TEMP(2)
   EXPAN(4)=0
```

```
      EXPAN(5)=0
      EXPAN(6)=0
     END IF
    ELSE IF(TEMP(2).LT.0.0)THEN
     IF(TEMP(1).GE.A3)THEN
      EXPAN(1)=aust*TEMP(2)
      EXPAN(2)=aust*TEMP(2)
      EXPAN(3)=aust*TEMP(2)
      EXPAN(4)=0
      EXPAN(5)=0
      EXPAN(6)=0
     ELSE IF(TEMP(1).GT.Ms.AND.TEMP(1).LT.A3)THEN
      EXPAN(1)=STATEV(14)*TEMP(2)
      EXPAN(2)=STATEV(14)*TEMP(2)
      EXPAN(3)=STATEV(14)*TEMP(2)
      EXPAN(4)=0
      EXPAN(5)=0
      EXPAN(6)=0
     ELSE IF(TEMP(1).LE.Ms)THEN
      EXPAN(1)=(STATEV(8)+STATEV(15))*TEMP(2)
      EXPAN(2)=(STATEV(8)+STATEV(16))*TEMP(2)
      EXPAN(3)=(STATEV(8)+STATEV(17))*TEMP(2)
      EXPAN(4)=STATEV(18)*TEMP(2)
      EXPAN(5)=STATEV(19)*TEMP(2)
      EXPAN(6)=STATEV(20)*TEMP(2)
     END IF
    END IF
   END IF
   RETURN
   END
*********************************
   SUBROUTINE USDFLD(FIELD,STATEV,PNEWDT,DIRECT,T,CELENT,
  1 TIME,DTIME,CMNAME,ORNAME,NFIELD,NSTATV,NOEL,NPT,LAYER,
  2 KSPT,KSTEP,KINC,NDI,NSHR,COORD,JMAC,JMATYP,
  3 MATLAYO,LACCFLA)
```

```
C
  INCLUDE ´ABA_PARAM.INC´
C
  CHARACTER*80 CMNAME,ORNAME
  CHARACTER*3 FLGRAY(15)
  DIMENSION FIELD(NFIELD),STATEV(NSTATV),DIRECT(3,3),
 1 T(3,3),TIME(2)
  DIMENSION ARRAY(15),JARRAY(15),JMAC(*),JMATYP(*),COORD(*)
C
  INTEGER ONE,ZERO
  REAL*8 OLD,DTEMPPI,A1,A3,A4,Ms,Mf,A,B,WE,G,fc,K
  REAL*8 aust,steel,DFA,DEV,DFM,fb,C,WKD,LOL,PEEQ,KN,KK
  REAL*8 mart,TRIP,fm,fa,ASTSS,MSTPZ,F,PE,THE3,MINI,MAX
  REAL*8 SP,M,ST_11,ST_22,ST_33,ST_12,ST_13,ST_23,MP,MM,DM
  REAL*8 TRIP_11,TRIP_22,TRIP_33,TRIP_12,TRIP_13,TRIP_23
C
  ZERO=0
  ONE=1
  aust=1.849E-5
  steel=1.123E-5
  ASTSS=2.3E-3
  MSTPZ=5.0E-3
  A1=782.
  A3=940.
  Ms=155.
  M=3.0D0
  K=1.2D-10
  Mf=20
  KN=3.2D0
  KK=4.5D0
C
   CALL GETVRM(´S´,ARRAY,JARRAY,FLGRAY,JRCD,JMAC,JMATYP,
 1    MATLAYO,LACCFLA)
  SP=(ARRAY(1)+ARRAY(2)+ARRAY(3))/3.D0
  ST_11=ARRAY(1)-SP
```

```
      ST_22=ARRAY(2)-SP
      ST_33=ARRAY(3)-SP
      ST_12=ARRAY(4)
      ST_13=ARRAY(5)
      ST_23=ARRAY(6)
C
      CALL GETVRM('TEMP',ARRAY,JARRAY,FLGRAY,JRCD,JMAC,JMATYP,
     1    MATLAYO,LACCFLA)
      TEMP=ARRAY(1)
      OLD=STATEV(2)
      MP=STATEV(5)
      MM=STATEV(23)
      DM=MP-MM
      STATEV(24)=DM
      DTEMPPI=TEMP-OLD
      STATEV(3)=DTEMPPI
      STATEV(6)=DTEMPPI/DTIME
      LOL=1/(A3-A1)
      fc=(TEMP-A1)/(A3-A1)
      fb=1.D0-DEXP(-KK*(fc**KN))
      B=1.D0-DEXP(-3.766D-2*(Ms-TEMP))
      C=B*STATEV(11)+1.D0-STATEV(11)
      WKD=DEXP(-3.766D-2*(Ms-TEMP))
      F=1.D0-STATEV(12)
      WE=STATEV(12)+(1.D0-STATEV(12))*fb
      G=STATEV(11)
C
      IF(DTEMPPI.GE.0.D0)THEN
       IF(TEMP.LT.A1)THEN
        IF(STATEV(4).EQ.ZERO)THEN
         STATEV(1)=0.D0
         STATEV(11)=0.D0
         STATEV(12)=0.D0
         STATEV(5)=1.D0
        ELSE IF(STATEV(4).EQ.ONE)THEN
```

```
     STATEV(1)=STATEV(1)
     STATEV(11)=STATEV(1)
     STATEV(12)=STATEV(1)
     STATEV(5)=1.D0-STATEV(1)
    END IF
   ELSE IF(TEMP.LT.A3.AND.TEMP.GE.A1)THEN
     STATEV(1)=WE
     STATEV(4)=ONE
     STATEV(11)=WE
     STATEV(5)=1.D0-WE
   ELSE IF(TEMP.GT.A3)THEN
    STATEV(1)=1.D0
    STATEV(4)=ONE
    STATEV(11)=1.D0
    STATEV(5)=0.D0
   END IF
  ELSE IF(DTEMPPI.LT.0.D0)THEN
   IF(TEMP.LE.Ms.AND.STATEV(4).EQ.ONE)THEN
    STATEV(5)=C
    STATEV(1)=STATEV(11)*WKD
   ELSE
    STATEV(1)=STATEV(1)
    STATEV(5)=1.D0-STATEV(1)
   END IF
  END IF
  STATEV(9)=1.D0-STATEV(1)
C
  IF(TEMP.GT.STATEV(2))THEN
  STATEV(7)=TEMP
  END IF
  STATEV(2)=TEMP
  STATEV(23)=STATEV(5)
C
  DEV=STATEV(3)*NK*KK*DEXP(-KK*(fc**NK))*
 1  LOL*(fc**(NK-1))*ASTSS*(1.D0-STATEV(12))
```

```
      STATEV(13)=DEV
      DFM=-3.766D-2*DEXP(-3.766D-2*(Ms-TEMP))*G
      TRIP=DFM*MSTPZ
      fa=STATEV(5)
      mart=STATEV(5)*steel+(1.D0-STATEV(5))*aust+TRIP
      MZF=STATEV(5)*steel+(1.D0-STATEV(5))*aust
      STATEV(10)=MZF
      STATEV(8)=mart
      TRIP_11=M*K*(1.D0-STATEV(5))*DFM*ST_11
      TRIP_22=M*K*(1.D0-STATEV(5))*DFM*ST_22
      TRIP_33=M*K*(1.D0-STATEV(5))*DFM*ST_33
      TRIP_12=M*K*(1.D0-STATEV(5))*DFM*ST_12
      TRIP_13=M*K*(1.D0-STATEV(5))*DFM*ST_13
      TRIP_23=M*K*(1.D0-STATEV(5))*DFM*ST_23
      STATEV(15)=TRIP_11
      STATEV(16)=TRIP_22
      STATEV(17)=TRIP_33
      STATEV(18)=TRIP_12
      STATEV(19)=TRIP_13
      STATEV(20)=TRIP_23
C
      IF(JRCD.NE.0)THEN
       WRITE(6,*) 'REQUEST ERROR IN USDFLD FOR ELEMENT NUMBER ',
     1  NOEL,'INTEGRATION POINT NUMBER ',NPT
      ENDIF
C
      RETURN
      END
```